建筑工程
设计与施工

赵汝生　沈剑波　方　亮　编著

中国石化出版社
·北京·

图书在版编目(CIP)数据

建筑工程设计与施工 / 赵汝生，沈剑波，方亮编著
. —北京：中国石化出版社，2024. 5
ISBN 978-7-5114-7538-1

Ⅰ. ①建… Ⅱ. ①赵… ②沈… ③方… Ⅲ. ①建筑设计②建筑施工 Ⅳ. ①TU2②TU7

中国国家版本馆 CIP 数据核字(2024)第 105516 号

中国石化出版社出版发行
地址:北京市东城区安定门外大街 58 号
邮编:100011　电话:(010)57512500
发行部电话:(010)57512575
http://www.sinopec-press.com
E-mail:press@sinopec.com
北京捷迅佳彩印刷有限公司印刷
全国各地新华书店经销
*
787 毫米×1092 毫米 16 开本 14.75 印张 366 千字
2024 年 5 月第 1 版　2024 年 5 月第 1 次印刷
定价:78.00 元

《建筑工程设计与施工》
编　委　会

主　编　赵汝生　首都医科大学附属北京安贞医院

　　　　　沈剑波　广东省建科建筑设计院有限公司

　　　　　方　亮　中交江河湖海(上海)科技有限公司

副主编　袁　勇　中国华西企业股份有限公司

　　　　　张丽晶　北京城建设计发展集团股份有限公司沈阳分公司

编　委　黄克湖　北京城建集团有限责任公司

前 言

人的生活与建筑空间息息相关，建筑是艺术品，是科技的结晶，也是文化现象。社会存在是多元化的，建筑也是多元化的。随着我国经济社会的快速发展，各地城市化进程加快，建筑是城市的重要构成要素，也是城市的主要象征。

在建筑工程项目中，结构优化设计可以在保证质量的基础上缩短建筑的施工周期，提高施工项目的经济性，工程安全性能也会在优化中得到显著提高。因此，必须优化建筑结构的设计，发挥工程项目建设资源的实际效用，通过优化建筑结构设计，有效降低建筑成本，提高经济效率。在建筑设计中，若基础工程设计不当，可能导致建筑物因缺乏足够的承载力而发生不均匀沉降，使建筑物产生倾斜或开裂问题。所以，优化基础工程设计，合理选择基础、基坑类型，把握好基础工程设计要点，有助于控制工程造价和缩短施工工期，保证基础工程、砌筑工程、钢筋混凝土结构工程、装饰工程等顺利施工并按时完工。

建筑施工是建筑设计方案的落地与实施。随着建筑设计的合理化、科学化、严谨化，施工技术和工艺也在不断进步，施工质量得到了有效保障。

编者在结合《建筑地基基础设计规范》(GB 50007—2011)、《建筑基桩检测技术规范》(JGJ 106—2014)、《建筑结构荷载规范》(GB 50009—2012)、《混凝土结构设计标准(2024 年版)》(GB/T 50010—2010)、《建筑地基处理技术规范》(JGJ 79—2012)等现行标准的基础上，通过相关工程实践案例，对建筑工程设计基本知识、设计要点和施工技术要点进行阐述。本书适合岩土工程、建筑工程等相关专业的师生进行阅读学习，也为建筑工程一线工作人员提供经验参考。全书总共9章，分别为基础设计与选型、基坑设计与选型、建筑结构设计与选型、建筑工程设计案例、土方工程施工、基础工程施工、砌筑工程施工、钢筋混凝土工程施工与装饰工程施工。

由于编者专业知识水平有限，本书内容难免会有错漏、不足之处，敬请读者批评指正，我们将至诚感谢。

目 录

第1章　基础设计与选型

1.1　基础工程概述

1.1.1　地基与基础的概念与重要性

(1) 地基

土层中附加应力和变形所不能忽略的那部分土层称为地基。良好的地基一般应具有较高的承载力与较低的压缩性，以满足地基与基础设计的两个基本条件(强度条件与变形条件)。软弱地基的工程性质较差，需经过人工地基处理才能达到设计要求。通常把不需处理而直接利用天然土层的地基称为天然地基；把经过人工加工处理才能作为地基的称为人工地基。人工地基施工周期长、造价高，因此建筑物一般宜建造在良好的天然地基上。

(2) 基础

建筑物埋入土层一定深度并向地基传递荷载的下部承重结构称为基础。根据不同的分类方法，基础可以有多种形式，但无论是何种基础形式，其结构本身均应具有足够的承载力和刚度，在地基反力作用下不发生破坏，并应具有改善沉降与不均匀沉降的能力。通常把埋置深度不大(一般小于5m)，只需经过挖槽、排水等普通施工程序就可以建造起来的基础统称为浅基础(各种单独的和连续的基础)。反之，浅层土质不良，而需把基础埋置于深处土质较好的地层时，就要借助特殊的施工方法，建造各种类型的深基础(桩基础、沉井及地下连续墙等)。

(3) 地基与基础的重要性

地基与基础是建筑物的根本，又属于地下隐蔽工程。它的勘察、设计和施工质量直接关系着建筑物的安危。实践表明，建筑物事故的发生，很多与地基和基础有关，而且，地基与基础事故一旦发生，补救并非易事。另外，基础工程费用与建筑物总造价的比例，视其复杂程度和设计、施工的合理与否，可以在百分之几到百分之几十之间变动。因此，地基与基础在建筑工程中的重要性是显而易见的。在工程实践中，虽然地基与基础事故屡有发生，但是，只要严格遵循基本建设原则，按照勘察、设计、施工的先后顺序，并切实抓好这三个环节，那么，地基与基础事故一般是可以避免的。

1.1.2　地基与基础设计概述

(1) 地基与基础设计的考虑因素

地基与基础设计是整个建筑物设计的一个重要组成部分。它与建筑物的安全和正常使用有着密切的关系。设计时，要考虑场地的工程地质和水文地质条件，同时也要考虑建筑物的使用要求、上部结构特点及施工条件等各种因素，使基础工程做到安全可靠、经济合理、技术先进和便于施工。

一般认为，地基与基础在设计时应考虑的因素有：施工期限、施工方法及所需的施工设备等。在地震区，应考虑地基与基础的抗震性能；基础的形状和布置，以及与相邻基础和地下构筑物、地下管道的关系；建造基础所用的材料与基础的结构形式；基础的埋置深度；地基土的承载力；上部结构的类型、使用要求及其对不均匀沉降的敏感度。

(2) 地基与基础设计的一般规定

① 所有建筑物的地基计算均应满足承载力计算的有关规定。

② 设计等级为甲级、乙级的建筑物，均应按地基变形设计。

③ 表 1.1 所列范围内设计等级为丙级的建筑物可不作变形验算，但如有下列情况之一时，仍应作变形验算。

表 1.1　可不作地基变形验算的设计等级为丙级的建筑物范围

<table>
<tr><td rowspan="2">地基主要受力层情况</td><td colspan="3">地基承载力特征值 f_{ak}/kPa</td><td>$60 \leqslant f_{ak} < 80$</td><td>$80 \leqslant f_{ak} < 100$</td><td>$100 \leqslant f_{ak} < 130$</td><td>$130 \leqslant f_{ak} < 160$</td><td>$160 \leqslant f_{ak} < 200$</td><td>$200 \leqslant f_{ak} < 300$</td></tr>
<tr><td colspan="3">各土层坡度/%</td><td>≤5</td><td>≤5</td><td>≤10</td><td>≤10</td><td>≤10</td><td>≤10</td></tr>
<tr><td rowspan="8">建筑类型</td><td colspan="3">砌体承重结构、框架结构/层</td><td>≤5</td><td>≤5</td><td>≤5</td><td>≤6</td><td>≤6</td><td>≤7</td></tr>
<tr><td rowspan="4">单层排架结构（6m 柱距）</td><td rowspan="2">单跨</td><td>吊车额定起重量/t</td><td>5~10</td><td>10~15</td><td>15~20</td><td>20~30</td><td>30~50</td><td>50~100</td></tr>
<tr><td>厂房跨度/m</td><td>≤12</td><td>≤18</td><td>≤24</td><td>≤30</td><td>≤30</td><td>≤30</td></tr>
<tr><td rowspan="2">多跨</td><td>吊车额定起重量/t</td><td>3~5</td><td>5~10</td><td>10~15</td><td>15~20</td><td>20~30</td><td>30~75</td></tr>
<tr><td>厂房跨度/m</td><td>≤12</td><td>≤18</td><td>≤24</td><td>≤30</td><td>≤30</td><td>≤30</td></tr>
<tr><td colspan="2">烟囱</td><td>高度/m</td><td>≤30</td><td>≤40</td><td>≤50</td><td colspan="2">≤75</td><td>≤100</td></tr>
<tr><td colspan="2" rowspan="2">水塔</td><td>高度/m</td><td>≤15</td><td>≤20</td><td>≤30</td><td colspan="2">≤30</td><td>≤30</td></tr>
<tr><td>容积/m^3</td><td>≤50</td><td>50~100</td><td>100~200</td><td>200~300</td><td>300~500</td><td>500~1000</td></tr>
</table>

注：1. 地基主要受力层是指条形基础底面下深度为 $3b$（b 为基础底面宽度），独立基础下为 $1.5b$，且厚度均不小于 5m 的范围（两层以下一般的民用建筑除外）；

2. 地基主要受力层中如有承载力特征值小于 130kPa 的土层，表中砌体承重结构的设计应符合《建筑地基基础设计规范》（GB 50007—2011）的有关要求；

3. 表中砌体承重结构和框架结构均指民用建筑；对于工业建筑，可按厂房高度、荷载情况折合成与其相当的民用建筑层数；

4. 表中吊车额定起重量、烟囱高度和水塔容积的数值是指最大值。

a. 地基承载力特征值小于 130kPa，且体型复杂的建筑。

b. 在基础上及其附近有地面堆载或相邻基础荷载差异较大，可能引起地基产生过大的不均匀沉降时。

c. 软弱地基上的建筑物存在偏心荷载时。

d. 相邻建筑距离近，可能发生倾斜时。

e. 地基内有厚度较大或厚薄不均的填土，其自重固结未完成时。

④ 对经常受水平荷载作用的高层建筑、高耸结构、挡土墙以及建造在斜坡上或边坡附近的建筑物和构筑物，还应验算其稳定性。

⑤ 基坑工程应进行稳定性验算。

⑥ 建筑地下室或地下构筑物存在上浮问题时，还应进行抗浮验算。

(3) 地基与基础的设计等级

地基与基础设计应根据地基复杂程度、建筑物规模和功能特征以及由于地基问题可能造成建筑物破坏或影响正常使用的程度，分为三个设计等级。设计时应根据具体情况，按表 1.2 选用。

表 1.2 地基与基础设计等级

设计等级	建筑和地基类型
甲级	重要的工业与民用建筑物； 30 层以上的高层建筑； 体型复杂，层数相差超过 10 层的高低层连成一体的建筑物； 大面积的多层地下建筑物(如地下车库、商场、运动场等)； 对地基变形有特殊要求的建筑物； 复杂地质条件下的坡上建筑物(包括高边坡)； 对原有工程影响较大的新建建筑物； 场地和地基条件复杂的一般建筑物； 位于复杂地质条件及软土地区的二层及二层以上地下室的基坑工程； 开挖深度大于 15m 的基坑工程； 周边环境条件复杂、环境保护要求高的基坑工程
乙级	除甲级、丙级以外的工业与民用建筑物、基坑工程
丙级	场地和地基条件简单，荷载分布均匀的 7 层及 7 层以下民用建筑及一般工业建筑、次要的轻型建筑物； 非软土地区且场地地质条件简单，基坑周边环境条件简单、环境保护要求不高且开挖深度小于 5.0m 的基坑工程

1.2 基础选型

1.2.1 建筑基础选型

1.2.1.1 建筑基础选型的基本原则

(1) 建筑场地的稳定

建筑场地必须满足稳定性要求，包括现状的稳定、在建筑荷载作用下的稳定、在地震荷载作用下的稳定、在水的冲刷作用下的稳定，分析地基基础施工对稳定性的影响。场地一旦出现稳定问题，对建筑物的破坏将是灾难性的。

在偏僻建设地点，坡地建筑、邻水的库岸建筑尤其应重视建筑场地的稳定性。地勘任务书阶段，应对场地稳定性的判断提出要求，要求对建筑场地整体的稳定性、边坡的稳定性及周边环境对本工程的影响作出安全评价。提供地勘报告后，应首先看报告中对建筑场地整体的稳定性评价，如果评价不是肯定的，那么应做专项的场平设计，甚至另行选址、换址。

(2) 地质灾害的判定

地质灾害的形式有很多种，如泥石流、山体崩塌、湿陷性黄土、岩溶和土洞等。有效地判别出地质灾害，才能在基础设计中有效地规避、应对。地质灾害在一些小型、偏远的项目及附属建筑中容易被忽视。

建筑基础选型的基本原则，除以上两点之外，还包括满足上部建筑地基承载力的要求；满足上部建筑地基变形和不均匀沉降的要求；控制经济指标，选用工程造价低的基础形式。

1.2.1.2 基础的主要类型

建筑物的基础可采用多种材料建造而成，常见的有砖基础、毛石基础、灰土基础(石灰：黏土为3：7或2：8)、三合土基础(石灰：砂：碎石为1：2：4或1：3：6)、混凝土基础、钢筋混凝土基础等。工程中可从不同的角度将基础分为以下几种类型。

(1) 按基础的受力性能划分

砖基础、毛石基础、灰土基础、混凝土基础等均属无筋扩展基础，也称刚性基础。基础自身的抗压强度远大于其抗拉、抗剪强度，能承受较大的竖向荷载，但不能承受因挠曲变形而产生的拉应力和剪应力。

由于基础的抗拉、抗弯曲强度较低，当上部荷载分布不均或地基土层强度不均时，一旦产生沉降不均，刚性基础易断裂，且刚性基础受刚性角的限制，其底面尺寸宜窄不宜宽，并应有足够的埋深。因此，当上部荷载不大且分布均匀、地基土为承载力较高的均质地基时，适宜采用刚性基础。

对无筋扩展基础而言，钢筋混凝土基础属柔性基础。它不仅具有一定的抗压强度，能承受较大的竖向荷载，且具有一定的抗拉、抗弯曲强度，能承受挠曲变形及其所产生的拉应力和剪应力，因而能抵抗一定的不均匀沉降。柔性基础不受刚性角的限制，可采用宽截面、浅埋深的形式。例如，当地基承载力较低时，可加大基础宽度以减小基底单位面积荷载，使上部结构荷载与地基承载力相适应。

(2) 按基础的构造及形式划分

① 墙下条形基础。墙下条形基础分刚性及柔性两种，柔性墙下条形基础如图1.1所示。因刚性条形基础受刚性角的限制，适宜在承载力较大的均质地基且荷载分布较均匀的情况下采用。柔性条形基础能抵抗一定的不均匀沉降，且不受刚性角的限制，当上部荷载稍大而地基承载力稍低时，可采用增加基础宽度的办法以减小基底单位面积的荷载，使地基承载力满足上部荷载的要求。

② 单独(独立)基础。独立基础按基础形式又可分为墩式基础、杯形基础及壳体基础。常见的墩式基础有垂直式、斜坡式及阶梯式。杯形基础多用于装配式钢筋混凝土柱基，为了便于预制柱竖立于基础之上，在基础上预留出杯口，故称为杯形基础。壳体基础常作为烟囱、水塔、料仓等筒形构筑物的基础。

独立基础用于一般厂房柱基及民用框架结构基础，并适宜在承载力较大的均质地基中采用。当地基承载力较低，需增加基底面积时，应采用柔性独立基础，以免受刚性角的限制。当基础上部荷载分布不均匀、地基土局部软弱时，可采用增加相应地段(荷载较大地段或地基土软弱地段)基底面积及埋深的办法，使基础受力及沉降趋于均匀。

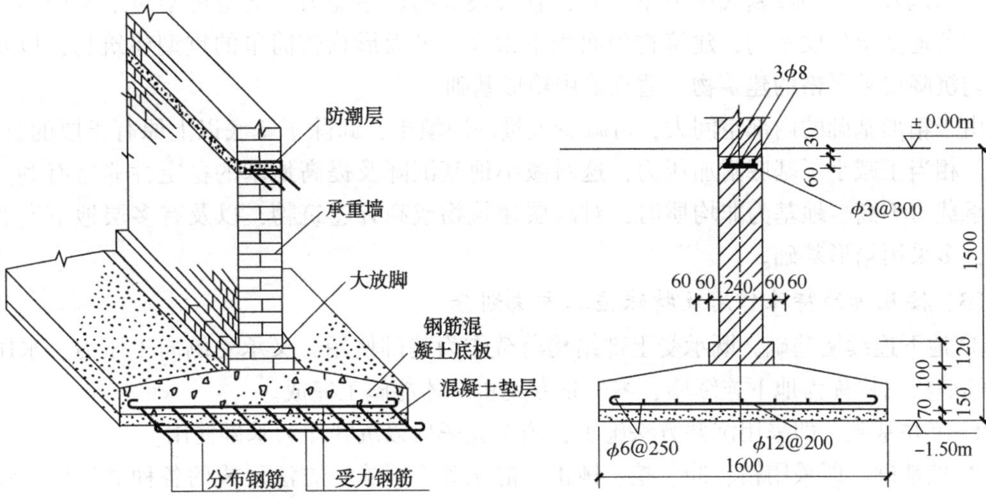

(a)立体图　　(b)剖面图

图 1.1 柔性墙下条形基础(标高单位：m；其余单位：mm)

由于基础之间互不联系，当各基础的荷载不同时，只能以调整各基础底面积的方法使各处地基变形趋于均匀。当地基土不均匀时，应对各独立基础的截面尺寸及埋深做相应调整，避免各基础间出现较大的沉降差。对多跨厂房及框架结构，除基础底面积应适应地基承载力外，还应对各柱基的沉降差，特别是边排柱与中排柱之间的沉降差进行验算。

③ 连续基础。为了满足地基承载力的要求，将基础底面积扩大，形成柱列(单向)或柱网(双向)下的条形基础，以及整片连续设置于建筑物之下的筏板基础、箱形基础等，均属连续基础。采用连续基础的建筑物整体刚度加强，调整不均匀沉降的能力及抗震性能也显著提高。

将柱下独立基础沿柱列(单向)连接起来的基础称为柱下条形基础；沿柱列的纵横向(柱网)将独立基础连接起来，即形成柱下十字交叉基础，也称格状或网状基础。

当上部荷载较大，地基承载力低或地基土层不均，采用独立柱基时地基承载力及沉降不能满足要求，而增加基底面积及埋深又受到条件限制时，宜采用柱下条形基础，这样既减小了基底单位面积的荷载，又加强了基础的刚度和整体性，且使调整不均匀沉降的能力得以提高。当采用柱下条形基础仍不能满足要求时，可采用十字交叉基础，使基底面积和整体刚度进一步增加，而且调整不均匀沉降的能力进一步提高。

当采用十字交叉基础也不能满足地基承载力及允许变形要求时，可将基础建成钢筋混凝土板，使基底面积与底层面积相等甚至更大，即成为筏板基础。若在基础纵横向加肋梁，以加强底板刚度，减薄底板厚度，即为肋梁式筏板基础；无肋梁时即为平板式筏板基础。平板式筏板基础实际上是一块厚度达 1~3m 的钢筋混凝土平板，施工方便，建造快，但混凝土用量大，国外高层建筑的基础采用平板式筏板基础的较多。

由钢筋混凝土顶板、底板以及外墙、纵横内隔墙组成的一空间整体结构基础，称为箱形基础。

箱形基础的整体刚度远大于上述各种基础，一般不会产生不均匀沉降，只能产生整体倾斜，当地基不均匀或基底压力不均时，它有很好的调整能力，甚至可架越地基中不大的洞穴。若地基土软硬不均，建筑物为面积不太大、平面形状较简单的重型建筑物，以及对不均匀沉降要求严格的建筑物，适宜采用箱形基础。

由于箱形基础的内部空间大，可减少大量的回填土，卸除了基底以上原有土层的自重，此时，相当于减小了基底附加压力，这对减小地基沉降及提高地基的稳定性非常有利。在地基承载力不高、地基为非均质时，对高层建筑物或高耸建筑物，以及有多层地下室的建筑物，多采用箱形基础。

(3) 按基础的特殊作用及特殊施工方法划分

① 地下连续墙基础。既承受上部结构荷载作为基础使用，又承受侧向土压力、水压力的连续墙状结构称为地下连续墙，需配备专用机械才能施工完成。

② 沉井基础。即采用沉井方法施工，施工完毕后以沉井作为基础使用。

③ 桩基础。即采用钻、冲、挖、锤击、静压等不同施工方法形成的各种灌注桩及预制桩基础。

(4) 按基础的埋置深度划分

① 浅基础。即采用较简便的施工方法及常规的基坑开挖排水措施即可施工的基础，基底埋深一般不大于5m。一般的单独基础、条形基础及较多的连续基础均属浅基础。

② 深基础。基底埋深一般大于5m，或者需采用特殊方法才能施工的基础。如地下连续墙、沉井、桩基均属深基础。

1.2.2 超高层建筑桩基础选型

在当前的建筑施工过程中，高层建筑是当前主要的施工方式之一，这也是当前建筑市场发展的趋势。在高层建筑中，通常会使用到桩基础，这对于超高层建筑来说是非常重要的。

一般在进行桩基选型时，通常会结合具体工程的地质情况、周边环境、建筑物结构类型以及施工条件等进行分析，同时也要结合施工区域内地下水位情况等进行分析，通过对以上内容的综合分析来确定最终的桩基类型。

1.2.2.1 桩基础形式的选择

桩基础形式主要包括桩型、桩径以及桩长等。在进行桩基础形式选择时，需要结合不同的地质情况、建筑物结构类型以及施工条件等进行综合考虑。一般情况下，当土层为细砂、中砂和粗砂时，其单桩承载力和入土深度相对较高；当土层为粉土或砂土时，其单桩承载力和入土深度相对较低；当土层为淤泥或淤泥质土时，其单桩承载力和入土深度相对较高。由于桩基础形式的选择不仅需要考虑单桩承载力，还需要考虑单桩承载力发挥的稳定性以及沉降情况。

一般情况下，桩基础形式的选择要考虑施工效率、施工难度以及施工成本等因素。当桩基采用预制桩时，一般采用先张法预应力混凝土管桩，在进行打桩施工时应严格控制混凝土的配合比、强度等级、浇筑质量以及养护时间等，从而保障预制桩的质量。当采用灌注桩时，通常采用水下灌注法和振动沉管法进行打桩施工。

对于高层建筑而言，其所具有的高度比较大，因此对地基承载力以及抗沉降能力的要求也会相对较高。一般情况下，高层建筑的基础形式主要包括桩基础、筏板基础、箱形基础以及群桩基础等。在进行具体的选择时，要对建筑物的具体情况以及施工现场的地质条件、施工条件以及周围环境等进行综合考虑，选择最适宜的桩基类型。如果建筑物周围存在水体或者是其他障碍物，那么需要采用碎石桩、钻孔灌注桩等，在这些桩体的选择上要保证其能够满足承载力、稳定性以及抗弯强度等要求。如果建筑物周围存在大量淤泥，那么需要采用人工挖孔桩或者是钢管桩等。如果建筑物周边存在较大范围的孤石或者是其他障碍物时，需要采用静压管桩来进行处理，在确定成孔方式时要根据建筑物类型、地质条件以及施工条件等进行综合考虑。通常情况下，如果建筑物是高层建筑且桩长比较长，可以采用大直径钢管桩作为主要的桩基类型；如果建筑物本身不具有一定的高度，那么可以采用灌注桩作为主要的桩基类型。

1.2.2.2 确定桩端持力层

对于桩基础而言，在实际应用中，桩端持力层对桩基础的承载力有着直接的影响。如果桩端持力层的岩性较差，那么其在承受荷载时，桩身会出现较大变形，从而导致桩身断裂。如果岩性较好，则会造成桩端出现泥皮、缩颈等现象，进而使桩身强度受到影响。因此在实际应用过程中，需要根据相关规定对基岩面进行合理确定。

（1）需要通过经验法来确定基岩面的位置

对于基岩面位置的确定方法主要有两种：一种是根据设计单位提供的地质报告进行分析判断；另一种是通过实地勘测来判断。在这两种方法中，通过实地勘测的方法相对简单一些。其主要是将桩基础设计图纸和地质报告相结合来进行分析判断，从而得出基岩面的位置。在对基岩面进行确定时，需要根据地质报告提供的岩层岩性、厚度、物理力学性质等参数来进行综合分析。由于基岩面位置通常比较隐蔽，在进行地质勘测时往往存在一定难度，因此在实际应用中通常采用经验法来确定基岩面位置。

（2）需要根据相关规范来确定桩端持力层

当建筑物地基属于软弱土时，其桩端持力层必须处于持力层以下位置。通常情况下，在实际应用过程中通常将基础设计图纸中所给出的持力层作为桩端持力层。例如在某高层建筑工程中，其建筑地基属于软弱土类型。在该项目中采用嵌岩桩基础结构，其所处位置在基岩面以下位置，因此该项目桩端持力层为强风化岩、中风化岩及强风化岩。

1.2.2.3 确定桩的直径和长度

桩的直径和长度是影响桩基础承载力的重要因素。当土质较为密实时，需要对其进行取值。在施工过程中，为了保证其承载力满足要求，通常是通过试桩来确定桩的直径和长度。在确定桩的直径时，需要综合考虑多种因素，例如桩径、桩长以及土层情况等。同时在对桩直径进行确定时，还需要对地下水位进行控制，对于有地下水的土质要先进行勘察，然后根据勘察结果来确定地下水位。

在确定桩的长度时，需要结合不同类型的工程以及地质条件来确定。对于高层建筑而言，通常采用的桩长为6~8m，对于超高层建筑而言，需要根据其整体高度来选择桩长。同时在对桩的长度进行设计时还需要根据建筑物所处位置来选择适当长度的桩基。一般情况下在对高层建筑桩基进行设计时，应尽量选择大直径、大长度的桩基。当地下水位较高时，需要先对桩长进行测定再进行计算。另外在对高层建筑桩长进行设计时，还需要充分考虑建筑物整体结构和上部结构以及基础等因素来确定其桩长。在对高层建筑桩基进行设计时，通常采用的是钻孔灌注桩。在对钻孔灌注桩进行设计时需要根据地质条件和周围环境来确定其直径和长度，另外还需要结合桩型选择合适的成孔设备以及成孔工艺等来确定其直径和长度。

1.2.2.4 试桩过程中对桩身强度的要求

在超高层建筑桩基础施工中，为保证施工质量，必须进行试桩工作，但是在实际工作中，由于受到各种因素的影响，难以保证试桩工作的全面性和准确性，这就需要在试桩过程中对桩身强度进行严格要求。为了确保试桩结果的准确性和可靠性，可以采用钻孔取芯技术来对桩身强度进行检测。通常情况下，采用取芯技术对桩身强度进行检测时，所取芯样为直径为500mm的圆锥体，其垂直方向的抗压强度值约为30MPa。根据相关标准，取芯检验应在单桩无侧限抗压强度试验的基础上进行。同时，还应根据相关规范来对试桩结果进行检验和评定。

1.3 浅基础设计

1.3.1 浅基础的设计步骤

(1) 准备工作

应充分掌握拟建场地的工程地质条件和地基勘察资料，并且进行相应的现场勘察和调查。例如，不良地质现象和发震断层的存在及其危害性、地基土层分布的均匀性和软弱下卧层的位置和厚度、各层土的类别及其工程特性指标。

(2) 选择建筑材料和地基处理方法

了解当地的建筑经验、施工条件和就地取材的可能性，并结合实际考虑采用先进的施工技术和经济、可行的地基处理方法。

(3) 确定基础类型、持力层及基础埋置深度

在研究地基勘察资料的基础上，结合上部结构的类型，荷载的性质、大小和分布，建筑布置和使用要求以及拟建的基础对原有建筑或设施的影响，考虑选择基础类型和平面布置方案，并确定地基持力层和基础埋置深度。

(4) 确定基础尺寸及地基验算

按地基承载力和作用在基础上的荷载，计算基础底面的初步尺寸，进行包括地基持力层和软弱下卧层(如果存在)的承载力验算以及按规定需要进行的变形验算，根据验算结果修改基础尺寸，以便使地基的承载力能得到充分保证，使地基的变形不致引起结构损坏、建筑物倾斜与开裂，或影响其使用和外观。

(5) 进行基础的结构和构造设计

以简化或考虑相互作用的计算方法进行基础结构的内力分析和截面设计，并满足相应设计规范的构造要求，以保证基础具有足够的强度、刚度和耐久性。

(6) 设计施工图

以上步骤完成后应及时绘制基础的设计图和施工详图，并编制工程预算书和工程设计施工说明书。

由于以上各步骤密切相关，并且互相制约，在初步设计时不可能一次考虑周详，因此往往需要反复进行，才能取得满意的结果。尤其是在设计规模较大的基础工程时，还应对若干可能方案做出技术经济比较，然后择优采用。

1.3.2 基础埋置深度的确定

1.3.2.1 基础埋置深度的基本概念

基础埋置深度一般是指基础底面至地面(一般是指设计地面)的距离。在建筑工程设计中，为了保证基础的安全，同时减小基础的尺寸，应尽量选择合适的地基持力层，即将基础放在合适的土层上。基础埋置深度的大小对于建筑物的安全和正常使用、基础施工技术措施、施工日期和工程造价等都有很大的影响，因此，合理确定基础埋置深度是基础设计工作中的重要环节。

1.3.2.2 基础埋置深度的要求

① 在满足地基稳定和变形要求的前提下，当上层地基的承载力大于下层土时，宜利用上层土作为持力层。除岩石地基外，基础埋深不宜小于0.5m。

② 高层建筑基础的埋置深度应满足地基承载力、变形和稳定性要求。位于岩石地基上的高层建筑，其基础埋深应满足抗滑稳定性要求。

③ 在抗震设防区，除岩石地基外，天然地基上的箱形基础和筏形基础的埋置深度不宜小于建筑物高度的1/15；桩箱或桩筏基础的埋置深度(不计桩长)不宜小于建筑物高度的1/18。

④ 基础宜埋置在地下水水位以上，当必须埋在地下水水位以下时，应采取地基土在施工时不受扰动的措施。当基础埋置在易风化的岩层上，施工时应在基坑开挖后立即铺筑垫层。

⑤ 当存在相邻建筑物时，新建建筑物的基础埋深不宜大于原有建筑基础。当埋深大于原有建筑基础时，两基础间应保持一定净距，其数值应根据建筑荷载大小、基础形式和土质情况确定。

⑥ 季节性冻土地基的场地冻结深度应按式(1.1)进行计算：

$$z_d = z_0 \times \phi_{zs} \times \phi_{zw} \times \phi_{ze} \tag{1.1}$$

式中，z_d为场地冻结深度，m；z_0为标准冻结深度，m，当无实测资料时，按《建筑地基基础设计规范》(GB 50007—2011)采用；ϕ_{zs}为土的类别对冻结深度的影响系数；ϕ_{zw}为土的冻胀性对冻结深度的影响系数；ϕ_{ze}为环境对冻结深度的影响系数。

⑦ 季节性冻土地区基础埋置深度宜大于场地冻结深度。对于深厚季节冻土地区，当建

筑基础底面土层为不冻胀、弱冻胀、冻胀土时，基础埋置深度可以小于场地冻结深度，基础底面下允许冻土层最大厚度应根据当地经验确定。当无地区经验时，可按《建筑地基基础设计规范》(GB 50007—2011)查取。此时，基础最小埋置深度 d_{min} 可按式(1.2)计算。

$$d_{min}=z_d-h_{max} \tag{1.2}$$

式中，z_d 为场地冻结深度，m；h_{max} 为基础底面下允许冻土层最大厚度，m。

1.3.2.3 影响基础埋深的因素

确定基础埋深时应考虑以下几个因素。

(1) 建筑物的用途、结构类型及荷载的大小和性质

建筑物的用途是确定基础埋深的重要因素，当设有地下室、地下管沟及设备基础时，基础底面埋深就得随之加大。

建筑结构类型也影响着基础的埋深，如基础底面埋深应在地下管道的下部，避免管道在基础下穿过影响管道的使用和维修。新建房屋的基础与原有建筑物的基础距离很近时，新建房屋的基础埋深宜浅于或等于相邻建筑物的基础埋深。反之，新建建筑基础离开原有建筑基础的净距离应是两相邻基础底面高差的1~2倍，以防止开挖基坑时坑壁塌落，影响原有建筑物基础的稳定性。

荷载大小和性质对基础埋深的影响在于上部结构传至基底的荷载越大，地基土的压缩性越大，沉降量越大。对竖向荷载很大，或对不均匀沉降要求严格的建筑，往往为了减少沉降量，将基础埋置在承载能力较高的坚硬土层上，有时会加大基础埋深，导致建筑安装成本增加。

(2) 场地土的工程地质和水文地质情况

施工现场的地质勘察资料，各层土的物理力学性质、物理状态等对地基基础的埋深影响也很大，确定基础埋深时，应进行认真分析，选择合适的持力层，在确保安全和经济合理的前提下，确定相对合理的基础埋置深度。通常是将基础埋置在地基土承载力高、压缩性小的土层上，且同时要选择经济性能良好的浅基础。

考虑地基埋置深度时，一般应按下列几种情况考虑。

① 场地土内部都是受力性能好、分布均匀、压缩性小的坚硬土，土层构成简单，基础埋深不受土质的影响而由其他因素确定。

② 场地土内部都是软弱土时，一般不能采用天然地基上的浅基础。对于建在软弱土层上的低层房屋，如果采用浅基础，则可通过采取增加建筑物空间整体性和空间刚度的措施满足要求。

③ 场地土由上部的软弱层和下部的坚硬土层构成。基础的埋深要根据软土的厚度和建筑物的特性来确定。

④ 场地土由上面的坚硬土层和下面的软弱土层组成，这种情况下尽可能将基础浅埋，以减少软土所受的压力。如果坚硬土层很薄，可以按单一软弱土的地基对待。如果场地土由若干坚硬土层和若干软弱土层构成，应根据各土层厚度和承载力的大小，参照以上几条要求选择基础埋深。

基础应尽量埋置在地下水水位以上，避免施工时基槽内的排水作业。基槽内有承压水

时，要防止承压水将基槽顶起带来的危害，必要时要通过验算采取适当的对策来防止。

(3) 我国北方寒冷地区冻土层深度的影响

我国北方寒冷地区不同程度地存在一定深度的冻土层，其厚度各有不同，由于接近地表土中的水分在冬季寒冷条件下冻结，还促使下面土层中水分上升也冻结，因此，土冻结后含水量增加，土体膨胀，气温升高后又融化，这种反复多次的冻融循环使得地基土中土体颗粒结构发生改变，承载能力下降，压缩性增加，导致基础变形增加，严重时会引起墙体产生内应力而开裂。因此，在北方地区确定基础埋深时必须考虑的重要因素之一就是冻土层深度。《建筑地基基础设计规范》(GB 50007—2011)根据冻土层的平均冻胀率的大小，将地基冻胀性分为不冻胀、弱冻胀、冻胀、强冻胀和特强冻胀五个等级。

1.3.3 基础底面积的确定

1.3.3.1 轴心受压基础底面尺寸的确定

在轴心荷载作用下，基础一般是对称设计，作用在基底面上的平均压应力应小于或等于地基承载力设计值，如图 1.2 所示。

承载力特征值f_a只能先按基础埋深d确定。待基底尺寸算出后，再验算基底宽度b是否超过3. 0m；若$b>3.0$m，需重新修正，再验算基底尺寸是否满足地基承载力要求。地基承载力特征值，还应按照式(1. 3)进行修正。

$$f_a = f_{ak} + \eta_b \gamma (b-3) + \eta_d \gamma_m (d-0.5) \quad (1.3)$$

式中，f_a为修正后地基承载力特征值，kPa；f_{ak}为地基承载力特征值，kPa；η_b、η_d分别为基础宽度和埋置深度的地基承载力修正系数；γ为基础底面以下土的重度，kN/m^3，地下水水位以下取浮重度；b为基础底面宽度，m，当基础底面宽度小于 3m 时按 3m 取值，大于 6m 时按 6m 取值；γ_m为基础底面以上土的加权平均重度，kN/m^3，位于地下水水位以下的土层取有效重度；d为基础埋置深度，m，宜自室外地面标高算起，在填方整平地区，可自填土地面标高算起，但填土在上部结构施工后完成时，应从天然地面标高算起。对于地下室，当采用箱形基础或筏形基础时，基础埋置深度自室外地面标高算起；当采用独立基础或条形基础时，应从室内地面标高算起。

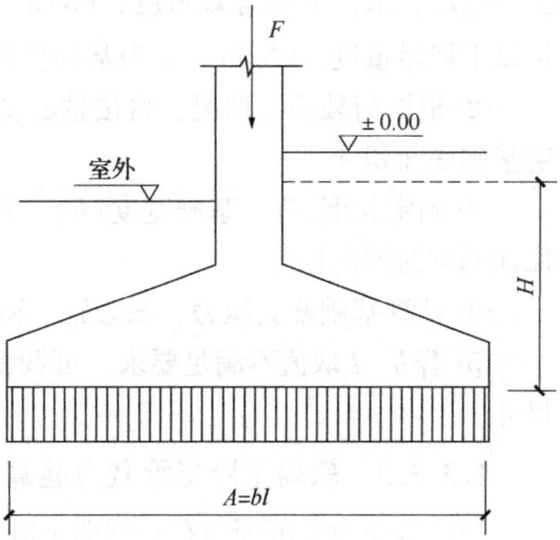

图 1.2 轴心受压

F—上部结构传来的轴向力设计值；

H—计算土重平均高度；

A—基础面积；l—长度；b—基础宽度

1.3.3.2 偏心受压基础底面尺寸的确定

当作用在基底形心处的荷载不仅有竖向荷载，而且有力矩或水平力存在时，为偏心受压基础。偏心荷载作用下基底压力分布仍假设为线性分布，相关计算如式(1.4)所示。

$$\left.\begin{matrix} p_{k\,max} \\ p_{k\,min} \end{matrix}\right\} = p_k \pm \frac{M_k}{W}, \quad p_{k\,max} \leqslant 1.2 f_a \quad (1.4)$$

式中，M_k为相应于荷载效应标准组合时，作用于基础底面的力矩值，kN·m；W为基础底面的抵抗矩，m^3；$p_{k\max}$为相应于荷载效应标准组合时，基础底面边缘的最大压力值，kPa；$p_{k\min}$为相应于荷载效应标准组合时，基础底面边缘的最小压力值，kPa；p_k为相应于荷载效应标准组合时，基础底面处的平均压力值，kPa；f_a为修正后的地基承载力特征值，kPa。

为了保证基础不致过分倾斜，一般要求偏心距$e \leqslant l/6$(l为偏心受压基础力矩作用方向的边长)，即要求$p_{k\min} \geqslant 0$，以控制基底压力呈梯形分布，防止基础过分倾斜。对中、高压缩性地基上的基础或有吊车的厂房柱基础，e不宜大于$l/6$；对低压缩性地基上的基础，当考虑短暂作用的偏心荷载时，e可放宽至$l/4$。

偏心受压基础基底面积的确定，通常是根据轴心受压基础底面积的公式并增大底面积(考虑力矩作用)进行试估，再验算承载力，直到满足为止。其算法步骤如下。

① 进行深度修正，初步确定修正后的地基承载力特征值。当荷载作用的偏心距小于或等于0.033倍基础底面宽度时，根据土的抗剪强度指标确定地基承载力特征值，可按式(1.5)计算，并应满足变形要求。

$$f_a = M_b \gamma b + M_d \gamma_m d + M_c c_k \tag{1.5}$$

式中，f_a为由土的抗剪强度指标确定的地基承载力特征值，kPa；M_b、M_d、M_c为承载力系数；b为基础底面宽度，大于6m时按6m取值，对于砂土宽度，小于3m时按3m取值；c_k为基底下1倍短边宽度的深度范围内土的黏聚力标准值，kPa；γ为基底下1倍短边宽度内土的重度，水位下取有效重度，kN/m^3；γ_m为基础地面以下土的加权平均重度，地下水水位以下取浮重度，kN/m^3；d为基础埋置深度，m，一般自室外地面标高算起。

② 根据荷载偏心情况，将按轴心荷载作用计算得到的基底面积增大10%~40%，以确定基础底面积A。

③ 确定长度(l)、基础宽度(b)。对于单独基础，常取$l/b \approx 1.5$，l/b不宜大于3，以保证基础的侧向稳定。

④ 计算基础基底压力、偏心距e和基底最大压力$p_{k\max}$，并验算是否满足要求。

⑤ 若b、l取值不满足要求，可调整尺寸再行验算；如此反复一两次，便可确定合适的尺寸。

1.3.3.3 软弱下卧层承载力验算

当地基受力层范围内存在软弱下卧层(承载力显著低于持力层的高压缩性土层)时，除按持力层承载力确定基底尺寸外，还必须对软弱下卧层进行验算，要求作用在软弱下卧层顶面处的附加压力与自重压力之和不超过它的承载力特征值，如式(1.6)所示。

$$p_z + p_{cz} \leqslant f_{az} \tag{1.6}$$

式中，p_z为相应于作用的标准组合时，软弱下卧层顶面处的附加压力值，kPa；p_{cz}为软弱下卧层顶面处土的自重压力值，kPa；f_{az}为软弱下卧层顶面处经深度修正后的地基承载力特征值，kPa。

对条形基础和矩形基础中的p_z值可分别按式(1.7)和式(1.8)进行简化计算。

$$p_z = \frac{b(p_k - p_c)}{b + 2z\tan\theta} \tag{1.7}$$

$$p_z=\frac{lb(p_k-p_c)}{(l+2z\tan\theta)(b+2z\tan\theta)} \tag{1.8}$$

式中，p_k为相应于荷载效应标准组合时，基础底面处的平均压力值，kPa；b为矩形基础或条形基础底边的宽度，m；l为矩形基础底边的长度，m；p_c为基础底面处土的自重压力值，kPa；z为基础底面至软弱下卧层顶面的距离，m；θ为地基压力扩散线与垂直线的夹角，(°)，称为扩散角。

1.3.4 柱下条形基础设计

1.3.4.1 柱下条形基础的适用条件

柱下条形基础是梁板式基础之一，梁板式基础又称为连续基础，包括柱下条形基础、交梁基础、筏形基础和箱形基础等。柱下条形基础是常用于软弱地基土上框架或排架结构的一种基础类型。它具有刚度较大、调整不均匀沉降能力较强的优势，但造价较高，因此，从经济角度考虑，在除非下列软弱地基土的情况，不宜使用柱下条形基础。

1.3.4.2 柱下条形基础的构造要求

柱下条形基础的构造，除应符合扩展基础的一般构造要求外，还应符合下列规定：

① 柱下条形基础梁的高度宜为柱距的1/4~1/8。翼板厚度不应小于200mm。当翼板厚度大于250mm时，宜采用变厚度翼板，其顶面坡度宜小于或等于1：3。

② 条形基础的端部宜向外伸出，其长度宜为第一跨距的0.25倍。

③ 现浇柱与条形基础梁的交接处，基础梁的平面尺寸应大于柱的平面尺寸，且柱的边缘至基础梁边缘的距离不得小于50mm。

④ 条形基础梁顶部和底部的纵向受力钢筋除应满足计算要求外，顶部钢筋应按计算配筋全部贯通，底部通长钢筋不应少于底部受力钢筋截面总面积的1/3。

⑤ 柱下条形基础的混凝土强度等级，不应低于C20。

1.3.4.3 柱下条形基础的计算

(1) 底面尺寸的确定

在计算条形基础内力、最终确定截面尺寸并配筋之前，应先按常规方法选定基础底面的长度l和宽度b。将条形基础视为一狭长的矩形基础，长度l(伸出边柱的长度)由构造要求决定，然后根据地基的承载力计算所需的宽度b，如果荷载的合力是偏心的，则可像对待偏心荷载下的矩形基础那样，先初步选定宽度，再用边缘最大压力验算地基。

(2) 内力分析

实践中常用下列两种简化方法计算条形基础的内力。

① 静定分析法。按偏心受压公式根据柱子传至梁上的荷载，利用静力平衡条件，求得梁下地基反力的分布，如式(1.9)所示。

$$\begin{matrix} p_{j\max} \\ p_{j\min} \end{matrix}=\frac{\sum F_i}{bl}\pm\frac{6\sum M_i}{bl^2} \tag{1.9}$$

式中，F_i为上部建筑物作用在基础梁上的各垂直荷载(包括均布荷载q在内)kN；M_i为对基础梁中点的荷载，kN·m；b 为基础梁的宽度，m；l 为基础梁的长度，m；$p_{j\,max}$ 为基础梁边缘处最大地基反力，kPa；$p_{j\,min}$ 为基础梁边缘处最小地基反力，kPa。

当 $p_{j\,max}$ 与 $p_{j\,min}$ 相差不大时，可近似地取其平均值作为梁下均布的地基反力，这样计算时将更为方便。

静定分析法不考虑梁与上部结构的相互作用，因而在荷载和直线分布的基底反力作用下产生整体弯曲。静定分析法只适用于上部为柔性结构且自身刚度较大的条形基础及联合基础。

② 倒梁法。这种方法将地基反力视为作用在基础梁上的荷载，将柱子视为基础梁的支座，这样就可将基础梁作为一倒置的连续梁进行计算，故称为倒梁法。

由于未考虑基础梁挠度与地基变形协调条件且采用了地基反力直线分布假定(即反力不平衡)，因此，需要进行反力调整，即将柱荷载 F_i 和相应支座反力 R_i 的差值均匀地分配在该支座两侧各 1/3 跨度范围内，再求出此连续梁的内力，并将计算结果进行叠加。重复上述步骤，直至满意为止。一般经过一次调整，就能满足设计精度的要求(不平衡力不超过荷载的 20%)。

倒梁法把柱子看作基础梁的不动支座，即认为上部结构是绝对刚性的。由于计算中不涉及变形，不能满足变形协调条件，因此，计算结果存在一定的误差。经验表明，倒梁法较适合于地基比较均匀，上部结构刚度较好，荷载分布较均匀，且条形基础梁的高度大于 1/6 柱距的情况。由于实际建筑物多半发生盆形沉降，导致柱荷载和地基反力重新分布，研究表明，端柱和端部地基反力均会增大，为此，宜在端跨适当增加受力钢筋，并且上下均匀配筋。

1.3.5 高层建筑筏形基础设计

建筑上部结构荷载较大，地基承载力较低，采用一般基础不能满足要求时，可将基础扩大成支撑整个建筑物结构的大钢筋混凝土板，即称为筏形基础(或称为筏板基础)。筏形基础不仅能减少地基土的单位面积压力，提高地基承载力，还能增强基础的整体刚性，调整不均匀沉降，故在多层建筑和高层建筑中被广泛采用。筏形基础大多采用梁板式结构，当柱网间距大时，可加肋梁使基础刚度增大。柱网为正方形(或近于正方形)时，筏形基础也可以做成无梁式基础板，相当于一个倒置的无梁楼盖。梁板式筏形基础的肋梁既可向下凸出，也可向上凸出。

1.3.5.1 高层建筑筏形基础构造

(1) 地下室构造

采用筏形基础的地下室，在沿地下室四周布置钢筋混凝土外墙时，外墙厚度不应小于 250mm，内墙厚度不应小于 200mm。墙的截面设计除满足承载力要求外，还应考虑变形、抗裂及外墙防渗等要求。墙体内应设置双面钢筋，钢筋不宜采用光面圆钢筋，水平钢筋的直径不应小于 12mm，竖向钢筋的直径不应小于 10mm，间距不应大于 200mm。

地下室底层柱、剪力墙与梁板式筏形基础的基础梁连接的构造要求：柱、墙的边缘至基础梁边缘的距离不应小于 50mm。

（2）筏形基础底板

梁板式筏形基础底板除计算正截面受弯承载力外，其厚度还应满足受冲切承载力、受剪切承载力的要求。对12层以上建筑的梁板式筏形基础，其底板厚度与最大双向板格的短边净跨之比不应小于1/14，且板厚不应小于400mm。

（3）连接要求

① 筏形基础与地下室外墙的接缝、地下室外墙沿高度处的水平接缝应严格按施工缝要求施工，必要时可设通长止水带。

② 高层建筑筏形基础与裙房基础之间的构造应符合下列要求：

a. 当高层建筑与相连的裙房之间设置沉降缝时，高层建筑的基础埋深应大于裙房基础的埋深至少2m。地面以下沉降缝的缝隙应用粗砂填实。

b. 当高层建筑与相连的裙房之间不设置沉降缝时，宜在裙房一侧设置用于控制沉降差的后浇带，后浇带的位置宜设在距主楼边柱的第二跨内。当沉降实测值和计算确定的后期沉降差满足设计要求后，方可进行后浇带混凝土浇筑。

c. 当高层建筑与相连的裙房之间不允许设置沉降缝和后浇带时，应进行地基变形验算，验算时需考虑地基与结构变形的相互影响并采取相应的有效措施。

③ 筏形基础地下室施工完毕后，应及时进行基坑回填工作。回填基坑时，应先清除基坑中的杂物，并应在相对的两侧或四周同时回填并分层夯实，回填土的压实系数不应小于0.94。

1.3.5.2　筏形基础地基的计算

（1）基础底面积的确定

筏形基础底面积应满足的地基承载力要求如式(1.10)～式(1.12)所示。

$$p=\frac{F+G}{A}\pm\frac{M_x}{I_x}+\frac{M_y}{I_y} \tag{1.10}$$

$$p\leqslant f_a \tag{1.11}$$

$$p_{max}\leqslant 1.2f_a \tag{1.12}$$

式中，F为相应于荷载效应标准组合时，筏形基础上由墙或柱传来的竖向荷载总和，kN；G为筏形基础自重，kN；A为筏形基础底面积，m^2；M_x、M_y分别为相应于荷载效应标准组合时，竖向荷载F对通过筏形基础底面形心的x轴和y轴的力矩，kN·m；I_x、I_y分别为筏形基础底面积对x轴和y轴的惯性矩，m^4；p、p_{max}分别为平均基底压力和最大基底压力，kPa；f_a为基础持力层土的地基承载力特征值，kPa。

（2）基础偏心距的计算

高层建筑筏形基础的平面尺寸，应根据工程地质条件、上部结构的布置、地下结构底层平面以及荷载分布等因素确定。对单幢建筑物，在地基土比较均匀的条件下，基底平面形心宜与结构竖向永久荷载重心重合。当不能重合时，在荷载效应准永久组合下，偏心距e应符合式(1.13)的要求。

$$e\leqslant 0.1\frac{W}{A} \tag{1.13}$$

式中，W为与偏心距方向一致的基础底面边缘抵抗矩，m^3；A为基础底面积，m^2。

1.4 桩基础设计

1.4.1 桩基础的选用条件、桩的分类

随着近代科学技术的发展，桩的种类，桩基础的形式，施工工艺、设备以及桩基础理论、设计方法，都有了很大的发展。桩基础已成为在土质不良地区修建各种建筑物，特别是高层建筑、重型厂房、桥梁、码头和具有特殊要求的建筑物、构筑物所采用的最广泛的基础形式。

1.4.1.1 桩基础的选用条件

根据桩基础的特性，在下列情况下可以考虑选用桩基础方案。

① 地基上层土的土质太差而下层土的土质较好；或地基土软硬不均匀；或荷载不均匀，不能满足上部结构对不均匀变形限值的要求。

② 地基软弱或地基土性特殊，如存在埋深较深、较厚的软土、可液化土层、自重湿陷性黄土、膨胀土及季节性冻土等，不宜采用地基改良和加固措施。

③ 除承受大竖向荷载外，还有较大偏心荷载、水平荷载、动力荷载或周期性荷载。例如，重型工业厂房、荷载很大的仓库、料仓；需要减弱振动影响的动力机器基础。

④ 上部结构对不均匀沉降相当敏感，或建筑物受到大面积超载的影响。

⑤ 地下水水位很高，采用其他基础形式施工困难或位于水中的构筑物基础。

⑥ 需要长期保存，具有重要历史意义的建筑物。

1.4.1.2 桩基础中桩的分类

桩是桩基础中最重要的组成部分，其作用是将上部结构的荷载通过桩身传递到深部较坚硬的压缩性较小的土层上。桩可以大致分以下几类。

(1) 预制桩

预制桩是指在施工打桩前先根据设计要求制作桩，施工打桩时通过专用的打桩设备锤击、振动打入、静力压入或旋入地基土中的桩。预制桩根据所用的材料不同，可分为混凝土预制桩、钢桩和木桩。

工程中常用的混凝土预制桩的形式有实心方桩和预应力混凝土管桩(如图 1.3 所示)两种。混凝土预制桩的优点是长度和截面形状、尺寸可在一定范围内根据需要选择，质量较易保证，桩端(桩尖)可达坚硬黏性土或强风化基岩，承载能力高，耐久性好。

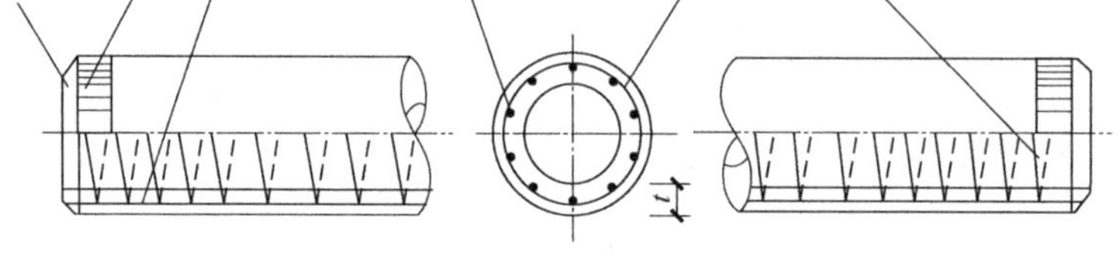

图 1.3 预应力混凝土管桩

1—预应力钢筋；2—螺旋箍筋；3—端头板；4—钢套箍；t—壁厚

常用的钢桩分为开口或闭口的钢管桩及 H 钢桩等。钢桩的穿透能力强、自重轻、锤击沉桩效果好，承载能力高，无论起吊、运输或是沉桩、接桩都很方便。但钢桩的耗钢量大，成本高，一般只在少数工程中使用。

木桩常用松木、杉木做成，其桩径(尾径)为 160~260mm，桩长一般为 4~6m，杉木桩长些。木材自重轻，具有一定的弹性和韧性，便于加工、运输和设置。在淡水下木桩耐久性良好，但在干湿交替变换的环境中容易腐烂，故应打入桩底地下水水位以下 0. 5m。一般木桩用于承载力较小的应急工程中。

(2) 灌注桩

灌注桩通常称为就地灌注桩，它是在所设计桩位处成孔，然后在孔内放置钢筋笼浇灌混凝土而成。与预制桩相比，具有的优点有：适用于各种地层，适应性广泛；桩长可根据持力层的深浅变化，具有很大的灵活性；按使用期桩身内力大小配筋或不配筋，用钢量较省；采用大直径钻孔或挖孔灌注桩时，可获得较高的承载能力；一般情况下比预制桩经济。

灌注桩品种较多，一般有几十种，大致可以归纳为沉管灌注桩、钻孔灌注桩和挖孔桩三类。灌注桩可采用套管(或沉管)护壁、泥浆护壁或干作业等方法成孔。

(3) 摩擦型桩

摩擦型桩是指在竖向荷载作用下，桩顶荷载全部或主要由桩侧摩擦阻力承担的桩。根据桩侧摩擦阻力分担荷载的比例不同，摩擦型桩又可分为摩擦桩和端承摩擦桩两类。其中，摩擦桩是指桩顶荷载绝大部分由桩侧阻力承担，桩端阻力较小的桩；端承摩擦桩是指桩顶荷载由桩侧摩擦阻力和桩端阻力共同承担，但桩端侧摩擦阻力分担荷载比较大的桩。

(4) 端承型桩

端承型桩是指在竖向荷载作用下，桩顶荷载全部或主要由桩端阻力承担，桩侧摩擦阻力相对于桩端阻力较小的桩。根据桩端阻力分担荷载的比例，端承型桩又可分为端承桩和摩擦型端承桩两类。其中，端承桩是指桩顶荷载绝大部分由桩端阻力承担，桩侧摩擦可以忽略不计的桩。

(5) 挤土桩、部分挤土桩、非挤土桩

挤土桩也称为排土桩，在成桩过程中，桩周围的土被压密或挤开，因而使桩周围土层受到严重扰动，土的原始结构受到破坏。土的工程性质与原始状态相比有很大改变。这类桩主要有打入或压入的预制木桩和混凝土桩、打入的封底钢管桩和混凝土管桩以及沉管灌注桩。

部分挤土桩也称为少量排土桩，在成桩过程中，桩周围的土受到相对较小的扰动，土的原始工程结构性质变化不明显。这类桩主要有打入小截面 I 型和 H 型钢桩、钢板桩，开口的钢管桩(管内土挖除)和螺旋桩等。

非挤土桩也称为非排土桩，在成桩过程中，将与桩体积相同的土挖出，因而桩周围的土受到较轻的扰动，但有应力松弛现象。这类桩主要有各种形式的挖孔桩或钻孔桩、井筒管桩和预钻孔埋桩等。

(6) 其他桩

根据桩的材料，桩可分为天然材料桩、混凝土桩、钢桩、水泥桩、砂浆桩、特种桩等。

根据承载力性状和使用功能，桩除了分为端承桩和摩擦桩外，还可分为侧向受荷桩(如基坑工程中的桩主要承受作用在桩上的侧向荷载)、抗拔桩(如抗浮桩、板桩墙后的锚桩主要抵抗拉拔荷载)和复合受荷桩(桥梁工程中桩除了承受竖向荷载外，由于波浪、风、地震、船舶的撞击以及车辆荷载的制动力等，桩还要承受较大的其他荷载)。在工程应用时，根据实际需要选用适合的桩。

1.4.2 单桩的竖向承载力

1.4.2.1 单桩竖向承载力的概念

单桩竖向承载力是指单桩在竖向荷载作用下不失去稳定性(即不发生急剧的、不停滞的下沉，桩端土不发生大量塑性变形)，也不产生过大沉降(即保证建筑物桩基础在长期荷载作用下的变形不超过允许值)时，所能承受的最大荷载。

1.4.2.2 单桩竖向承载力的确定原则

设计时应采用的单桩竖向极限承载力标准值，设计等级为甲级的建筑桩基础，应通过单桩静载试验确定；设计等级为乙级的建筑桩基础，当地质条件简单时，可参照地质条件相同的试桩资料，结合静力触探等原位测试和经验参数综合确定；其余均应通过单桩静载试验确定；设计等级为丙级的建筑桩基础，可根据原位测试和经验参数确定。

单桩竖向承载力特征值 R_a 应按式(1.14)确定。

$$R_a = \frac{Q_{uk}}{K} \tag{1.14}$$

式中，Q_{uk} 为单桩竖向极限承载力标准值，kPa；K 为安全系数，取 $K=2$。

单桩竖向极限承载力标准值、极限侧阻力标准值和极限端阻力标准值应按下列规定确定：

① 单桩竖向静载试验应按现行行业标准《建筑基桩检测技术规范》(JGJ 106—2014)执行。

② 对于大直径端承型桩，也可通过深层平板(平板直径应与孔径一致)荷载试验确定极限端阻力。

③ 对于嵌岩桩，可通过直径为0.3m岩基平板荷载试验确定极限端阻力标准值，也可通过直径为0.3m嵌岩短墩荷载试验确定极限侧阻力标准值和极限端阻力标准值。

④ 桩的极限侧阻力标准值和极限端阻力标准值宜通过埋设桩身轴力测试元件由静荷载试验确定。并通过测试结果建立极限侧阻力标准值和极限端阻力标准值与土层物理指标、岩石饱和单轴抗压强度，以及与静力触探等土的原位测试指标之间的经验关系，以经验参数法确定单桩竖向极限承载力。

1.4.2.3 单桩竖向承载力的测定方法

(1)《建筑地基基础设计规范》(GB 50007—2011)相关公式

地基设计采用正常使用极限状态这一原则，即按变形设计的原则，初步设计时，单桩竖向承载力特征值可按式(1.15)进行估算。

$$R_a = q_{pa}A_p + u_p \sum q_{sia} l_i \tag{1.15}$$

式中，R_a为单桩竖向承载力特征值，kPa；q_{pa}、q_{sia}为桩端阻力、桩侧阻力特征值，kPa，由当地静荷载试验结果统计分析算得；A_p为桩底端横截面面积，m^2；u_p为桩身周边长度，m；l_i为第 i 层岩土的厚度，m。

桩端嵌入完整及较完整的硬质岩中，当桩长较短且入岩较浅时，可按式(1.16)估算单桩竖向承载力特征值：

$$R_a = q_{pa}A_p \tag{1.16}$$

式中，q_{pa}为桩端岩石承载力特征值，kPa；其余符号意义同前。

(2)《建筑桩基技术规范》(JGJ 94—2008)相关公式

① 原位测试法。当根据单桥探头静力触探资料确定混凝土预制桩单桩竖向极限承载力标准值Q_{uk}时，如无当地经验，可按式(1.17)~式(1.19)估算。

$$Q_{uk} = Q_{sk} + Q_{pk} = u\sum q_{ski}l_i + \alpha p_{sk}A_p \tag{1.17}$$

当$p_{sk1} \leqslant p_{sk2}$：
$$p_{sk} = \frac{p_{sk1} + \beta p_{sk2}}{2} \tag{1.18}$$

当$p_{sk1} > p_{sk2}$：
$$p_{sk} = p_{sk2} \tag{1.19}$$

式中，Q_{sk}、Q_{pk}分别为总极限侧阻力标准值和总极限端阻力标准值，kPa；u 为桩身周长，m；q_{ski}为用静力触探比贯入阻力值估算的桩周第 i 层土的极限侧阻力，kPa；l_i为桩周第 i 层土的厚度，m；α 为桩端阻力修正系数；p_{sk}为桩端附近的静力触探比贯入阻力标准值(平均值)，kPa；A_p为桩端面积，m^2；p_{sk1}为桩端全截面以上 8 倍桩径范围内的比贯入阻力平均值，kPa；p_{sk2}为桩端全截面以下 4 倍桩径范围内的比贯入阻力平均值，kPa；β 为折减系数。

当根据双桥探头静力触探资料确定混凝土预制桩单桩竖向极限承载力标准值 Q_{uk}时，对于黏性土、粉土和砂土，如无当地经验时，可按式(1.20)计算。

$$Q_{uk} = Q_{sk} + Q_{pk} = u\sum l_i \times \beta_i \times f_{si} + \alpha q_c A_p \tag{1.20}$$

式中，f_{si}为第 i 层土的探头平均侧阻力，kPa；q_c为桩端平面上、下探头阻力，kPa，取桩端平面以上 $4d$(d 为桩的直径或边长)范围内按土层厚度的探头阻力加权平均值，然后再和桩端平面以下 $1d$ 范围内的探头阻力进行平均；α 为桩端阻力修正系数，对于黏性土、粉土取 2/3，饱和砂土取 1/2；β_i为第 i 层土桩侧阻力综合修正系数；其余符号意义同前。

② 经验参数法。当根据土的物理指标与承载力参数之间的经验关系确定单桩竖向极限承载力标准值 Q_{uk}时，宜按式(1.21)进行估算。

$$Q_{uk} = Q_{sk} + Q_{pk} = u\sum q_{ski}l_i + q_{pk}A_p \tag{1.21}$$

式中，q_{ski}为桩侧第 i 层土的极限侧阻力标准值，kPa；q_{pk}为极限端阻力标准值，kPa；其余符号意义同前。

根据土的物理指标与承载力参数之间的经验关系，确定大直径桩单桩极限承载力标准值 Q_{uk}时，可按式(1.22)计算。

$$Q_{uk} = Q_{sk} + Q_{pk} = u\sum \phi_{si}q_{ski}l_i + \phi_p q_{pk}A_p \tag{1.22}$$

式中，q_{ski}为桩侧第 i 层土极限侧阻力标准值，对于扩底桩变截面以上 $2d$ 长度范围不计侧阻力，kPa；q_{pk}为桩径为 800mm 的极限端阻力标准值，kPa；ϕ_{si}、ϕ_p分别为大直径桩侧阻力、端阻力尺寸效应系数；u 为桩身周长，m，当人工挖孔桩桩周护壁为振捣密实的混凝土时，桩身周长可按护壁外直径计算；其余符号意义同前。

1.4.3 桩基础沉降计算

1.4.3.1 桩基础沉降变形的指标

《建筑桩基技术规范》(JGJ 94—2008)规定，建筑桩基础沉降变形计算值不应大于桩基础沉降变形允许值。桩基础沉降变形指标有沉降量、沉降差、整体倾斜(建筑物桩基础倾斜方向两端点的沉降差与其距离的比值)、局部倾斜(墙下条形承台沿纵向某一长度范围内桩基础两点的沉降差与其距离的比值)。

1.4.3.2 桩基础变形指标的选用

计算桩基础沉降变形时，桩基础变形指标应按下列规定选用：

① 由土层厚度与性质不均匀、荷载差异、体型复杂、相互影响等因素引起的地基沉降变形，对于砌体承重结构应由局部倾斜控制。

② 对于多层或高层建筑和高耸结构应由整体倾斜值控制。

③ 当其结构为框架、框架-剪力墙、框架-核心筒结构时，还应控制柱(墙)之间的差异沉降。

1.4.3.3 桩基础沉降变形允许值

建筑桩基础沉降变形允许值应按表 1.3 的规定采用。

表 1.3 建筑桩基础沉降变形允许值

变形特征		允许值
砌体承重结构基础的局部倾料		0.002
各类建筑相邻柱(墙)基的沉降差		
框架，框架-剪力墙、框架-核心筒结构		$0.002l_0$
砌体墙填充的边排柱		$0.0007l_0$
当基础不均匀沉降时不产生附加应力的结构		$0.0054l_0$
单层排架结构(柱距为 6m)桩基础的沉降量/mm		120
桥式吊车轨面的倾斜(按不调整轨道考虑)		
纵向		0.004
横向		0.003
多层和高层建筑的整体倾斜	$H_g \leqslant 24$	0.004
	$24<H_g \leqslant 60$	0.003
	$60<H_g \leqslant 100$	0.0025
	$H_g>100$	0.002
高耸结构桩基础的整体倾料	$H_g \leqslant 20$	0.008
	$20<H_g \leqslant 50$	0.006
	$50<H_g \leqslant 100$	0.005
	$100<H_g \leqslant 150$	0.004
	$150<H_g \leqslant 200$	0.001
	$200<H_g \leqslant 250$	0.002

续表

变形特征		允许值
高耸结构基础的沉降量/mm	$H_g \leq 100$	350
	$100 < H_g \leq 200$	250
	$200 < H_g \leq 250$	150
体型简单的剪力墙结构 高层建筑桩基础最大沉降量/mm	—	200

注：l_0为相邻二柱(墙)两测点间距离；H_g为自室外地面算起的建筑物高度，m。

1.4.3.4 桩基础沉降量的计算

(1) 桩中心距不大于6倍桩径的桩基础沉降计算

对于桩中心距不大于6倍桩径的桩基础，其最终沉降量计算可采用等效作用分层总和法。等效作用面位于桩端平面，等效作用面积为桩承台投影面积，等效作用附加压力近似取承台底平均附加压力。等效作用面以下的应力分布采用各向同性均质直线变形体理论。

桩基础沉降计算深度z_n应按应力比法确定，即计算深度处的附加应力σ_z与土的自重应力σ_c应符合式(1.23)和式(1.24)的要求。

$$\sigma_z \leq 0.2\sigma_c \tag{1.23}$$

$$\sigma_z = \sum_{j=1}^{m} \alpha_j p_{0j} \tag{1.24}$$

式中，α_j为附加应力系数；p_{0j}为第j块矩形底面在荷载效应准永久组合下的附加压力，kPa；m为角点法计算点对应的矩形荷载分块数；j为矩形底面数；其余符号意义同前。

(2) 单桩、单排桩、桩中心距大于6倍桩径的基桩基础沉降计算

对于单桩、单排桩、桩中心距大于6倍桩径的基桩基础的沉降计算应符合下列规定：

① 承台底地基土不分担荷载的桩基础。桩端平面以下地基中由基桩引起的附加应力，按考虑桩径影响的明德林(Mindlin)解计算确定。将沉降计算点水平面影响范围内各基桩对应力计算点产生的附加应力叠加，采用单向压缩分层总和法计算土层的沉降，并计入桩身压缩。

② 承台底地基土分担荷载的复合桩基础。将承台底土压力对地基中某点产生的附加应力按布辛奈斯克(Boussinesq)解，与基桩产生的附加应力叠加，采用与①相同方法计算沉降。

对于单桩、单排桩、疏桩复合桩基础的最终沉降计算深度z_n，可按应力比法确定，即z_n处由桩引起的附加应力σ_z、由承台土压力引起的附加应力σ_{zc}与土的自重应力σ_c应符合式(1.25)的要求。

$$\sigma_z + \sigma_{zc} = 0.2\sigma_c \tag{1.25}$$

式中，符号意义同前。

第2章 基坑设计与选型

2.1 基坑工程概述

2.1.1 基坑与基坑支护

(1) 基坑的概念

基坑(foundation pit)指的是为进行建(构)筑物施工而开挖出的地下空间，与基坑开挖相互影响的周边建(构)筑物、地下管线、道路、岩土体与地下水体统称为基坑周边环境(surroundings around excavations)。

(2) 基坑支护的概念

为保护地下主体结构施工和基坑周边环境的安全，对基坑采用的临时性支挡、加固、保护与地下水控制的措施即为基坑支护(retaining and protection for excavations)。

(3) 基坑支护设计使用期限

基坑支护的目的就是为主体结构顺利施工提供防护而布置的临时设施，在工程地下结构施工完成并回填基坑后，基坑支护设施的使命一般就完成了，因此基坑工程设计使用期限一般由地下结构施工所需时间来决定。另外，当基坑工程作为临时设施设计时，荷载取值较低，结构耐久性考虑也不需太充分，因此使用期限一般不超过两年，但也不应少于一年。对于大多数建筑工程基坑，一年的设计使用期限完全可以满足要求。

当支护结构不单作为临时性支护结构，还作为永久工程的一个部分时，如地下连续墙同时作为结构外墙，结构的设计标准必须与主体结构的设计使用年限一致。

2.1.2 基坑工程设计极限状态的表现形式

由于基坑工程的复杂性，在目前理论与实践条件下，我国基坑工程设计同时采用了安全系数法与以概率论为基础的极限状态设计方法。对于基坑工程，承载能力极限状态与正常使用极限状态的表现形式简述如下。

(1) 承载能力极限状态

① 支护结构构件或连接因超过材料强度而破坏，或因过度变形而不适于继续承受荷载，或出现压屈、局部失稳；

② 支护结构和土体整体滑动；

③ 坑底因隆起而丧失稳定；

④ 对支挡式结构，挡土构件因坑底土体丧失嵌固能力而推移或倾覆；

⑤ 对锚拉式支挡结构或土钉墙，锚杆或土钉因土体丧失锚固能力而拔动；

⑥ 对重力式水泥土墙，墙体倾覆或滑移；

⑦ 对重力式水泥土墙、支挡式结构，其持力土层因丧失承载能力而破坏；

⑧ 地下水渗流引起的土体渗透破坏。

由材料强度控制的结构构件的破坏类型采用承载能力极限状态来设计，主要针对人工材料，如型钢、钢筋、混凝土等，作用效应采用作用基本组合的设计值(标准值乘以分项系数)，抗力采用结构构件的承载力设计值(标准值除以分项系数)。涉及地质材料的岩石、土体及地下水等稳定性的承载能力极限状态，采用传统的安全系数法。

(2) 正常使用极限状态

① 造成基坑周边建(构)筑物、地下管线、道路等损坏或影响其正常使用的支护结构位移；

② 因地下水位下降、地下水渗流或施工因素而造成基坑周边建(构)筑物、地下管线、道路等损坏或影响其正常使用的土体变形；

③ 影响主体地下结构正常施工的支护结构位移；

④ 影响主体地下结构正常施工的地下水渗流。

2.1.3　基坑变形

基坑设计中正常使用极限状态设计主要的计算参数就是变形，基坑开挖不仅要保证基坑本身的安全与稳定，而且要有效控制基坑周围土体移动以保护周围环境。但是相对于建筑物结构及基础的沉降，基坑变形的形式、变形形成原因及影响因素更加复杂，且计算与评价模型不成熟，可靠性低。

2.1.3.1　基坑变形的形式

基坑围护结构的变形可划分为悬臂式位移、抛物线形位移、组合位移三类(如图2.1所示)。当基坑开挖较浅，或者采用悬臂支护时，一般支挡结构顶部位移最大，墙后土体沉降变形为三角形沉降；当支挡结构顶部预设有刚度足够的支撑或锚杆、下部嵌固深度足够时，支撑点水平支挡结构的位移近似为0，相应的墙后土体的水平位移为0，这样支挡结构的位移形式为抛物线，坑后土体沉降变形也接近于抛物线；不满足上述条件时，墙体及其后土体变形为组合位移形式。

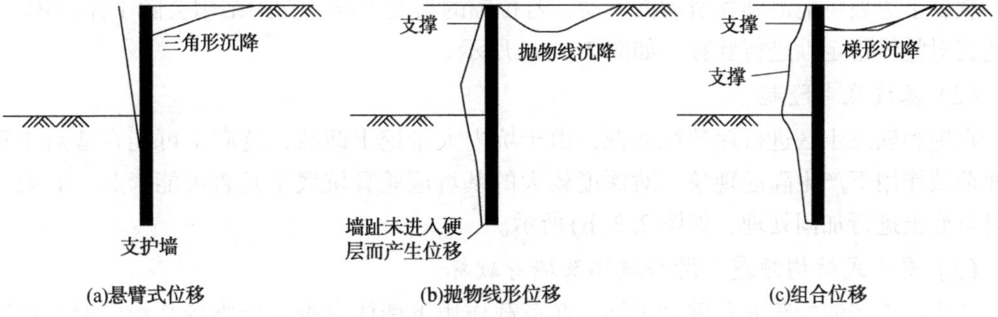

图2.1　基坑变形形式

基坑开挖产生的竖直卸荷将使基坑底部出现隆起现象，这种变形量主要由土体的回弹再压缩模量、基坑深度与宽度决定。当变形量过大时，可能出现塑形隆起变形。

2.1.3.2 基坑变形影响因素

基坑变形影响因素较多，影响机理复杂。

(1) 工程地质与水文地质条件

晚更新世及以前形成的土体基坑变形一般较小，而全新世晚期形成的土体性质差，变形量大；有无地下水、地下水埋深、承压水水头及隔水顶板厚度等是影响基坑变形的关键因素。

(2) 周边环境条件

保护周边环境条件是基坑支护的目的之一，而周边环境条件对基坑变形影响非常明显，主要为：周边建(构)筑物距离、荷载及基础形式，基坑周边静、动荷载条件，基坑周边上、下水道的完整性等。

(3) 基坑规模

基坑规模，特别是开挖深度，是基坑分类、基坑支护方案选取中需要考虑的一个重要因素，基坑变形与开挖深度呈正相关。同样，一个基坑采取不同的支护方案对基坑变形有直接影响，如悬臂结构较设置有内支撑的变形要大，墙体刚度、排桩的间距、支护桩入土深度、预应力的设置等均对基坑变形有显著影响。

在工程实践中，与施工相关的变形是最难以估量的因素：基坑开挖工序与方法、施工降水、施工周期、工程事故及具体施工人员的素质与水平等。

目前计算基坑支护结构变形的手段一般采用以下两种：经验公式和数值计算。

经验公式是在理论假设的基础上，通过对原型观测数据或数值模型计算结果的拟合分析得到半经验性结论，或者由大量原型观测数据提出经验公式。

数值计算主要采用杆系有限元法或连续介质有限元法。前者可以较为容易地得到围护结构的位移，后者通过应用不同的本构模型，可以比较好地模拟开挖卸载、支撑预应力等实际施工工艺效果。

2.1.4 支护结构破坏形式

(1) 整体失稳

软黏土边坡可能沿圆弧滑动面滑动，若拉锚的长度不够，支护结构会随土体整体失稳，因此需对整体稳定性进行验算，如图 2.2(a)所示。

(2) 基坑底部隆起

在饱和软黏土区进行深基坑开挖，由于坑内大量挖土卸载，坑底土可能在墙后土重及地面荷载作用下产生隆起现象。对深度较大的基坑应验算坑底土是否可能隆起，必要时还要对坑底土进行加固处理，如图 2.2(b)所示。

(3) 重力式结构倾覆、滑移破坏及墙身破坏

若水泥土挡墙的截面及重量不够，在荷载作用下墙体自重不能维持其稳定时，挡墙会随同土体整体倾覆失稳，因此需进行抗倾覆验算。

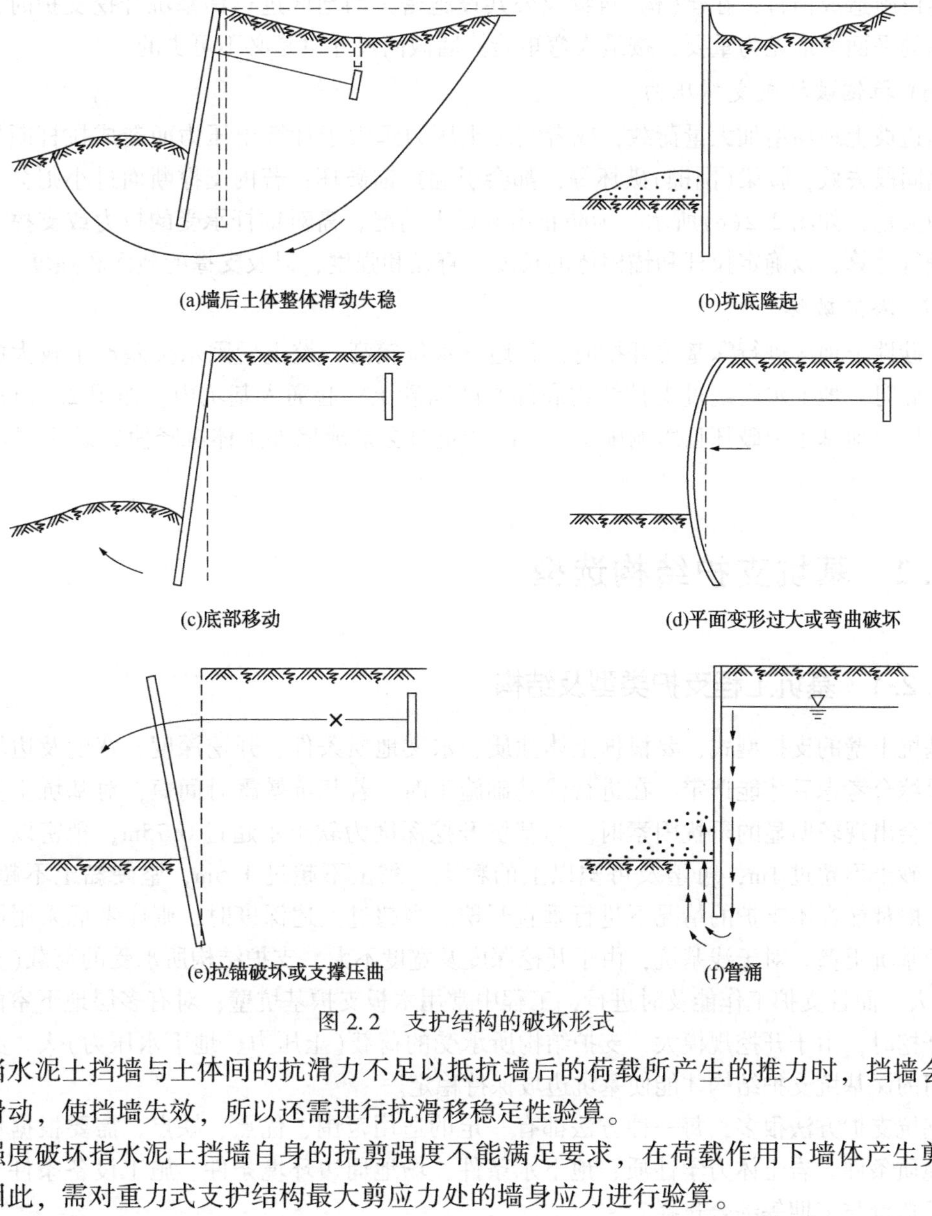

(a)墙后土体整体滑动失稳　(b)坑底隆起　(c)底部移动　(d)平面变形过大或弯曲破坏　(e)拉锚破坏或支撑压曲　(f)管涌

图 2.2　支护结构的破坏形式

当水泥土挡墙与土体间的抗滑力不足以抵抗墙后的荷载所产生的推力时，挡墙会产生整体滑动，使挡墙失效，所以还需进行抗滑移稳定性验算。

强度破坏指水泥土挡墙自身的抗剪强度不能满足要求，在荷载作用下墙体产生剪切破坏。因此，需对重力式支护结构最大剪应力处的墙身应力进行验算。

(4) 支护墙底部移动

当支护结构底部入土深度不够时，或者是由于超挖、水的冲刷等原因，都可能产生墙底向坑内移动，所以需正确计算支护结构的入土深度，如图 2.2(c)所示。

(5) 支护墙面变形过大或弯曲破坏

若支护墙的横截面过小，或者实际土压力大于计算土压力，墙后意外增加大量地面荷载，或挖土超过深度等，都可能引起这种破坏，如图 2.2(d)所示。因此，需正确计算墙面承受的最大弯矩值，并按最大弯矩验算墙截面尺寸。

当墙平面变形过大时，会引起墙后地面的过大沉降，也会给邻近的建(构)筑物、道路、管线等设施造成损害，在建(构)筑物及公共设施密集的地区进行深基坑开挖支护时，控制支护墙的平面变形尤为重要，按最大弯矩验算墙截面尺寸也是必不可少的。

(6) 拉锚破坏或支撑压曲

当边坡上地面增加大量荷载，或者实际土压力远大于计算土压力而造成拉杆断裂，或者因锚固段失效，腰梁(围檩)破坏等，都会引起拉锚破坏；若内支撑断面过小则会引起支撑压曲失稳，如图2.2(e)所示。为防止出现以上情况，需对锚杆承受的拉力或支撑承受的荷载进行计算，以确定拉杆和锚固体的长度、直径和强度，以及支撑的截面和强度。

(7) 渗流破坏

在砂性土地区进行深基坑开挖时，若地下水位较高，挖土后因水头差产生较大的动水压力，此时，地下水会绕过支护结构底部并随同砂土一起涌入基坑内，如图2.2(f)所示，会使基坑内地基土遭破坏且影响施工，情况严重时会造成墙外土体沉降使邻近建(构)筑物受损。

2.2 基坑支护结构选型

2.2.1 基坑工程支护类型及结构

基坑土壁的支护型式，要根据土体性质、水文地质条件、开挖深度、宽度及边坡堆载等情况综合考虑后才能选定。在进行浅基础施工时，若基坑暴露时间短，对基坑土壁的稳定性不会出现较明显的干扰因素时。当基坑开挖深度为软土不超过0.75m，稍密以上的碎石土、砂土不超过1m，可塑及可塑以上的粉土、黏土不超过1.5m，坚硬黏土不超过2m时，一般都能在不支护的情况下进行垂直开挖。当超过上述深度时，则应考虑采用围护结构支护基坑土壁。对于浅基坑，由于开挖深度及宽度不大，支护结构所承受的荷载(土压力等)不大，而且支护工作能及时进行，工程中常用木板支护基坑壁；对有多层地下室的基坑进行开挖时，由于开挖规模大，支护结构所承受的荷载(土压力、地下水压力)大，必须采用专门的深基坑支护结构才能使基坑边坡保持稳定。

基坑支护方法很多，每一种方法都有一定的适用范围、优点、缺点，需要根据场地的工程地质条件、岩土体力学性质、地下水条件、场地周边环境条件、施工设备条件、地区经验及造价与工期等综合选择。

基坑工程类型划分的方法较多，可采用如下的划分方法：①利用岩土体天然强度保持稳定，进行坡面简易防护的放坡开挖；②对基坑边坡岩土体加固后综合利用岩土体及加固材料强度的基坑防护工程，如土钉墙；③利用深层搅拌桩等形成桩土复合重力式支护结构，对墙后土体进行支挡的刚性结构形式；④采用柔性钢筋混凝土桩、钢板桩、地下连续墙等柔性结构，结合内支撑、锚杆等形成支护结构体系的挡墙式支护结构；⑤其他支护结构形式，如门架式支护结构、沉井式支护结构、冻结法支护结构等。

2.2.1.1 放坡开挖及简易防护

该方法主要适用于开挖深度小、场地空间开阔、岩土体工程性质较好、地下水位低(或者可以通过降水措施降低水位)的基坑。为了增加基坑边坡的稳定性，可在坡脚采取袋装砂土、堆砌块石、短桩护脚等简易措施。放坡开挖的另外一个重点是对基坑边坡进行坡面防护，如喷锚网。放坡开挖费用低，当条件具备时，应尽量采用。但是该方法挖填土方量较大，坑外地面变形较大且难以控制。

2.2.1.2　基坑边坡岩土体加固

当放坡开挖难以满足稳定性和变形要求时，通过岩土体复合加固的方法改善土体自身的力学性质来提高基坑边坡的稳定性在工程中也是经常采用的方法。常见的土钉墙即属该类方法，土钉墙由被加固土、设置于原位土体中的土钉(螺纹钢筋、型钢等)及附着于坡面喷射加筋混凝土面板组成。设置土钉后，钉间土体得到约束，并提高了抗拉强度，改善了基坑边坡的抗滑稳定性。这类技术又可以称为原位加筋技术。原位土体-土钉-护坡面板形成了复合墙体，起到与重力式挡土墙类似的效果，亦称之为土钉墙。

土钉墙施工设备简单，施工速度快，工程造价低，对环境干扰小，且可以随挖随支护，近年来在工程中运用得比较广泛，且发展出预应力锚杆复合土钉墙、水泥土桩垂直复合土钉墙及微型桩垂直复合土钉墙等，扩大了土钉墙的适用性。但是，当墙体没有变形时，墙中的土钉作用有限，因此土钉墙在起作用过程中对变形控制也不利。另外，当土体过于软弱时，土钉对钉间土体的约束作用又非常有限，因此对于淤泥类土，土钉墙适用性非常有限。而边坡土体为碎、卵石时，施工难度较大，施工对周围土体扰动强烈，成本可能过高，工期可能过长，同样会导致适用性降低。

因此，土钉墙一般适用于有一定自稳性的、地下水位以上的基坑，基坑开挖深度不宜大于12m。不适宜在含水丰富的粉细砂、砂砾石层、淤泥及其他饱和软土层中采用。而用于淤泥质土时，开挖深度不宜大于6m。

2.2.1.3　重力式支护结构

采用深层搅拌法、旋喷法等形成水泥土桩墙，水泥土桩与其包围的天然土形成重力式挡墙，以支挡周围土体，维护基坑边坡稳定。

深层搅拌水泥土桩是用特制的深层搅拌机将喷出的水泥固化剂在地基土内进行原位强制拌合，形成水泥土桩，硬化后即成为具有一定强度的壁状挡墙，既挡土又可作为止水帷幕。以前它是作为一种地基加固工艺在使用，近年来，国内将其作为支护结构的工程较多。由于它适应基坑周边的任何平面形状，对开挖深度不太大的基坑作为支护结构是较经济的。深层搅拌桩适用于土体强度较低的粉土、淤泥质土等，而土体中有机质含量较高时，不利于水泥土强度的形成，因此当场地为有机质土时，采用该方法需慎重。

高压旋喷桩施工是先在地基土中用钻机成孔，在钻杆上提过程中，利用钻杆端部的旋转喷嘴将水泥固化剂喷入地基土中形成水泥土桩，固化后即形成由相连桩体组成的帷幕墙，也可作为支护结构。高压旋喷桩对土体适用性较搅拌桩更为广泛，但造价较搅拌桩更高。采用该工艺时必须控制好喷射压力、喷射量及钻杆提升速度，否则质量难以保证，会给基坑开挖留下隐患。

上述方法形成的桩为刚性桩，桩体的抗拉强度低，设计计算与一般工程的重力式支挡结构类似，设计出的支护截面宽度较大。另外，支护结构变形控制难度较大，当基坑对变形要求比较严格时，不适合采用该方法。重力式支护一般适用于基坑开挖深度不大于 7m 的浅基坑。

2.2.1.4 柔性支护结构

可将支撑材料自身能承担较大弯矩的支护结构视为柔性支护结构。支挡桩形式主要有钢板桩、H 型钢支柱木挡板支护墙、灌注桩挡墙和地下连续墙等。

(1) 钢板桩

挡土钢板桩有槽钢钢板桩及热轧锁口钢板桩两类。

槽钢钢板桩是一种简易的支护结构，将长度为 6～8m 的槽钢正反搭扣打入土体中，即形成支护挡墙，可根据施工条件及挡墙的受荷情况经计算选定槽钢的型号。由于其抗弯能力较弱，一般用于深度不超过 4m 的基坑，且需在基坑上部设一道支撑或拉锚。

热轧锁口钢板桩则是专用的支护挡土钢板桩，建筑施工中常用的有 U 型(即拉森式)和 Z 型，当基坑深度很大时还可采用组合型。U 型钢板桩可用于支护开挖深度为 5～10m 的基坑，在基坑开挖前将钢板桩打入土层预定深度，在软土地基中打设较方便，且具有一定的挡水效果，打设后即可进行开挖施工，待基础工程施工完毕后钢板桩可拔出回收。由于一次性投资较大，多以租赁方式租用。当基坑开挖深度不太大时，可考虑采用钢板桩支护。

钢板桩柔性大，刚度低，当支护深度较大时需使用数量较多的支撑(或拉锚)，工程量较大，而且用后拔出时由于带土，若处理不当则会引起边坡土体位移，严重时还会给施工及周围设施造成危害，采用该支护形式时应充分注意这一点。

(2) H 型钢支柱木挡板支护墙

该支护形式是将 H 型钢沿基坑外围按一定间距打入土体中作为挡土墙支柱，在两支柱间设置木板、钢板等，支柱及木挡板共同组成支护墙。用后可拔出回收，较为经济，若一次性投资则费用较大。这种形式的支护结构适用于土质较好的地区，国外应用较多，我国在北京、上海等地已有应用，如北京的京城大厦基坑深度达 23.5m，采用长 27m、高×宽(488mm×300mm)的 H 型钢按 1.1m 的间距打入土中，支护墙设三层锚杆拉固。

(3) 灌注桩挡墙

在基坑开挖施工前，沿基坑外围成排施工钻孔灌注桩，以形成排桩挡墙，并在桩顶浇注钢筋混凝土冠梁，这种支护结构目前应用非常普遍。由于桩挡墙的刚度较大，抗弯能力强，变形相对较小，在土质较好的地区，当桩墙未采用支撑(或拉锚)时悬臂长度达 7～10m，也能达到预期支护效果。两层及两层以上地下室的深基坑开挖常采用该形式支护。由于钻孔灌注桩施工时难以做到两相邻桩相切，邻桩间隙为 100～200mm，故桩挡墙的挡水效果差。目前，常在灌注桩外围施工深层搅拌水泥土桩或旋喷及摆喷桩，以形成防水帷幕。灌注桩承受边坡侧压力，防水帷幕起止水作用，虽然工程造价相应提高，但能保证深基坑开挖及基础工程顺利施工仍是值得的。

(4) 地下连续墙

即地下钢筋混凝土墙体。施工时采用特制的挖槽机械沿基坑外围按设计宽度分单元钻挖出基槽，并采用泥浆护壁，成槽至设计标高后将钢筋骨架吊放入槽内，进行水下混凝土灌注，各单元间有特制的接头连接以形成地下连续墙。当地下连续墙为封闭型时，基坑开挖过程中连续墙既挡土也挡水。若仅仅将其作为支护结构则工程造价太高，如同时作为建筑的地下承重结构的组成部分则更为理想。

2.2.1.5 内支撑与锚杆

在深基坑工程中，内支撑与锚杆是支护体系中重要的环节。

(1) 内支撑

内支撑体系采用现浇钢筋混凝土杆件、钢管或型钢等。因内撑体系刚度好、变形小，可用于各类土层的基坑工程中。常用的支撑形式有对撑、角撑。对撑即沿基坑纵、横向挡墙设置对顶支撑，当基坑尺寸大时，还需在支撑杆件下设立柱防止杆件失稳。角撑即位于基坑拐角处的支撑，必要时也应设立柱，以保证角撑杆件的稳定。对于圆形或近方形基坑还可采用圆形、拱形支撑。

常用的支撑杆件为不同壁厚的钢管及大规格工字形钢，有时也采用钢筋混凝土杆件。为减小挡墙的变形，宜在杆件的一端设小型液压千斤顶，对支撑部位施加预应力。为了防止杆件下立柱受荷载后下沉和倾斜，使支撑体系维持在一平面上，立柱应具有较大刚度，并埋入基坑底一定深度或打设专用桩以支承立柱。立柱的位置应不妨碍基础施工，其形式应考虑便于拆除。

(2) 锚杆

锚固体系通过墙后稳定岩土体提供反向支撑力来平衡一部分土压力并改善支护桩的内力。土层锚杆是设置于钻孔内、端部深入稳定土层中的受拉杆体，锚杆杆体(钢筋或钢绞线)锚固于孔内注浆体中并形成锚固段，通过杆体及锚固段将支护结构传来的拉力传递到稳定岩土层中。当采用钢绞线或高强钢丝束作为杆体材料时，也称为锚索。挡墙所受的荷载由挡墙上的围檩(腰梁)及台座传递给锚头，再通过拉杆(粗钢筋、钢绞线等)将荷载传递到锚固体及土层中。锚杆位于土体主滑动面坑内一侧的区段属非锚固段(自由段)，由于它处于不稳定土层中，为了在土体滑动时不影响伸缩，应使该区段拉杆尽量与土层脱离(如加套管)，受荷载后锚头的位移量主要取决于拉杆自由段的拉伸变形。位于主滑动面另一侧(稳定土层中)的锚杆属锚固段，该段灌浆体与土层牢固结合，拉杆的荷载由锚固段传递到土层中，锚杆承载力主要来自锚固段与土体的黏结强度。

根据对锚杆是否施加预应力，可将锚杆分为非预应力锚杆和预应力锚杆。当锚固体强度达到要求后，对锚杆进行张拉、锁定，即形成预应力锚杆，无此工序时则为非预应力锚杆。施工时先采用专用钻机进行钻孔作业(钻孔与水平面有一定夹角)，成孔后向孔内放置拉杆并进行压力灌浆(水泥浆或水泥砂浆)形成锚固体，待锚固体达到80%以上设计强度后对锚杆进行张拉、锁定，此时锚杆即可发挥拉锚作用。

在大面积深基坑开挖工程中，若采用大量的内支撑(还需设置相应数量的立柱)，不但钢材用量大，而且占用了大量的施工空间，而锚固体系几乎不占用施工空间。但是锚固体系在控制基坑变形上受周边土体强度的影响比较明显，而内支撑在控制变形上受结构刚度控制，当基坑周边条件差、对变形控制比较严格时，可优先采用内支撑。由于锚杆(索)锚入基坑周边岩土体深度大，当场地周边有地下设施或者锚入深度受限时，锚杆(索)也不宜采用。

另外，锚杆也常与土钉墙共同作用形成预应力锚杆复合土钉墙。

2.2.2 建筑工程深基坑支护结构选型

开挖深度>5m的情况下可称为深基坑。我国地域辽阔，再加上不同地区地质情况存在较大的差异，因此，在深基坑支护结构选型阶段，应以施工现场实际地质情况为基础，科学合理地选择支护结构。除此之外，在施工环境、地质环境以及周边设施等因素的多重影响下，也会增加深基坑支护结构设计难度，因此作为施工人员，应充分掌握建筑工程深基坑支护结构选型原则，如若不然，不仅会增加施工周期，而且也会对工程整体施工质量带来不利影响。

2.2.2.1 建筑工程中深基坑支护形式发展现状及其特点分析

(1) 建筑工程中深基坑支护形式发展现状

我国深基坑支护形式较多，由最开始木桩围护形式延伸发展为当下的桩板墙等复活结构形式，从我国深基坑支护形式的发展历程中不难发现，深基坑支护形式的衍变潜藏了业内人士的劳动成果，特别是在城市化建设进程不断加快的背景下，城市建设用地面积越来越少，深基坑技术应用越来越常见。建筑工程深基坑施工阶段，如果深基坑支护理论与工程实际发展需求存在差异，则不可避免会增加施工阶段产生深基坑支护事故的概率。这种情况下，无论是对社会公众的生命还是财产安全，均会带来不同程度的影响。所以若想避免影响，要求业内人士深入研究深基坑支护形式，从根源上为建筑整体的安全稳定性提供保障，与此同时，这也能为建筑行业的进一步发展提供有利条件。

(2) 建筑工程中深基坑形式特点

深基坑支护结构普遍是以临时性结构为主，针对深基坑形式特点，主要体现在工期短、效益高等方面。与此同时，施工现场周边环境、水文地质等因素会对深基坑支护工程施工带来一定的影响，再加上施工现场不同位置的土壤条件也存在较大的差异，这也会在无形之中为深基坑支护工程的施工埋下安全隐患，从而增加后续相关工作难度。结合现阶段深基坑支护结构形式的设计情况来看，普遍是在理想与假设的基础上实施的，这种情况下，不可避免会偏离实际施工条件，受到深基坑支护施工程序复杂的影响，并且不同工序之间有着密不可分的联系，从而在一定程度上增加了深基坑支护难度。

2.2.2.2 建筑工程深基坑支护结构选型原则

针对建筑工程深基坑支护结构的设计来讲，应按破坏后果的严重性，将安全等级分为一级、二级、三级。除此之外，基坑支护结构需要以承载力极限与正常使用极限情况实施设计与验算。

① 针对承载力极限情况。承载力极限情况也可称为应力极限情况，主要包含以下四种情况：a. 抗剪切破坏要求满足桩承受的剪应力≤支护结构抗剪程度；b. 抗倾覆破坏极限情况要求满足 E_p(支护结构承受的被动土压力)≥E_a(支护结构承受的主动土压力)；c. 抗滑动破坏极限情况要求满足支护结构承受的被动土压力≤地基土的抗剪程度；d. 抗弯破坏极限情况要求满足支护结构截面受到的弯矩≤支护结构抗弯强度。

② 针对正常使用极限情况。正常使用极限情况也可称为变形极限情况。如果因为土侧

压力而导致基坑支护结构出现位移，附近地表也不可避免地会产生下沉现象，更为严重的还会对周边结构物正常使用带来不利影响。如果在变形量过大的情况下，也会在无形之中对周边建筑物与地下管线造成影响。若想从根源上避免影响，在基坑支护结构开展设计工作的过程中，应对支护结构位移量加大把控力度。

③ 建筑工程深基坑支护结构选型的过程中，应贯彻落实安全、经济以及适用性等原则，若想从根源上为基坑及周边土体的安全稳定性提供保障，则应采取切实可行的措施，加强提升支护构件强度及其刚度，加大施工成本的控制力度，充分掌握工期要求，切记不可出现盲目重视质量，轻视成本的现象，要确保支护构件施工操作的便捷性与科学性，对支护结构人力、物力以及财力等方面加大控制力度，并且确保工期按期进行。

④ 在基坑支护结构中，安全是最为重要的问题之一。因此应结合实际情况，采取切实可行的措施，加强提升支护体系的安全性，为基坑开挖施工的持续、高效开展提供有利条件。与此同时，在基坑开挖的过程中，也要避免对周边结构物与地下管线的正常使用带来不利影响。针对支护结构的经济性来讲，不仅包含了支护结构本身造价，其中也涵盖了其他综合经济效益，如施工工期与施工安全等方面。

⑤ 在深基坑支护结构选型的过程中，应贯彻落实因地制宜原则，以施工现场实际情况为基础，科学合理地选择支护结构形式。值得注意的是，在地质条件和开挖深度相同，但是允许支护结构位移量不同的情况下，不可采用相同的支护形式，具体支护费用也就会存在明显差异。

⑥ 深基坑支护结构作为临时性结构，应以小安全系数为主，并且要做好安全储备工作，要综合考虑安全与经济因素，尽可能在低安全系数下，加强基坑开挖过程，提前做好应急准备措施，如此一来，即便在出现事故的情况下，也能够在第一时间对其进行妥善处理，从根源上为深基坑支护结构的安全性提供保障。

2.2.2.3 建筑工程中深基坑支护结构的应用分析

在开展建筑工程深基坑支护结构设计工作阶段，受到施工难度较大、施工时间有限的影响，难以确保基坑工程的稳定性，再加上基坑支护工程会产生各种安全问题，所以，要求业内人士在设计基坑支护方案之前，对多方因素进行深入分析，如施工现场地质、地下水源、管线分布等情况，当然，也要对施工现场周边环境，以及建筑物的距离设定进行深入分析，结合实际情况，科学选择支护结构形式和尺寸。值得注意的是，深基坑支护结构方案的设计，对于设计人员自身业务能力，以及专业素养等方面有着非常严格的要求，这也需要设计人员具备强烈的安全质量控制意识，在开展具体工作阶段，能时刻将安全和质量作为重要参考因素。

(1) 钢板桩

钢板桩是以设计位置为基础，借助震动打桩或者插打机械实施插打就位的，同时构建内支撑系统，实施分层开挖与支撑，在竣工之后，还可对钢板桩实施回收利用。

普遍来讲，“拉森”钢板桩和槽钢钢板桩是目前应用最为普遍的钢板桩。相对来讲，槽钢钢板桩受到刚度不大的影响，出现变形的概率较高，再加上不具备良好的抗渗性能，所以也容易出现进水问题。由此不难发现槽钢钢板桩更加适宜应用在浅基坑支护结构中。“拉森”钢板桩主要是借助锁口达成互相咬合的目的，再加上其有着明显的抗渗水能力和刚度等优势，所以“拉森”钢板桩在深基坑支护结构中的应用较为广泛。

对于钢板桩支护来说，并不适宜应用在建筑物较为密集的软土地质当中，追溯其根源，主要是因为在此类土质中打入钢板桩，钢板桩打入过程会对附近土体造成挤压，更为严重的还会导致地面凸起，在工程竣工拔出钢板桩之后，又难免会带出大量泥土，产生空洞。这种情况下，如果没有第一时间对其进行科学合理的补救，则会在很大程度上增加周边地面出现下沉的概率，难以确保周边建筑物的稳定性。

(2) 钢筋混凝土板桩

钢筋混凝土板桩是提前分块预制完成的，同时，在每块钢筋混凝土板桩的企口进行结合，则能进一步提升混凝土强度，当混凝土强度达标之后，借助打桩机械开展作业，将其打入指定位置即可。针对钢筋混凝土板桩优势来讲，其具备较为突出的抗渗能力，再加上刚度较大，所以钢筋混凝土板桩能在各种基坑开挖支护中获得明显成效。值得注意的是，受到钢筋混凝土板桩属于一次性投入的影响，其需要较大的施工成本作为支撑。

(3) 地下连续墙

地下连续墙是以设计位置为基础，在地面上挖出狭长的深槽，此工序应利用特定的挖槽机械进行，并在槽内安装提前加工完成的钢筋笼，利用导管法开展水下混凝土灌注作业，从而形成一个槽段，其他槽段也应按照上述流程开展，与此同时，利用特殊的接头方式将每个槽段有效连接在一起，以此形成钢筋混凝土墙。实践表明，地下连续墙优势诸多，主要体现在以下几点：首先是截水效果好、刚度大以及抗渗性能突出，同时在基坑开挖的过程中，也能承担较大的土压力，不易出现坍塌、地基下沉等问题。其次施工震动小、不会带来较大的噪声污染。地下连续墙在施工的过程中，并不会对附近地基带来负面影响。正因为地下连续墙的这些优势，其在城市建筑基坑开挖支护工程中的应用非常普遍。最后，地下连续墙也有较为突出的适应性，能在各种地基条件下的支护结构中获得明显应用成效，且在地铁、多层地下车库等深基坑支护结构中应用非常普遍。但值得注意的是，地下连续墙施工需要充足的经济预算作为支撑。

(4) 钻孔灌注排桩

针对钻孔灌注桩，可将其作为挡土结构，借助压力注浆或旋喷桩实施防渗水，利用钢筋混凝土圈梁，将排桩有效连接在一起，形成基坑支护结构。根据钻孔灌注排桩基坑支护结构形式，主要可划分为三种形式，即悬臂式支护结构、锚固式支护结构以及内支撑式支护结构。悬臂式支护结构最为明显的特点就是施工作业面广泛、施工效率快，并且不需要较大的成本支撑。悬臂式支护结构在实际应用的过程中，需要以施工现场实际地质情况与桩径为基础，科学明确支护深度。关于锚固式支护结构，钻孔灌注排桩和土层锚固、锚定板等结合使用，能在深基坑中获得明显的应用成效。其特点主要体现在施工便捷与施工效率高等方面，但是锚固式支护结构对水泥和钢材有着较大的需求。关于内撑式支护结构，可将钢筋混凝土支撑杆放置在基坑内部，以此来起到承担土侧压力的作用，也可通过水平或者斜向设置支撑。斜向支撑较多应用在支护结构较低、开挖深度较浅的基坑中；反之，则可应用水平支撑，同时开展分层布置。

(5) 围筒式支护结构

根据平面布置形式，可将围筒式支护结构分为多种结构形式，如圆形、复合型以及拱形等。相对而言，围筒式支护结构受力均匀，能最大程度发挥支护材料的强度，并且不会产生明显位移。围筒式支护结构大都是借助钻孔灌注桩或者水泥搅拌桩形成的圆形弧形排桩结构或拱形结构，围筒式支护结构只需要一根钢筋混凝土桩，便能达到强化结构稳定性的目的。当然，混凝土钢筋桩需要放置在拱脚区域才能实现此作用。

(6) 水泥土深层搅拌桩挡墙

水泥土深层搅拌桩挡墙主要是借助深层搅拌法形成承重力式挡墙。通常情况下，水泥土深层搅拌桩挡墙为格栅状，并且此类结构也不需要钢材、水以及其他支撑物，水泥是其全部材料，所以水泥土深层搅拌桩挡墙成本较低，值得注意的是，水泥土深层搅拌桩挡墙稳定性与其截面尺寸有着密不可分的联系，在开挖深度较大的情况下，此类结构宽度也会随之有所增加，从而不可避免导致占地面积有所上涨。

2.3 基坑支护结构设计

2.3.1 放坡及土钉墙支护设计

2.3.1.1 放坡开挖设计

按朗肯土压力理论计算的主动土压力为0的深度 z_0 一般可作为自立开挖的最大理论深度，当大于上述深度时，可以通过放坡来提高边坡的稳定性。

在天然土体含水率大于10%的地区可以利用土体冻结后稳定性提高的有利条件进行自立开挖，但是当砂土含水量低、难以冻结时，只能采用其他方法进行支护、开挖。在难以保证自立开挖安全的情况下，当基坑周围或部分地段环境条件允许，具有足够的开挖空间和不重要的建(构)筑物时，通过控制基坑开挖边坡坡度，利用土体自身强度来保证基坑在施工期间的稳定性，这类基坑开挖方法为放坡开挖。

(1) 坡率法确定坡度

基坑工程边坡稳定性主要通过坡率法及稳定性计算确定。作为临时性边坡，坡率法主要在地区经验基础上确定一个合理的坡率，然后开挖。坡率法实际上属于工程地质类比法，是建立在工程与实践经验上的一种方法，各行业各地区差别比较明显。这里仅罗列出部分供参考。

《土方与爆破工程施工及验收规范》(GB 50201—2012)规定，一般边坡坡度需要按设计确定，而在坡体整体稳定的情况下，如地质条件良好、土(岩)质地均匀、高度在3m以内的临时性挖方边坡坡度宜符合规定。

在《建筑边坡工程技术规范》(GB 50330—2013)中，对于土质边坡的坡率允许值，可根据工程经验确定。无工程经验，但土质均匀良好、地下水缺乏、无不良地质作用和地质环境条件简单时，边坡的坡率按表2.1确定。

表 2.1　土质边坡坡率允许值

土体类别	状态	坡率允许值	
		坡高小于 5m	坡高 5~10m
碎石土	密实	1 : 0.35~1 : 0.50	1 : 0.50~1 : 0.75
	中密	1 : 0.50~1 : 0.75	1 : 0.75~1 : 1.00
	稍密	1 : 0.75~1 : 1.00	1 : 1.00~1 : 1.25
黏性土	坚硬	1 : 0.75~1 : 1.00	1 : 1.00~1 : 1.25
	硬塑	1 : 1.00~1 : 1.25	1 : 1.25~1 : 1.50

注：1. 碎石土的充填物为坚硬或硬塑状态的黏性土；2. 对于砂土或充填物为砂土的碎石土，其边坡坡率允许值应按砂土或碎石土的自然休止角确定。

对于无控制性的外倾结构面岩质边坡，放坡坡率可按表 2.2 确定。

表 2.2　岩质边坡不同坡高坡率允许值

边坡岩体类型	风化程度	坡率允许值		
		H<8m	8m≤H<15m	15m≤H<25m
Ⅰ	未(微)风化	1 : 0.00~1 : 0.10	1 : 0.10~1 : 0.15	1 : 0.10~1 : 0.25
	中等风化	1 : 0.10~1 : 0.15	1 : 0.15~1 : 0.25	1 : 0.25~1 : 0.35
Ⅱ	术(微))风化	1 : 0.10~1 : 0.15	1 : 0.15~1 : 0.25	1 : 0.25~1 : 0.35
	中等风化	1 : 0.15~1 : 0.25	1 : 0.25~1 : 0.35	1 : 0.35~1 : 0.50
Ⅲ	未(微)风化	1 : 0.25~1 : 0.35	1 : 0.35~1 : 0.50	
	中等风化	1 : 0.35~1 : 0.50	1 : 0.50~1 : 0.75	
Ⅳ	中等风化	1 : 0.50~1 : 0.75	1 : 0.75~1 : 1.00	
	强风化	1 : 0.75~1 : 1.00		

注：1. H 为边坡高度；2. Ⅳ类强风化包括各类风化程度的极软岩；3. 全风化岩体可按土质边坡坡率取值；4. 表中岩体分类按国家规范进行判定。

另外各地区根据地区经验，也建立起相关的更有针对性的边坡坡率表，可供设计时参考。总的来说，坡率法建立于经验基础上，一般不适用于存在地下水的环境条件，计算简单，一般偏于安全，但对具体基坑的特殊性考虑不足。可能出现对情况预估不足而出现工程事故，也可能使设计过于保守而造价过高。一般边坡的坡率设计还是通过计算确定，岩体边坡稳定性以结构面强度计算确定。以下主要对土坡的稳定性进行简单介绍。

(2) 砂性土边坡稳定性分析

对于砂土边坡，边坡的稳定性只与坡角及内摩擦角有关，由式(2.1)计算。

$$K=\frac{\text{抗滑力}}{\text{滑力}}=\frac{\tan\varphi}{\tan\alpha} \tag{2.1}$$

式中，K 为安全系数，取 K=1.1~1.5；φ 为土的内摩擦角，(°)；α 为坡角，(°)。

(3) 坡面保护设计

虽然放坡开挖的稳定性通过土体自身的强度来保证，但如果不对边坡予以保护，边坡在卸荷、曝晒及降水入渗与冲刷作用下，土体的含水量、结构等发生改变，将导致边坡土体强度降低而迅速破坏，因此对放坡开挖边坡坡面、顶面及坡脚的保护极其重要。

坡面保护常采用的方法：采用抗拉及防水的土工布护面；水泥砂浆抹面；浆砌片石、砖体护面。

① 采用抗拉及防水的土工布护面。此方法施工快速灵活，可较好地实现防水、防坡面土体流失及减缓风化，在土工布上可以进一步覆盖素土或水泥砂浆抹面对土工布予以保护。

② 水泥砂浆抹面。对于临时性的基坑边坡，也可以直接在坡面上喷射水泥砂浆，砂浆厚度控制在3~5cm，为提高浆体的整体性和稳定性，也可以先在坡面上挂网，再喷射水泥砂浆形成保护面。这种方法主要用于强度较高但易风化的软质岩石、老黏土及破碎岩石边坡。

③ 浆砌片石、砖体护面。对于各种放坡开挖基坑，均可以采用本方法对坡面进行保护，同时砌体可以与坡顶、坡脚排水沟形成一个整体。

对于抢险工程，也可以采用砂土包护面和压脚，提高稳定性的同时保护坡面。边坡坡顶和坡脚设置排水沟，截断上部水体向下冲刷和减少坡脚浸泡。对于地下水埋深高于坑底标高的工程，必须进行降水。

2.3.1.2 土钉墙设计

由于土钉存在，改变了复合土体的性质，提高了土体强度及土体抗变形破坏的能力，且降低了变形量。土钉支护能合理利用土体自身承载力，属于一种原位补强方式，将土体视为支护结构的一个部分。土钉墙复合体属于柔性结构，作为支护结构时，土钉的轴力呈现中间大、两头小的规律，最大拉力出现在临近破裂面处，土钉表面摩阻力方向以该破裂面为界，临基坑面一侧(主动区)方向向外，内侧(被动区)向坡体内部。在变形过程中，破裂面处土钉可能出现因材料抗拉强度以及被动区土体摩阻力不足等导致土钉的破坏现象。到了面板处土钉的拉力并不大，一般较理论计算的土压力小30%~40%。土钉墙位置越往下，土钉最大受力点越靠近面板。但是，根据大尺寸支护面板及工程实践，土钉墙破坏前并未发现混凝土面板及钉头出现破坏现象，因此对于面板，设计中并不做特殊计算，仅满足构造要求即可。

(1) 土钉墙构造要求

根据条件确定土钉方案是否适合，在此基础上确定土钉墙的选型及与其他支护结构的组合形式。在土钉的成孔工艺上，一般优先选用洛阳铲成孔，成本低，速度快。对易塌孔的松散或稍密的砂土、稍密的粉土、填土，或易缩径的软土，宜采用打入式钢管土钉；对洛阳铲成孔或钢管土钉打入困难的土层，宜采用机械成孔的钢筋土钉。

① 确定土钉墙的平面。土钉墙坡度不宜大于1∶0.2；当基坑较深、土的抗剪强度较低时，宜取较小坡度。对砂土、碎石土、松散填土，确定土钉墙坡度时尚应考虑开挖时坡面的局部自稳能力。当基坑较深，允许有较大放坡空间时，可以采用分级放坡，每级坡体可根据土质情况设置不同坡率，两级坡体间宜设置宽1~2m的平台。分段施工开挖高度由土钉的竖向间距确定，坑底部位置要低于土钉300~500mm，以保证施工工作面及面层内钢筋网的搭接要求。土钉层数不能小于2层。基坑平面布置时应减少阳角，阳角处土钉在相邻两个侧面宜上下错开或角度错开布置。当土钉墙墙后存在滞水时，应在含水土层部位的墙面设置泄水孔或其他疏水措施。

② 土钉基本参数要求。土钉的长度通过计算确定，一般控制在 5~12m，土钉水平间距和竖向间距宜为 1~2m；当基坑较深、土的抗剪强度较低时，土钉间距应取小值。土钉倾角宜为 5°~20°，其夹角应根据土性和施工条件确定，各层土钉角度可以不一致。

③ 采用成孔后注浆土钉时的基本要求。成孔直径宜取 70~120mm，洛阳铲成孔直径一般为 60~80mm；土钉钢筋宜采用 HRB400、HRB335 级钢筋，钢筋直径应根据土钉抗拔承载力设计要求确定，且宜取 16~32mm；应沿土钉全长设置对中定位支架，其间距宜取 1.5~2.5m，土钉钢筋保护层厚度不宜小于 20mm；土钉孔注浆材料可采用水泥浆或水泥砂浆，其强度不宜低于 20MPa。

④ 钢管土钉的构造要求。钢管的外径不宜小于 48mm，壁厚不宜小于 3mm；钢管的注浆孔应设置在钢管里端 $(1/2\sim\frac{2}{3})l$ 范围内（l 为钢管土钉的总长度）；每个注浆截面的注浆孔宜取 2 个，且应对称布置，注浆孔的孔径宜取 5~8mm，注浆孔外应设置保护倒刺；钢管土钉的连接采用焊接时，接头强度不应低于钢管强度；可采用数量不少于 3 根、直径不小于 16mm 的钢筋沿截面均匀分布拼焊，双面焊接时钢筋长度不应小于钢管直径的 2 倍。

⑤ 面层的基本要求。土钉墙高度不大于 12m 时，喷射混凝土面层的构造要求应符合下列规定：喷射混凝土面层厚度宜取 80~100mm；喷射混凝土设计强度等级不宜低于 C20；喷射混凝土面层中应配置钢筋网和通长的加强钢筋，钢筋网宜采用 HPB300 级钢筋，钢筋直径宜取 6~10mm，钢筋网间距宜取 150~250mm；钢筋网间的搭接长度应大于 300mm；加强钢筋的直径宜取 14~20mm；当充分利用土钉杆体的抗拉强度时，加强钢筋的截面面积不应小于土钉杆体截面面积的二分之一。面层应沿坡顶向外延伸形成不少于 0.5m 的护肩，在不设置截水帷幕或微型桩时，面层宜在坡脚处向坑内延伸 0.3~0.5m 形成护脚。

⑥ 土钉与面层的连接要求。土钉与加强钢筋宜采用焊接连接，其连接应满足承受土钉拉力的要求；当在土钉拉力作用下喷射混凝土面层的局部受冲切承载力不足时，应采取设置承压钢板等加强措施。

(2) 土钉抗拔承载力计算

在计算土钉抗拔承载力时，首先需要假设一破裂面，在破裂面靠近基坑一侧，锚固力主要来自锚头与主动侧的土体，而破裂面后侧锚固力主要来自被动侧土体与土钉之间。以下主要计算被动侧土钉的抗拔承载力。

在计算土钉抗拔承载力时，需要计算土钉上的荷载，即土钉最大拉应力处承受的拉力。首先采用朗肯公式作为计算土钉轴力的基本公式。

影响该点拉力的因素非常多，这里主要通过两个参数对土钉控制面的朗肯土压力进行调整。朗肯土压力计算公式是针对垂直边坡基坑，而土钉墙一般按一定角度放坡，放坡后土压力小于直立边坡，因此需要降低土压力。另外，按朗肯土压力理论，基坑下部土钉承担较大的荷载。工程实践表明，临时基坑工程的下部土钉受力较理论值偏低，有必要对土钉受力进行位置（高度）调整。这样单根土钉土压力标准值 $N_{k,j}$ 可按式（2.2）计算。

$$N_{k,j}=\frac{\zeta\eta_j p_{ak,j}S_{xj}S_{yj}}{\cos\alpha_j} \tag{2.2}$$

式中，$N_{k,j}$ 为第 j 层土钉的土压力标准值，kN；α_j 为第 j 层土钉的倾角，(°)；ζ 为墙面倾斜时主动土压力折减系数；η_j为土钉轴力位置调整系数；S_{xj}、S_{yj}分别为土钉水平间距和垂直间距，m；$p_{ak,j}$为土钉最大拉应力处承受的拉力，kN。

单根土钉的极限抗拔承载力$R_{k,j}$应通过现场抗拔试验确定。当安全等级不高和初步设计期间无条件进行抗拔试验时，可以通过查表得到土钉极限黏结强度标准值$R_{k,j}$，再利用式(2.3)计算。

$$R_{k,j} = \pi d_j \sum q_{ski} l_i \tag{2.3}$$

式中，d_j为第j层土钉锚固段直径，m；q_{ski}为第j层土钉在第i层的极限黏结强度标准值，kPa；l_i为第j层土钉在滑动面为第i层土中的长度，m。

对于注浆成孔的土钉，按成孔直径计算；对于打入式钢管土钉，按钢管的直径计算。土钉与土体黏结强度可查相关规定或通过现场抗拔试验得到。如果计算或测试得到的抗拔力大于钢筋承载力标准值，取钢筋的标准值。

按式(2.4)计算每根土钉的抗拔承载力安全系数K_t。

$$K_t = \frac{R_{k,j}}{N_{k,j}} \tag{2.4}$$

式中，符号意义同前。

对于安全等级为二级、三级的土钉墙，抗拔承载力安全系数K_t分别不应小于1.6、1.4。

同时，土钉的抗拔承载力受钢筋的抗拉强度控制，相关要求如式(2.5)所示。

$$N_j \leqslant f_y A_s \tag{2.5}$$

式中，N_j为第j层土钉的轴向拉力设计值，kN；f_y为土钉杆体的抗拉强度设计值，kPa；A_s为土钉杆体的截面面积，m^2。

需要注意的是，在计算钢筋抗拉强度时，轴力需使用设计值，对应的钢筋强度为设计值。

(3) 土钉墙稳定性计算

土钉墙由分层分段开挖、分层分段设置土钉及面层而成。每一开挖工况都有可能为不利工况，一般需要进行每一开挖工况下整体滑动稳定性计算，稳定性计算采用圆弧条分法。用于土钉墙的圆弧法与放坡开挖的差别在于土钉墙中存在土钉，当圆弧面穿过土钉时，土钉的存在将提高边坡的稳定性。在计算过程中不计土钉的抗弯和抗剪作用，仅考虑土钉的轴向拉力对稳定性的影响。

(4) 土钉墙抗隆起稳定性验算

基坑底面下有软土层的土钉墙结构应进行坑底抗隆起稳定性验算。计算方法以太沙基(Terzaghi)极限承载力理论为基础。

(5) 土钉墙外部稳定性和变形分析

土钉属于原位加固技术，当土钉达到一定密度的时候，复合体形成一个“土墙”，在保证内部整体稳定性的情况下，其作用类似重力式挡墙效果。因此可以采用后述的重力式支护结构计算方法进行抗滑动、抗倾覆稳定性验算，但墙的厚度折减为土钉墙实际厚度的11/12。

土钉墙的变形分析难度较大，与土体性质、开挖深度、土钉密度与长度等有关。目前土钉变形特征主要根据监测资料得到。一般认为，土钉墙的变形具有以下规律：

① 土钉墙变形引起的地表角变位和位移随土钉长度(L)与开挖深度(h)之比的增加而减小；过大的土钉倾角将会增加地表位移。

② 离开面层水平距离(1～1.25)h 时，地表角变位已不会对周围地表建筑物造成影响，一般情况下，大于 1.5h 时，地表角变位已不重要。

③ 最大水平位移(面层顶部)与竖向沉降的比值随土钉长度与开挖深度之比(L/h)的减小而增加，对于常用的 $L/h=0.6\sim1.0$ 的基坑，可取 0.75～1.0。因此，在土钉墙顶部，最大水平位移与竖向位移大致相等，或者后者略大。

④ 当水平位移过大时，将引起墙体破坏，一般控制最大水平位移为不大于 5‰h。

⑤ 距离基坑表面越远，变形越小。当离开距离为 S_0时，地表水平位移和竖向位移接近于 0，S_0计算如式(2.6)所示。

$$S_0=K(1-\tan\beta)h \tag{2.6}$$

式中，h 为开挖深度，m；β 为基坑坡面与水平面夹角，(°)；K 为土性系数，对于风化岩层、砂性土及黏性土，分别取 0.8、1.25、1.5，对于一般非饱和土中的土钉墙，如发现垂直沉降与开挖深度之比大于 0.3%～0.4%，应该密切监视，基坑有可能趋向失稳。

2.3.2 重力式支护结构设计

2.3.2.1 重力式支护的优缺点

重力式支护体系的应用在边坡工程中非常普遍，如重力式挡土墙。与其类似，在基坑工程中也可以设置重力式支护结构。与边坡工程不同，墙体的形成主要通过机械成桩，但重力式设计计算是基本类似的。重力式水泥土墙是指由水泥土桩相互搭接成格栅状(或实体状)，与格栅内土体共同构成重力式支护体系，对坑后土体进行支护。

(1) 优点

与其他支护方式相比，重力式水泥土墙具有以下优点：水泥土搅拌桩施工时无振动、无噪声、无泥浆废水污染，施工简便、成桩周期短、造价低；搅拌桩(桩土复合体)具有良好的抗渗能力，能承担一定水压力；墙体的稳定性主要通过自重实现，墙体上一般不用再施加锚杆或者支撑，基坑开挖空间宽敞。

(2) 缺点

其缺点主要体现在：重力式支护结构对位移控制效果一般，难以主动限制墙体位移，墙体位移与复合体的尺寸、搅拌桩自身均匀性与强度等密切相关，当周围存在重要或者对变形敏感的建(构)筑物时，选取该方案要慎重；支护高度一般不大，过大支护高度将大幅度提高复合体截面尺寸，提高费用，耗费空间，且变形较大，常用支护高度为 4～7m；受施工工艺限制，搅拌桩施工一般适用于承载力较低的粉土、粉质黏土及粉细砂，其承载力特征值一般小于 120kPa，强度过高的土体难以形成均匀的水泥土复合体；水泥与土体形成的搅拌桩不但受水泥用量控制，还与土体成分，特别是有机质含量密切相关，当有机质含量过高时，水泥土强度很低；搅拌桩形成的重力式支护体系尺寸较大，消耗水泥及占地面积远大于柔性支护体系；另外，在施工搅拌桩时，对周边土体有一定的挤压而造成地面隆起和侧移，对环境稍有影响。

2.3.2.2　重力式水泥土墙平面布置与构造要求

重力式水泥土墙的平面布置宜采用水泥土搅拌桩相互搭接形成的格栅状结构形式，也可采用水泥土搅拌桩相互搭接成实体的结构形式。做成格栅状可以节约工期与成本，并充分利用墙体的强度及天然土体的自重。格栅状水泥土墙需要控制平面上置换率，以保证桩土复合体的整体性。截面置换率为水泥土截面积与断面外包面积之比，由于采用搭接施工，水泥土的实际工程量大于按置换率计算的工程量。对淤泥质土，水泥土格栅的桩体面积置换率不宜小于0.7；对淤泥不宜小于0.8；对一般黏性土、砂土不宜小于0.6。格栅内框的长宽比不宜大于2。为加强墙体的整体性，相邻搅拌桩的搭接应控制在150~200mm。设计时，对水泥土重力式墙的墙体宽度可先按经验确定初步尺寸，然后通过计算最终确定。一般墙宽 B 可取开挖深度的0.7~1.0倍。

水泥土重力式墙底部应进入坑底以下一定深度，插入深度 D 一般可取开挖深度的0.8~1.4倍，土体越软取值越高。

断面常用等断面布置及台阶形布置。

水泥土的强度一般与掺入水泥重量相关。试验表明，水泥掺入比(水泥掺入重量与被加固土天然重度之比)小于7%时，加固效果往往不能满足工程要求，而当掺入比大于15%时，加固费用偏高。因此，双轴搅拌桩水泥的掺入比以7%~15%为宜，一般控制在12%~15%，三轴搅拌桩水泥的渗入比为18%~22%。同时，搅拌桩墙体强度与施工质量密切相关。搅拌桩强度的离散性很大，标准差可达30%~70%。设计中一般要求搅拌桩的无侧限抗压强度不低于0.8MPa，以留有充裕的安全储备，使墙体强度不致成为设计的控制条件，而以结构和边坡的整体稳定控制设计。

水泥土墙具有良好的抗渗性，可兼作隔水帷幕，一般要求水泥土加固体的渗透系数不大于 10^{-7}cm/s。

在水泥土重力式围护墙顶部一般设置钢筋混凝土压顶板与水泥土重力式墙联系，以提高墙体的整体性。压顶板厚150~200mm，双向配筋，钢筋直径不小于8mm。水泥土加固体与压顶板之间应设置连接钢筋。连接钢筋上端应锚入压顶板，下端应插入水泥土加固体中1~2m，梅花形间隔布置。为提高水泥土墙体的强度，可在水泥土重力式围护墙内、外排加固体中插入钢管、毛竹等加强构件。加强构件上端应进入压顶板，下端宜进入开挖面以下。

2.3.2.3　重力式水泥土墙设计计算

重力支护结构设计主要涉及的内容一般包含抗滑移稳定性计算、抗倾覆稳定性计算、墙身截面结构强度计算，以此来确定墙体的几何尺寸及对墙体材料强度的要求。具体设计时，一般按以下步骤进行：根据开挖深度要求和场地工程与水文地质条件，结合经验和构造要求初步确定墙宽和嵌固深度；由稳定性验算和截面承载力验算确定墙宽、墙深及墙体强度；进行平面和竖向布置；细化施工要求及绘制施工图。

墙体主要受力有墙前被动侧水、土压力，墙后主动侧水、土压力，墙体底部抗滑移阻力，墙身自重等，在上述作用下，进行抗滑移稳定性计算、抗倾覆稳定性计算、墙身截面结构强度计算，具体内容如下。

(1) 抗滑移稳定性计算

通过建立墙体水平方向的力平衡方程，并考虑一定的安全系数，可以得到墙体抗滑移稳定性计算公式，如式(2.7)所示。

$$\frac{E_{pk}+(G-u_m B)\tan\phi+cB}{E_{ak}}\geqslant K_{s1} \tag{2.7}$$

式中，K_{sl}为抗滑移稳定性安全系数，其值不应小于1.2；E_{ak}、E_{pk}分别为作用在水泥土墙上的主动土压力、被动土压力标准值，kN/m；G为水泥土墙的自重，kN/m；u_m为水泥土墙底面上的水压力，kPa；c为水泥土墙底面下土层的黏聚力，kPa；ϕ为内摩擦角，(°)；B为水泥土墙的底面宽度，m。

当水泥土墙底面在地下水位以下，墙前墙后具有水头差时，近似按平均水位计算地下水浮力。

(2) 抗倾覆稳定性计算

以墙前墙趾为原点取矩，建立力矩平衡方程，可以对墙体抗倾覆稳定性进行计算，如式(2.8)所示。

$$\frac{E_{pk}a_p+(G-u_m B)a_G}{E_{ak}a_a}\geqslant K_{ov} \tag{2.8}$$

式中，K_{ov}为抗倾覆稳定性安全系数，其值不应小于1.3；a_a为水泥土墙外侧主动土压力合力作用点至墙趾的竖向距离，m；a_p为水泥土墙内侧被动土压力合力作用点至墙趾的竖向距离，m；a_G为水泥土墙自重与墙底水压力合力作用点至墙趾的水平距离，m；其余符号意义同前。

(3) 墙身结构强度计算

在抗滑移和抗倾覆计算中将水泥土墙体视作刚性体，实际上，墙体自身在不同截面处的拉、压应力及剪切应力可能超过水泥土强度。因此，在满足抗滑移和抗倾覆要求后，还需进行墙体正截面的抗拉、抗压及抗剪切计算。计算截面一般取基坑底面、主动与被动土压力相等处以及墙体截面突变处。

墙体截面抗压承载力应满足式(2.9)的要求。

$$\gamma_0\gamma_F\left(\frac{M_{k,i}}{W}+\gamma_{cs}z\right)\leqslant f_{cs} \tag{2.9}$$

式中，$M_{k,i}$为水泥土墙验算截面的弯矩设计值，kN·m/m；W为墙体自重，kN；γ_{cs}为水泥土墙的重度，kN/m^3；z为验算截面至水泥土墙顶的垂直距离，m；f_{cs}为水泥土开挖龄期时的轴心抗压强度设计值，kPa；γ_0为地基土容重，kN/m^3；γ_F为基底上底平均重度，kN/m^3。

墙体截面抗拉承载力应满足式(2.10)的要求。

$$\gamma_0\gamma_F\frac{M_{k,i}}{W}-\gamma_{cs}z\leqslant 0.15f_{cs} \tag{2.10}$$

式中，符号意义同前。

墙体截面抗剪断承载力应满足式(2.11)的要求。

$$\frac{E_{ak,i}-\mu G_i-E_{pk,i}}{B}\leqslant\frac{1}{6}f_{cs} \tag{2.11}$$

式中，B为验算截面处水泥土墙的宽度，m；$E_{ak,i}$、$E_{pk,i}$分别为验算截面以上的主动土压力标准值、被动土压力标准值，kN/m；μ 为墙体材料的抗剪断系数，取 $\mu=0.4\sim0.5$；G_i为验算截面以上的墙体自重，kN/m；其余符号意义同前。

在上述设计计算中，涉及的关键计算参数有水泥土的轴心抗压强度设计值f_{cs}以及水泥土的重度γ_{cs}。水泥土的轴心抗压强度与多种因素有关，如场地土质条件、水泥掺入比、水泥强度等级及施工工艺等，其强度可以通过试验获得，而水泥土的抗拉强度及抗剪强度测试要求较高，主要通过经验公式利用轴心抗压强度换算得到。同样，掺入水泥后形成的水泥土的重度主要与被加固土体性质、水泥掺入比及所用的水泥浆有关。大量试验表明，一般情况下，水泥的掺入对土体的天然重度影响不大，加固后形成的水泥土较被加固的天然土体重度增加1%~3%。除墙体截面抗压承载力计算外，上述计算中水泥土的重量增加对安全性提高均有利，因此，设计过程中可直接取土体的天然重度进行设计。

2.3.2.4 抗隆起稳定性验算

按前述计算得到墙体截面尺寸后，需要进行基坑支护稳定性验算，主要内容包括整体稳定性计算、基坑抗隆起稳定性计算及渗流稳定性计算等内容。实际上，除了重力式挡土墙，其他类型的支护结构同样涉及类似问题。

当基坑开挖面以下存在软弱土层时，有可能出现基坑下土体承载力不足导致坑底隆起破坏，因此需要进行基坑抗隆起计算。其实质是将软弱层上基坑下边界外基坑土体作为荷载，采用太沙基或普朗德尔(Prandtl)地基极限承载力公式进行地基承载力验算。抗隆起稳定性验算如式(2.12)所示。

$$K_b=\frac{\gamma_{m2}DN_q+cN_c}{\gamma_{m1}(h+D)+q_0} \tag{2.12}$$

式中，K_b为抗隆起稳定性安全系数；N_q、N_c为地基承载力系数；D 为插入深度，m；h 为开挖深度，m；γ_{m1}为墙后土体重度，kN/m^3；γ_{m2}为墙前土体重度，kN/m^3；q_0为地面施工荷载，kPa。

需要注意的是，计算过程中忽略搅拌桩对土体自重的影响。

对于安全等级为二级、三级的基坑，抗隆起稳定性安全系数K_b分别不小于1.3、1.5。

第3章 建筑结构设计与选型

3.1 建筑结构概述

建筑结构(Building Structure)是房屋建筑的空间受力骨架体系，它由结构构件(梁、板、墙、柱和基础)组成，是建筑物得以存在的基础。

建筑物的设计可以分为方案设计、技术设计和施工图设计三个设计阶段，涵盖建筑、结构和设备(水暖电)三大部分，包括建筑设计、结构设计、给排水设计、电气设计和采暖与通风设计等分项。设计人员在进行每项设计时，都应围绕建筑物功能、美观、经济和环保等方面来进行。功能上必须满足使用要求，美观上必须满足人们的审美情趣，经济上应具有最佳的技术经济指标，环保上要求是符合可持续发展的低碳建筑。而建筑物功能、美观、经济和环保之间有时可能是相互矛盾的，比如将建筑物的安全性定得越高，功能要求越复杂，建筑物的造价可能会越高，设计的重要任务之一就是保证满足这些要求的最佳取舍。

结构设计是建筑物设计的重要组成部分，是建筑物发挥使用功能的基础。结构设计的主要任务就是根据建筑、给排水、电气和采暖通风的要求，主要是建筑上的要求，合理地选择建筑物的结构类型和结构构件，采用合理的简化力学模型进行结构计算，然后依据计算结果和国家现行结构设计规范完成结构构件的设计计算，设计者应对计算结果做出正确的判断和评估，最后依据计算结果绘制结构施工图。结构设计施工图纸是结构设计的主要成果表现。因此，结构设计可以分为方案设计、结构分析、构件设计和施工图绘制四个步骤。

3.1.1 方案设计

方案设计又叫初步设计。结构方案设计主要是指结构选型、结构布置和主要构件的截面尺寸估算以及结构的初步分析等内容。

(1) 结构选型

结构选型包括上部结构的选型和基础结构的选型，主要依据建筑物的功能要求、现行结构设计规范的有关要求、场地土的工程地质条件、施工技术、建设工期和环境要求，经过方案比较、技术经济分析，加以确定。其方案的选择应当体现科学性、先进性、经济性和可实施性。科学性就是要求结构传力途径明确、受力合理；先进性就是尽量采用新技术、新材料、新结构和新工艺；经济性就是要降低材料的消耗、减少劳动力的使用量和建筑物的维护费用等；可实施性就是施工方便，按照现有的施工技术可以建造。

(2) 结构布置

结构布置包括定位轴线的标定、构件的布置以及变形缝的设置。

定位轴线用来确定所有结构构件的水平位置，一般只设横向定位轴线和纵向定位轴线，当建筑平面形状复杂时，还要设斜向定位轴线。

构件的布置就是确定构件的平面位置和竖向位置，平面位置通过与定位轴线的关系来确定，而竖向位置通过标高确定。一般在建筑物的底层地面、各层楼面、屋面以及基础底面等位置都应给出标高值，标高值的单位采用m(注：结构施工图中，除标高外其余尺寸的单位采用mm)。

结构中变形缝有伸缩缝、沉降缝和防震缝三种。设置伸缩缝的目的是减小房屋因过长或过宽而在结构中产生的温度应力，避免引起结构构件和非结构构件的损坏。设置沉降缝是为了避免因建筑物不同部位的结构类型、层数、荷载或地质情况不同导致结构或非结构构件的损坏。设置防震缝是为了避免建筑物不同部位因质量或刚度的不同，在地震发生时具有不同的振动频率而相互碰撞导致损坏。沉降缝必须从基础分开，而伸缩缝和防震缝的基础可以连在一起。在抗震设防区，伸缩缝和沉降缝的宽度均应满足防震缝的宽度要求。由于变形缝的设置会给使用和建筑平、立面处理带来一定的麻烦，所以应尽量通过平面布置、结构构造和施工措施(如采用后浇带等)不设缝或少设缝。

(3) 截面尺寸估算

结构分析计算要用到构件的几何尺寸，结构布置完成后需要估算构件的截面尺寸。构件截面尺寸一般先根据变形条件和稳定条件，由经验公式确定，截面设计发现不满足要求时再进行调整。水平构件根据挠度的限值和整体稳定条件可以得到截面高度与跨度的近似关系。竖向构件的截面尺寸根据结构的水平侧移限制条件估算，在抗震设防区的混凝土构件还应满足轴压比限值的要求。

(4) 结构的初步分析

建筑物的方案设计是建筑、结构、水、电、暖各专业设计互动的过程，各专业之间相互合作、相互影响，直至最后达成一致并形成初步设计文件，才能进入施工图设计阶段。在方案设计阶段，建筑师往往需要结构师预估楼板的厚度、梁柱的截面尺寸，以便确定层高、门窗洞口的尺寸等；同时，结构工程师也需要初步评估所选择的结构体系在预期的各种作用下的响应，以评价所选择的结构体系是否合理。这都要求对结构进行初步的分析。由于在方案阶段建筑物还有许多细节没有确定，所以结构的初步分析必须抓住结构的主要方面，忽略一些细节，计算模型可以相对粗糙一些，但得出的结果应具有参考意义。

3.1.2 结构分析

结构分析是要计算结构在各种作用下的效应，它是结构设计的重要内容。结构分析的正确与否直接关系到所设计结构的安全性、适用性和耐久性是否满足要求。结构分析的核心问题是计算模型的确定，可以分为计算简图、计算理论和数学方法三个方面。

(1) 计算简图

计算简图是对实际结构的简化假定，也是结构分析中最为困难的一个方面，简化的基本原则就是分析的结果必须能够解释和评估真实结构在预设作用下的效应，尽可能反映结构的实际受力特性，偏于安全且简单。要使计算简图完全精确地描述真实结构是不现实的，也是不必要的，因为任何分析都只能是实际结构一定程度上的近似。因此，在确定计算简图时应遵循一些基本假定。

(2) 计算理论

结构分析所采用的计算理论可以是线弹性理论、塑性理论和非线性理论。

线弹性理论最为成熟，是目前普遍采用的一种计算理论，适用于常用结构的承载力极限状态和正常使用极限状态的结构分析。根据线弹性理论计算时，作用效应与作用成正比，结构分析也相对容易得多。

塑性理论可以考虑材料的塑性性能，比较符合结构在极限状态下的受力状态。塑性理论的实用分析方法主要有塑性内力重分布和塑性极限法。

非线性包括材料非线性和几何非线性。材料非线性是指材料、截面或构件的本构关系，如应力-应变关系、弯矩-曲率关系或荷载-位移关系等是非线性的。几何非线性是指由于结构变形对其内力的二阶效应使荷载效应与荷载之间呈现出非线性关系。结构的非线性分析比结构的线性分析复杂得多，需要采用迭代法或增量法计算，叠加原理也不再适用。在一般的结构设计中，线性分析已经足够。但是，对于大跨度结构、超高层结构，由于结构变形的二阶效应比较大，非线性分析是必需的。

(3) 数学方法

结构分析中所采用的数学方法不外乎有解析法和数值法两种。解析法又称为理论解，但由于结构的复杂性，大多数结构都难以抽象成一个可以用连续函数表达的数学模型，其边界条件也难以用连续函数表达，因此，解析法只适用于比较简单的结构模型。数值法是指用微分方程的数值解法对工程结构进行分析计算的方法。在结构分析中使用的数值方法很多，其中以有限元法使用最广，此外还有差分法、变分法、加权余量法及边界元法等。

3.1.3 构件设计

构件设计包括截面设计和节点设计两个部分。对于混凝土结构，截面设计有时也称为配筋计算，因为截面尺寸在方案设计阶段已初步确定，构件设计阶段所做的工作是确定钢筋的类型、放置位置和数量。节点设计也称为连接设计。

构件设计有两项工作内容：计算和构造。在结构设计中，一部分内容是由计算确定的，而另一部分内容则是根据构造规定确定的。构造是计算的重要补充，两者是同等重要的，在各个设计规范中对构造都有明确的规定。千万不能重计算、轻构造。

3.1.4 施工图绘制

结构设计的最后一个步骤是施工图绘制工作，结构设计人员提交的最终成果就是结构设计图纸。图是工程师的语言，工程师的设计意图是通过图纸来表达的。如同人的语言表达，图面的表达应该做到正确、规范、简洁和美观。

3.2　建筑结构体系与选型

3.2.1　建筑结构体系的分类

3.2.1.1　结构体系及类别

建筑结构是由结构构件组成的结构系统，其主要的受力系统为结构总体系。结构总体系虽然千变万化，但总是由水平结构体系、竖向结构体系以及基础结构体系三部分组成，如图3.1所示。

(1) 水平结构体系

水平结构体系一般由板、梁、桁(网)架组成，如板-梁结构体系和桁(网)架体系。水平结构体系也称楼(屋)盖体系。其作用为：①在竖直方向，它通过构件的弯曲变形承受楼面或屋面的竖向荷载，并把它传递给竖向承重体系；②在水平方向，它起隔板作用，并保持竖向结构的稳定。

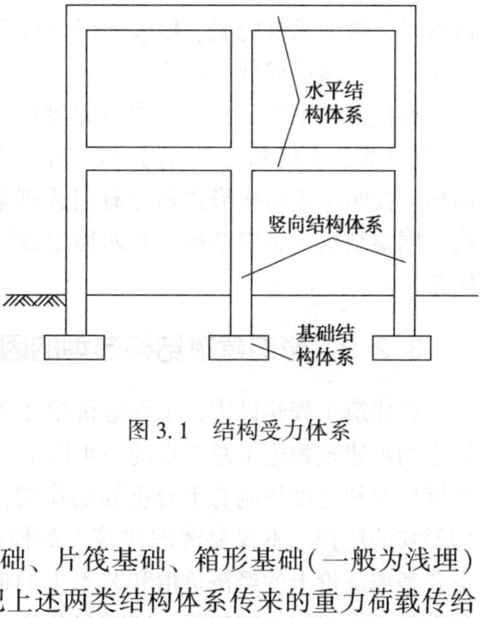

图3.1　结构受力体系

(2) 竖向结构体系

竖向结构体系一般由柱、墙、筒体组成，如框架体系、墙体系和井筒体系等。其作用为：①在竖直方向，承受水平结构体系传来的全部荷载，并把它们传给基础体系；②在水平方向，抵抗水平作用力，如风荷载、地震作用等，也把它们传给基础体系。

(3) 基础结构体系

基础结构体系由独立基础、条形基础、交叉基础、片筏基础、箱形基础(一般为浅埋)以及桩、沉井(一般为深埋)组成。其作用为：①把上述两类结构体系传来的重力荷载传给地基；②承受地面以上的上部结构传来的水平作用力，并把它们传给地基；③控制整个结构的沉降，避免不允许的不均匀沉降和结构的滑移。

水平结构体系和竖向结构体系之间的基本矛盾是，竖向结构构件之间的间距愈大，水平结构构件所需要的材料用量愈多。好的结构概念设计应该寻求最开阔、最灵活的可利用空间，来满足人们对使用功能和美观的需求，而为此所付出的材料和施工费用最少，而且能适合本地区的自然条件，如气候、地质、水文、地形等。

3.2.1.2　建筑结构划分

(1) 按主要建筑材料划分

按组成建筑结构的主要建筑材料，建筑结构划分如下：

① 混凝土结构。以混凝土为主要材料的结构，包括素混凝土结构、钢筋混凝土结构和预应力混凝土结构。

② 钢结构。以钢板、型钢为主制作的结构。

③ 砌体结构。由块材通过砂浆砌筑而成的结构。

④ 组合结构。同一截面或各构件由两种或两种以上的材料制作的结构。

⑤ 木结构。全部或大部分用木材制作的结构。

(2) 按建筑物的层数划分

住宅建筑按层数划分为：一层至三层为低层住宅，四层至六层为多层住宅，七层至九层为中高层住宅，十层及十层以上为高层住宅。高度不大于 24m 者为低层或多层建筑，大于 24m 者为高层建筑(不包括建筑高度大于 24m 的单层公共建筑)，大于 100m 者为超高层建筑。

(3) 按承重体系划分

建筑结构按承重体系可分为：砌体结构、框架结构、剪力墙结构、框架剪力墙结构、筒体结构、大跨度结构等。其中，砌体结构是指建筑物中竖向结构承重的墙、柱等采用砌体材料，横向承重的梁、楼板、屋面板等采用钢筋混凝土材料，适合开间进深较小、房间面积较小、多层或低层的建筑。

现代建筑中多层与高层常用的建筑体系大体划分有砌体结构、框架结构、剪力墙结构(包括框剪、全剪和筒式结构)等三种。单层大跨建筑结构的组成包括屋盖结构和主要承重结构。按照屋盖结构形式划分有门式刚架结构、薄腹梁结构、桁架结构、拱结构、壳体结构、网架结构、悬索结构。前四种屋盖结构属于平面结构体系，后三种屋盖属于空间结构体系。

3. 2. 2　影响建筑结构选型的因素

在建筑工程建设中，工程造价中 2/3 左右的费用用于结构工程。而结构工程的施工工期也约占建筑物施工总工期的一半以上。因此搞好结构工程对于建筑工程建设的质量控制、投资控制和进度控制有十分重要的作用，搞好结构工程的关键在于结构选型。一个好的结构形式的选择，不仅要考虑建筑上的使用功能、结构上的安全合理、施工上的可能条件，也要考虑造价上的经济价值和艺术上的造型美观。如果选型不当会给结构的安全使用及耐久性带来无法弥补的缺陷，同时也会延误工期，提高造价。因此选择一个最佳的结构形式，往往需要进行多方面的调查研究，结合具体建设条件做出多种方案进行综合分析，才能做出最终的选定。结构选型时应考虑如下因素。

3. 2. 2. 1　建筑物的功能要求对结构选型的影响

建筑物的使用功能要求是结构选型中应该考虑的首要因素，功能要求包括使用空间要求、使用要求以及美观要求，考虑结构选型时应该满足这些要求。

(1) 使用空间要求

建筑物所覆盖的空间除了使用空间，还包括非使用空间，后者包括结构体系所占空间，当结构所覆盖的空间与建筑物的使用空间接近时，可以提高空间的使用率，节省能源。

①在结构选型时，应该使所选择结构的剖面形式与建筑物的使用空间相适应。

例如体育馆屋盖选用悬索结构体系时，场地两侧看台座位向上升高与屋盖悬索的垂度协调一致，既能符合使用功能要求又能经济有效地利用室内空间，立面造型也可处理成轻巧新颖的形状。

对于要求建筑物中间部分有较高空间的房屋(如散粒材料仓库)，采用落地拱最适宜。例如：某散装盐库在结构选型中比较了两种方案，方案Ⅰ为钢筋混凝土排架结构[见图3.2(a)]，方案Ⅱ为拱结构[见图3.2(b)]。方案Ⅰ的主要缺点是3/5的建筑空间不能充分利用，而方案Ⅱ采用落地拱，由于选择了合适的矢高和外形，建筑空间得到了比较充分的利用。

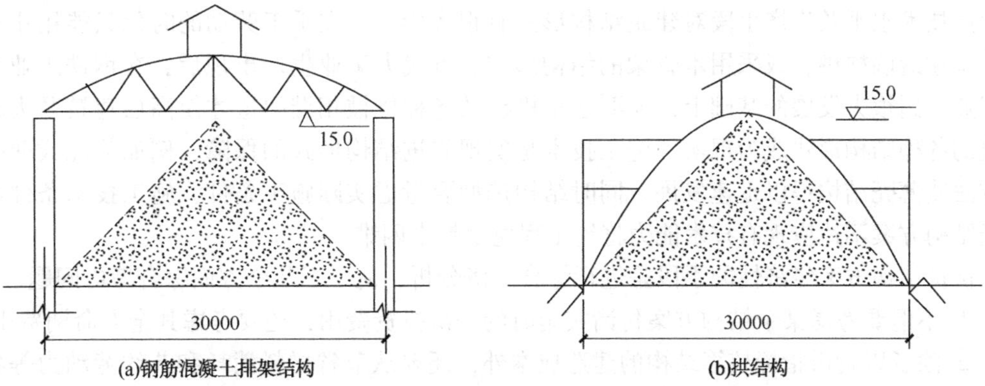

图3.2　两种结构方案比较(标高单位：m；其余单位：mm)

② 在结构选型时，尽可能减小结构体系本身所占用的空间高度。

例如：钢桁架构造高度一般为跨度的1/8~1/12，而平板网架结构的构造高度仅为跨度的1/20~1/25，选择适当，可使室内空间得到较充分的利用。

(2) 使用要求

① 在结构选型设计中应注意和善于利用结构几何体形对声学效果的影响。例如可选择曲率半径较大的曲面屋盖。下垂的凹曲面屋顶可避免声聚焦，例如倒置的壳体单元及悬索结构。

② 与采光照明结构的合理几何形体相结合，例如利用桁架上下弦杆之间设置下沉式天窗，在结构受力、空间利用与采光效果方面都比“Π”形天窗要好。

③ 结构选型设计中，屋面排水也是另一个需着重考虑的问题。例如大跨度平板网架结构一般通过起拱来解决屋面排水问题，由于网架结构构件的组合方案和节点构造方案的不同，结构起拱的灵活性也不一样。

(3) 美观要求

建筑结构选型设计中应考虑建筑美观的功能要求，把结构形式与建筑的空间艺术形象融合起来，使两者成为统一体。建筑结构形式对建筑风格和建筑艺术的影响极为明显。

3.2.2.2　建筑结构材料对结构选型的影响

结构形式有很多，如梁板、拱、刚架、桁架、悬索、薄壳等，组成结构的材料有钢、木、砖、石、混凝土及钢筋混凝土等，结构的合理性首先表现在组成结构的材料的强度能不能充分发挥作用，所以在进行结构选型时首先应选择能充分发挥材料力学性能的结构形式，在设计中应该力求使结构形式与内力图一致。

木结构、砖石结构、钢结构，以及钢筋混凝土结构各因其材料特征不同而具备各自的独特规律。因此选用材料的原则是充分利用它的长处，避免和克服它的短处。对于建筑结构的材料的基本要求是轻质、高强，具有一定的可塑性和便于加工。特别在大跨度和高层建筑中，采用轻质高强材料具有极大的意义。

3.2.2.3 施工技术水平及经济指标对结构选型的影响

影响建筑结构形式的因素还包括建筑施工的生产技术水平以及经济指标等。建筑施工的生产技术水平及生产手段对建筑结构形式有很大影响，在手工劳动的时代只能用小型砖石块来建造墙柱拱，或采用木骨架的结构形式。近代大工业生产出现后，在钢铁工业及机械工业得到很大发展的基础上，大型起重机械及各种机械相继问世才使高层建筑及大跨度建筑的各种结构形式成为现实。施工技术是实现先进结构形式的保障，例如装配式薄壳施工方法使薄壳结构得以迅速发展。同时结构选型要考虑实际施工条件，施工技术条件不具备或结构方案不适应现有技术能力将给工程建设带来困难。

衡量结构方案经济性的手段是进行综合经济分析，从以下几个方面综合考虑问题。

① 不但要考虑某个结构方案付诸实施时的一次投资费用，还要考虑其全寿命期费用。

② 除了以货币指标核算结构的建造成本外，还要从节省材料消耗和节约劳动力等各项指标来衡量。此外从人类长远利益考虑，还要特别考虑资源的节约。

③ 在结构方案比较时还应综合考虑一次性初始投资和建设速度的关系，以便较快地回收投资资金，获得较好的经济效益。

3.2.3 刚架结构的选型

(1) 结构布置

一般情况下，矩形建筑平面都采用等间距、等跨度的结构布置。刚架的纵向柱距一般为6m，横向跨度以“m”为单位取整数，一般为3m的整倍数，如24m、27m、30m以至更大的跨度。其跨度由工艺条件确定，同时兼顾经济的考虑。

刚架结构为平面受力体系，当多榀刚架平行布置时，为保证结构的整体稳定性，应在纵向柱间布置连系梁及柱间支撑，同时在横梁的顶面设置上弦横向水平支撑。柱间支撑和横梁上弦横向水平支撑宜设置在同一开间内。

(2) 门式刚架的高跨比

门式刚架的高度与跨度之比，决定了刚架的基本形式，也直接影响结构的受力状态。设想有一条悬索在竖向均布荷载作用下，在平衡状态将形成一条悬垂线即所谓的索线，这时悬索内仅有拉力。将索上下倒置，即成为拱的作用，索内的拉力也变成拱的压力，这条倒置的索线即为推力线。图3.3给出了三铰钢架和两铰钢架的推力线及其在竖向均布荷载作用下的弯矩图。从结构受力来看，刚架高度的减小将使支座处水平推力增大；从推力线来看，对三铰钢架来说，最好的形式是高度大于跨度；但对两铰钢架来说，由于跨中弯矩的存在，跨度稍大于高度就成为合理的了。总的来说，高跨比 $h/l=0.75$ 比较合理。

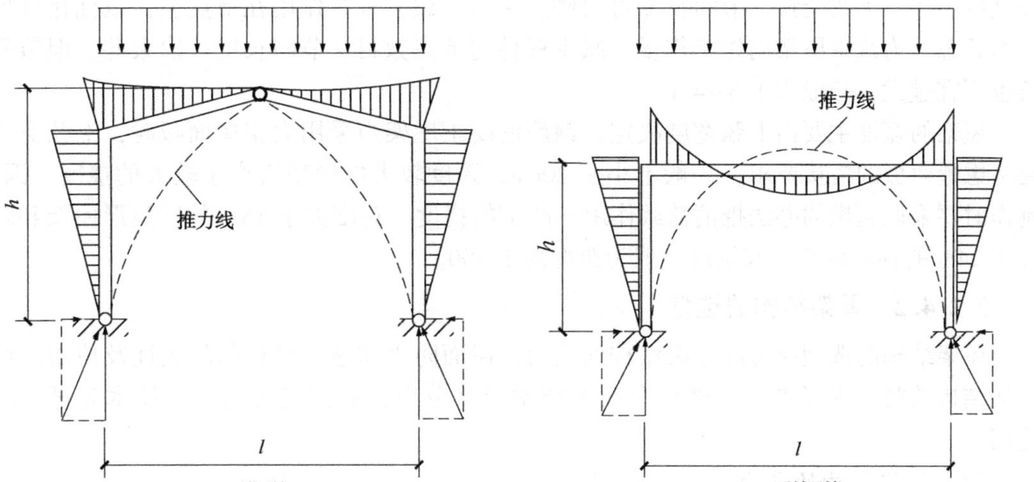

(a)三铰刚架　　(b)两铰刚架

图 3.3 刚架的跨高比对内力的影响

h—高度；l—跨度

刚架的结构选型中要综合考虑建筑的形式和经济指标，进行多方案比较。

3.2.4 屋架结构的选型与布置

3.2.4.1 屋架结构的几何尺寸

屋架结构的几何尺寸包括屋架的矢高、跨度、坡度和节间长度。

(1) 矢高

屋架矢高主要由结构刚度条件确定，屋架的矢高直接影响结构的刚度与经济指标。矢高大、弦杆受力小，但腹杆长、长细比大、易压曲，用料反而会增多。矢高小，则弦杆受力大、截面大且屋架刚度小、变形大。因此，矢高不宜过大也不宜过小。屋架的矢高也要根据屋架的结构形式而定。一般矢高可取跨度的1/10~1/5。

(2) 跨度

柱网纵向轴线的间距就是屋架的跨度，以"3m"为模数。屋架的计算跨度是屋架两端支座反力(屋架支座中心间)之间的距离。但通常取支座所在处房屋或柱列轴线间的距离作为名义跨度，而屋架端部支座中心线相对于轴线缩进150mm，以便支座外缘能在轴线范围以内，而使相邻屋架间互不妨碍。当屋架简支于钢筋混凝土柱或砖柱上且柱网采用封闭结合时，考虑屋架支座处的构造尺寸，屋架的计算跨度一般可取支柱轴线之间的距离——300~400mm。

(3) 坡度

屋架上弦坡度的确定应与屋面防水构造相适应。当采用瓦类屋面时，屋架上弦坡度应大些，一般不小于1/3，以利于排水。当采用大型屋面板并做卷材防水时，屋面坡度可平缓些，一般为1/8~1/12。

(4) 节间长度

屋架节间长度的大小与屋架的结构形式、材料及受荷条件有关。一般上弦受压，节间长度应小些，下弦受拉，节间长度可大些。屋面荷载应直接作用在节点上，以优化杆件的受力状态。为减少屋架制作工作量，减少杆件与节点数目，节间长度可取大些。但节间杆长也不宜过大，一般为 1.5~4m。

屋架的宽度主要由上弦宽度决定。钢筋混凝土屋架当采用大型屋面板时，上弦宽度主要考虑屋面板的搭接要求，一般不小于 20cm。跨度较大的屋架将产生较大的挠度。因此，制作时要采取起拱的办法抵消荷载作用下产生的挠度。跨度大于 18m 的三角形屋架和跨度大于 24m 的梯形屋架，起拱度一般为跨度的 1/500。

3.2.4.2 屋架结构的选型

屋架结构的选型应考虑屋架结构的受力、屋面防水构造、材料的耐久性及使用环境和屋架结构的跨度等因素，并进行全面的技术经济分析，做到受力合理、技术先进、经济适用。

(1) 屋架结构的受力

从结构受力来看，抛物线状的拱式结构受力最为合理。但拱式结构上弦为曲线，施工复杂。折线型屋架，与抛物线弯矩图最为接近，故力学性能良好。梯形屋架，因其既具有较好的力学性能，上下弦均为直线施工方便，故在大中跨建筑中被广泛应用。三角形屋架与矩形屋架力学性能较差。三角形屋架一般仅适用于中小跨度，矩形屋架常用作托架或荷载较特殊情况下使用。

(2) 屋面防水构造

屋面防水构造决定了屋面排水坡度，进而决定屋盖的建筑造型。一般来说，当屋面防水材料采用黏土瓦、机制平瓦或水泥瓦时，应选用三角形屋架、陡坡梯形屋架。当屋面防水采用卷材防水、金属薄板防水时，应选用拱形屋架、折线形屋架和缓坡梯形屋架。

(3) 材料的耐久性及使用环境

木材及钢材均易腐蚀，维修费用较高。因此，对于相对湿度较大而又通风不良的建筑，或有侵蚀性介质的工业厂房，不宜选用木屋架和钢屋架，宜选用预应力混凝土屋架，可提高屋架下弦的抗裂性，防止钢筋腐蚀。

(4) 屋架结构的跨度

跨度在 18m 以下时，可选用钢筋混凝土-钢组合屋架，这种屋架构造简单、施工吊装方便，技术经济指标较好。跨度在 36m 以下时，宜选用预应力混凝土屋架，既可节省钢材，又可有效地控制裂缝宽度和挠度。对于跨度在 36m 以上的大跨度建筑或受到较大振动荷载作用的屋架，宜选用钢屋架，以减轻结构自重，提高结构的耐久性与可靠性。

3.2.4.3 屋架结构的布置

屋架结构的布置，包括屋架结构的跨度、间距等，主要根据建筑外观造型及建筑使用功能方面的要求来决定。对于矩形的建筑平面，一般采用等跨度、等间距布置的同一种类的屋架，以简化结构构造、方便结构施工。

(1) 屋架的跨度

屋架的跨度应根据工艺使用和建筑要求确定，一般以 3m 为模数。对于常用屋架形式的常用跨度，我国都制订了相应的标准图集可供查用，从而可加快设计及施工的进度。对于矩形平面的建筑，一般可选用同一种型号的屋架，仅端部或变形缝两侧屋架中的预埋件稍有不同。对于非矩形平面的建筑，各根屋架的跨度就不可能一样，这时应尽量减少其类型以方便施工。

(2) 屋架的间距

屋架的间距由经济条件确定，亦即屋架间距的大小除考虑建筑柱网布置的要求外，还要考虑屋面结构及吊顶构造的经济合理性。屋架一般应等间距平行排列，与房屋纵向柱列间距一致，屋架直接搁置在柱顶，屋架的间距同时即为屋面板或檩条、吊顶龙骨的跨度，最常见的为6m，有时也有7.5m、9m、12m等。

3.2.4.4 屋架的支座

屋架支座的标高由建筑外形的要求确定，一般为在同层中屋架的支座取同一标高。当一根屋架两端支座的标高不一致时，要注意可能会对支座产生水平推力。屋架的支座形式，在力学上可简化为铰接支座。实际工程中，当跨度较小时，一般把屋架直接搁置在墙、垛、柱或圈梁上。当跨度较大时，则应采取专门的构造措施，以满足屋架端部发生转动的要求。

3.2.4.5 屋架结构的支撑

有山墙时，屋架支撑的位置设在房屋两端的第二开间内，无山墙(包括伸缩缝处)时，设在房屋两端的第一开间内；在房屋中间每隔一定距离(一般≤60m)亦需设置一道支撑，对于木屋架，距离为20~30m。支撑体系包括上弦水平支撑、下弦水平支撑与垂直支撑，它们把上述开间相邻的两桁架连接成稳定的整体。在下弦平面通过纵向系杆，与上述开间空间体系相连，以保证整个房屋的空间刚度和稳定性。支撑的作用有3个：①保证屋盖的空间刚度与整体稳定；②抵抗并传递由屋盖沿房屋纵向传来的侧向水平力，如山墙承受的风力、纵向地震作用等；③防止桁架上弦平面外的压曲，减少平面外长细比，并防止桁架下弦平面外的振动。

3.3 建筑结构载荷

3.3.1 建筑结构作用

3.3.1.1 建筑作用分类

使结构产生内力或变形的原因称为“作用”，分为间接作用和直接作用两种。间接作用不仅与外界因素有关，还与结构本身的特性有关，如地震作用、温度变化、材料的收缩和徐变、地基不均匀沉降及焊接应力等。直接作用一般直接以力的形式作用于结构，如结构构件的自重、楼面上的人群和各种物品的重量、设备重量、风压及雪压等，习惯上称为荷载，《建筑结构荷载规范》(GB 50009—2012)规定，结构上的荷载可根据其时间上和空间上的变异性分为3类：永久荷载、可变荷载和偶然荷载。

(1) 永久荷载

永久荷载也称恒载：在结构设计使用期间，其值不随时间而变化，或其变化与平均值相比可以忽略不计，或其变化是单调的并能趋于限值的荷载。如结构自重、外加永久性的承重、非承重结构构件和建筑装饰构件的重量、土压力、预应力等。因为恒载在整个使用期内总是持续地施加在结构上，所以设计结构时，必须考虑它的长期效应。结构自重，一般根据结构的几何尺寸和材料容重的标准值(也称名义值)确定。

(2) 可变荷载

可变荷载，也称活荷载：在结构设计基准期内，其值随时间变化，且变化值和平均值相比不可忽略的荷载。如工业建筑楼面活荷载、民用建筑楼面活荷载、屋面活荷载、屋面积灰荷载、车辆荷载、吊车荷载、风荷载、雪荷载、裹冰荷载、波浪荷载等。

(3) 偶然荷载

偶然荷载：在结构设计基准期内不一定出现，一旦出现，其量值很大且作用时间很短。如罕遇的地震作用、爆炸、撞击等。

结构上的作用，若在时间上或空间上可相互独立时，则每一种作用均可按结构单独作用考虑；当某些作用密切相关，且经常以最大值出现时，可以将这些作用按一种作用考虑。直接作用或间接作用在结构内产生的内力(如轴力、弯矩、剪力和扭矩)和变形(如挠度、转角和裂缝等)称为作用效应；仅由荷载产生的效应称为荷载效应。荷载与荷载效应之间通常按某种关系相互联系。

3.3.1.2 荷载代表值

不同荷载都具有不同性质的变异性。在设计中，不可能直接引用反映荷载变异性的各种统计参数，通过复杂的概率运算进行具体设计。因此，在设计时，除了采用能便于设计者使用的设计表达式外，对荷载还应赋予一个规定的量值，称为荷载代表值。在极限状态设计表达式中荷载是以代表值的形式出现的，荷载可根据不同的设计要求，规定不同的代表值，以使之能更确切地反映它在设计中的特点。

《建筑结构荷载规范》(GB 50009—2012)给出了荷载的4种代表值，即标准值、组合值、频遇值和准永久值，其中标准值是荷载的基本代表值，其他代表值是标准值乘以相应的系数后得出的。

结构设计时，应根据各种极限状态的设计要求采用不同的荷载代表值。对永久荷载应采用标准值作为代表值。对可变荷载应采用标准值、组合值、频遇值或准永久值作为代表值。对偶然荷载应按建筑结构使用特点确定其代表值。

(1) 标准值

标准值是荷载的基本代表值，是指在结构使用期间可能出现的最大荷载值。由于荷载本身的随机性，使用期间的最大荷载实际上是一个随机变量。

目前，并非对所有荷载都能取得充分的资料，为此，不得不从实际出发，根据已有的工程实践经验，通过分析判断后，协议一个公称值(nominal value)作为代表值。《建筑结构荷载规范》(GB 50009—2012)规定，对于结构自身重力可以根据结构的设计尺寸和材料的重力密度确定。

对于大部分自然荷载，包括风、雪荷载，习惯上都以其规定的平均重现期来定义标准值，也就是相当于以其重现期内最大荷载的分布的众值为标准值。需要说明的是，《建筑结构荷载规范》(GB 50009—2012)提供的荷载标准值属于强制性条款，在设计中必须作为荷载最小值采用；若不属于强制性条款，则应当由业主认可后采用，并在设计文件中注明。

(2) 组合值

当有两种或两种以上的可变荷载在结构上要求同时考虑时，由于所有可变荷载同时达到其单独出现时可能达到的最大值的概率极小，因此，除主导荷载(产生最大效应的荷载)仍可以其标准值为代表值之外，其他伴随荷载均应采用小于其标准值的组合值为荷载代表值，使组合后的荷载效应在设计基准期内的超越概率与该荷载单独出现时的概率趋于一致。原则上组合值可按相应时段最大荷载分布中的协议分位值来确定。但是考虑到目前实际荷载取样的局限性，《建筑结构荷载规范》(GB 50009—2012)并未明确荷载组合值的确定方法，主要还是在工程设计的经验范围内，偏保守地加以确定。

(3) 频遇值

可变荷载的标准值反映了最大荷载在设计基准期内的超越概率，但没有反映出超越的持续时间长短。当结构按正常使用极限状态的要求进行设计时，需要从不同要求出发，选择频遇值或准永久值作为可变荷载的代表值。

在可变荷载的随机过程中，荷载超过某水平荷载 x 有两种形式：其一是在设计基准期内，荷载超过 x 的次数 n 或平均跨阈率(单位时间内超过 x 的平均次数)；其二是超过 x 的总持续时间，或与设计基准期的比率。当考虑结构的局部损坏或疲劳破坏时，设计中应根据荷载可能出现的次数来确定其频遇值；当考虑结构在使用中引起不舒适感时，就应根据较短的持续时间来确定其频遇值(一般取 0.1)。频遇值相当于在结构上时而出现的较大荷载值。

可变荷载的频遇值是正常使用极限状态按频遇组合设计所采用的一种可变荷载代表值。在设计基准期内，荷载达到和超过该值的总持续时间仅为设计基准期的一小部分，计算如式(3.1)所示。

$$\text{可变荷载频遇值} = \text{荷载频遇值系数} \times \text{可变荷载标准值} \tag{3.1}$$

(4) 准永久值

准永久值在设计基准期内具有较长的总持续时间对结构的影响犹如永久荷载。如果可变荷载被认为是各态历经的平稳随机过程，则准永久值相当于荷载分布中的中值。对于有可能划分为持久性荷载和临时性荷载的可变荷载，可以直接引用荷载的持久性部分，作为准永久荷载，并取其适当的分为值为准永久值。可变荷载准永久值是正常使用极限状态按准永久组合所采用的可变荷载代表值。在结构设计时，准永久值主要考虑荷载长期效应的影响。在设计基准期内，达到和超过该荷载值的总持续时间约为设计基准期的一半。

3.3.1.3 楼面活荷载

楼面活荷载按其随时间的变异特点，可分为持久性和临时性两部分。持久性活荷载是指楼面上在某个时段内基本保持不变的荷载，如住宅内的家具、物品，工业厂房内的机器、设备和堆料，还包括常住人员的自重，这些荷载，除非发生一次搬迁，一般变化不大。临时性活荷载是指楼面上偶尔出现的短期荷载。

对持久性活荷载的概率统计模型，《建筑结构荷载规范》(GB 50009—2012)根据调查给出荷载变动的平均时间间隔及荷载的统计分布，采用时段的二项平稳随机过程。临时性活荷载，由于持续时间很短，要通过调查确定荷载在单位时间内出现次数的平均率及其荷载值的统计分布是困难的。《建筑结构荷载规范》(GB 50009—2012)通过对用户的调查，了解最近若干年内一次最大的临时性荷载值，以此作为某个时段内的最大临时荷载，并作为荷载统计的基础，所采用的概率模型也是时段的二项平稳随机过程。表 3.1 是标准基准期民用建筑楼面活荷载的标准值及组合值、频遇值和准永久值系数。

表 3.1　民用建筑楼面活荷载标准值及组合值、频遇值和准永久值系数

项次	类别			标准值/(kN/m^2)	组合值系数 ψ_c	频遇值系数 ψ_f	准永久值系数 ψ_q
1	(1)住宅、宿舍、旅馆、办公楼、医院病房、托儿所、幼儿园			2.0	0.7	0.5	0.4
	(2)实验室、阅览室、会议室、医院门诊			2.0	0.7	0.6	0.5
2	教室、食堂、餐厅、一般资料档案室			2.5	0.7	0.6	0.5
3	(1)礼堂、剧场、影院、有固定座位的看台			3.0	0.7	0.5	0.3
	(2)公共洗衣房			3.0	0.7	0.6	0.5
4	(1)商店、展览厅、车站、港口、机场大厅及旅客等候室			3.5	0.7	0.6	0.5
	(2)无固定座位的看台			3.5	0.7	0.5	0.3
5	(1)健身房、演出舞台			4.0	0.7	0.6	0.5
	(2)运动场、舞厅			4.0	0.7	0.6	0.3
6	(1)书库、档案库、贮藏室			5.0	0.9	0.9	0.8
	(2)密集档案库			12.0	0.9	0.9	0.8
7	通风机房、电梯机房			7.0	0.9	0.9	0.8
8	汽车通道及客车停车库	(1)单向板楼盖(板跨不小于2m)和双向板(板跨不小于3m×3m)	客车	4.0	0.7	0.7	0.6
			消防车	35.0	0.7	0.5	0.0
		(2)双向板(板跨不小于6m×6m)和无梁楼盖(柱网不小于6m×6m)	客车	2.5	0.7	0.7	0.6
			消防车	20.0	0.7	0.5	0.0
9	餐厅	(1)餐厅		4.0	0.7	0.7	0.7
		(2)其他		2.0	0.7	0.6	0.5
10	浴室、卫生间、盥洗室			2.5	0.7	0.6	0.5

续表

项次	类别		标准值/(kN/m²)	组合值系数 ψ_c	频遇值系数 ψ_f	准永久值系数 ψ_q
11	走廊、门厅	(1)宿舍、旅馆、医院病房、托儿所、幼儿园、住宅	2.0	0.7	0.5	0.4
		(2)宿办公楼、餐厅、医院门诊部	2.5	0.7	0.6	0.5
		(3)教学楼及其他可能出现密集的情况	3.5	0.7	0.5	0.3
12	(1)多层住宅		2.0	0.7	0.5	0.4
	(2)其他		3.5	0.7	0.5	0.3

注：表中所给各项活荷载适用于一般使用条件，当使用荷载较大或情况特殊时，应按实际情况采用。第6项书库活荷载，当书架高度大于2m时，书库活荷载尚应按每米书架高度不小于2.5kN/m²确定；第8项中的客车活荷载仅适用于停放载人少于9人的客车，消防车活荷载适用于满载总量为300kN的大型车辆，当不符合本表的要求时，应将车轮的局部荷载按结构效应的等效原则，换算为等效均布荷载；第8项消防车活荷载，当双向板楼盖跨度介于3m×3m到6m×6m之间时，应按跨度线性插值确定；第12项楼梯活荷载，对预制楼梯踏步平板，尚应按1.5kN集中荷载验算。该表各项荷载不包括隔墙自重和二次装修荷载，对固定隔墙的自重应按永久荷载考虑。当隔墙位置可灵活自由布置时，非固定隔墙的自重应取不小于1/3的每延米长墙重(kN/m)作为楼面活荷载的附加值(kN/m²)计入，且附加值不应小于1.0kN/m²。

作用在楼面上的活荷载，不可能以标准值的大小同时布满所有的楼面上，因此在设计梁、墙、柱和基础时，还要考虑实际荷载沿楼面分布的变异情况，亦即在确定梁、墙、柱和基础的荷载标准值时，还应将楼面活荷载标准值乘以折减系数。

3.3.1.4 屋面均布活荷载

屋面可变荷载包括屋面均布可变荷载、雪荷载和积灰荷载三种，均按屋面的水平投影面积计算。在荷载计算时，不上人的屋面均布活荷载，可不与雪荷载和风荷载同时组合。

屋面均布活荷载按《建筑结构荷载规范》(GB 50009—2012)的规定采用(如表3.2所示)，当施工荷载较大时，则按实际情况采用。对于在生产中有大量排灰的厂房及其邻近建筑，在设计时应考虑其屋面的积灰荷载，具体按《建筑结构荷载规范》(GB 50009—2012)的规定采用。

表3.2 屋面均布活荷载标准值及组合值、频遇值和准永久值系数

项次	类别	标准值/(kN/m²)	组合值系数 ψ_c	频遇值系数 ψ_f	准永久值系数 ψ_q
1	不上人的屋面	0.5	0.7	0.5	0.0
2	上人的屋面	2.0	0.7	0.5	0.4
3	屋顶花园	3.0	0.7	0.6	0.5
4	屋顶运动场地	3.0	0.7	0.6	0.4

不上人的屋面，当施工或维修荷载较大时，应按实际情况采用，对不同类型的结构应按有关设计规范的规定采用，但不得低于0.3kN/m²；当上人的屋面兼作其他用途时，应按相应楼面活荷载采用；对于因屋面排水不畅、堵塞等引起的积水荷载，应采取构造措施加以防止，必要时，应按积水的可能深度确定屋面活荷载；屋顶花园活荷载不应包括花圃土石等材料自重。

3.3.1.5 雪荷载

屋面水平投影面上的雪荷载标准值 S_k(kN/m^2)按式(3.2)计算。

$$S_k = \mu_r S_0 \tag{3.2}$$

式中，S_0为基本雪压，kN/m^2，是以当地一般空旷平坦地面上由概率统计所得的 50 年一遇最大积雪的自重确定的；μ_r为屋面积雪分布系数。

雪荷载的组合值系数可取 0.7，频遇值系数可取 0.6，准永久值系数应按雪荷载分区Ⅰ、Ⅱ和Ⅲ的不同，分别取 0.5、0.2 和 0。

3.3.1.6 风荷载

风荷载是指风遇到建筑物时在其表面产生的一种压力或吸力。风荷载与风压、建筑物表面形状及建筑物的动力特性有关，设计主体结构时，垂直于建筑物表面上的风荷载标准值 w_k按式(3.3)计算。

$$w_k = \beta_z \mu_z \mu_s w_0 \tag{3.3}$$

式中，w_0为基本风压，kN/m^2；β_z为高度 z 处的风振系数；μ_z为风压高度变化系数；μ_s为风荷载体型系数。

风荷载的组合值系数、频遇值系数和准永久值系数可分别取 0.6、0.4 和 0。

(1) 基本风压 w_0

基本风压是根据空旷平坦地面上离地面 10m 高统计所得 50 年一遇的 10min 平均最大风速 v_0，按式(3.4)计算而来的。在结构设计时，其取值不得小于 0.3kN/m^2。对于高层建筑、高耸结构以及对风荷载比较敏感的其他结构，基本风压的取值应适当提高，并应符合有关结构设计规范的规定。

$$w_0 = \frac{\rho v_0^2}{2} \tag{3.4}$$

式中，ρ 为空气密度，kg/m^3；其余符号意义同前。

当考虑重现期不同于设计规范规定的 50 年时，应将荷载规范 50 年一遇基本风压值乘以相应的修正系数 μ。

(2) 风压高度变化系数

由于空气本身具有一定的黏性，能承受一定的切应力，因此在与物体接触表面附近形成一个具有速度梯度的边界层气流，导致风速随高度和地貌情况而变化。基本风压是建立在平坦地面上空 10m 高度处的风速基础之上的，对于不同高度及地貌情况，需要对风压进行修正，用风压高度变化系数来反映，见表 3.3。

表 3.3 风压高度变化系数

离地面或海平面高度/m	地面粗糙度类别			
	A	B	C	D
5	1.09	1.00	0.65	0.51
10	1.28	1.00	0.65	0.51
15	1.42	1.13	0.65	0.51

续表

离地面或海平面高度/m	地面粗糙度类别			
	A	B	C	D
20	1.52	1.23	0.74	0.51
30	1.67	1.39	0.88	0.51
40	1.79	1.52	1.00	0.60
50	1.89	1.62	1.10	0.69
60	1.97	1.71	1.20	0.77
70	2.05	1.79	1.28	0.84
80	2.12	1.87	1.36	0.91
90	2.18	1.93	1.43	0.98
100	2.23	2.00	1.50	1.04
150	2.46	2.25	1.79	1.33
200	2.64	2.46	2.03	1.58
250	2.78	2.63	2.24	1.81
300	2.91	2.77	2.43	2.02
350	2.91	2.91	2.60	2.22
400	2.91	2.91	2.76	2.40
450	2.91	2.91	2.91	2.58
500	2.91	2.91	2.91	2.74
≥500	2.91	2.91	2.91	2.91

注：《建筑结构荷载规范》(GB 50009—2012)将地面粗糙度类别分为4类：A类指近海海面和海岛、海岸、湖岸及沙漠地区；B类指田野、乡村、丛林、丘陵以及房屋比较稀疏的乡镇；C类指有密集建筑群的城市市区；D类指有密集建筑群且房屋较高的城市市区。

对于山区建筑和远海海面及海岛上的建筑，还需考虑地形条件的修正，修正系数详见《建筑结构荷载规范》(GB 50009—2012)。

(3) 风荷载体型系数

由风速换算得到的风压是所谓来流风的速度压，并不能直接作为建筑物设计的结构荷载，因为房屋本身并不是理想地使原来的自由气体停滞，而让气流以不同方式在房屋表面绕过，房屋会对气体形成某种干扰。完全用空气动力学原理分析不同外形建筑物表面风压的变化，目前还存在困难，一般根据风洞试验来确定风载体型系数。

(4) 风振系数

风压的变化可以分为两部分：一是长周期部分，其周期从几十分钟到几小时；二是短周期部分，常常只有几秒钟。为便于分析，可以把实际风分解为平均风分量和脉动风分量。平均风的周期比一般结构的自振周期大得多，因而对结构的响应相当于静力作用；

而高频的脉动风周期与高层和高耸结构的自振周期相当。因此，《建筑结构荷载规范》(GB 50009—2012)规定，对于高度大于30m且高宽比大于1.5的房屋，以及自振周期大于1.5的高耸结构，应考虑脉动风压对结构产生顺风向风振的影响。

对于一般竖向悬臂型结构，例如高层建筑和构架、塔架、烟囱等高耸结构，均可仅考虑结构第一振型的影响，高度z处的风振系数β_z可按式(3.5)计算。

$$\beta_z = 1+2gI_{10}B_z\sqrt{1+R^2} \tag{3.5}$$

式中，g为峰值因子，可取2.5；I_{10}为10m高度名义湍流度，对应A、B、C和D类地面粗糙度，可分别取0.12、0.14、0.23和0.39；B_z为脉动风荷载的背景分量因子；R为脉动风荷载的共振分量因子。

3.3.2 荷载组合

对于荷载效应与荷载为线性关系的情况，荷载组合常以荷载效应组合的形式表达。建筑结构设计应根据使用过程中在结构上可能同时出现的荷载，按承载能力极限状态和正常使用极限状态分别进行荷载组合，并应取各自的最不利的组合进行设计。

3.3.2.1 基本组合和偶然组合

对于承载能力极限状态，应按荷载的基本组合或偶然组合计算荷载组合的效应设计值，并应采用式(3.6)进行设计。

$$r_0S_d \geqslant R_d \tag{3.6}$$

式中，γ_0为结构重要性系数；S_d为荷载组合的效应设计值；R_d为结构构件抗力的设计值，应按各有关建筑结构设计规范的规定确定。

(1) 基本组合

对于基本组合，荷载效应组合的设计值S_d应取由可变荷载效应控制和由永久荷载效应控制的组合计算得到的效应设计值的不利值。

由可变荷载效应控制的组合，应按式(3.7)进行计算。

$$S_d = \sum_{j=1}^{m}\gamma_{G_j}S_{G_jk} + \gamma_{Q_i}\gamma_{L_i}S_{Q_ik} + \sum_{i=2}^{n}\gamma_{Q_i}\gamma_{L_i}\psi_{c_i}S_{Q_ik} \tag{3.7}$$

式中，S_{G_jk}为第j个永久荷载标准值产生的荷载效应值；S_{Q_ik}为第i个可变荷载标准值产生的荷载效应值；γ_{G_j}为第j个永久荷载的分项系数：当其效应对结构不利时，对由可变荷载效应控制的组合取1.2，对永久荷载效应控制的组合取1.35；当其效应对结构有利时，一般情况下应取1.0；γ_{Q_i}为第i个可变荷载的分项系数，其一般情况下取1.4，对标准值大于$4kN/m^2$的工业房屋楼面结构的活荷载应取1.3；γ_{L_i}为第i个可变荷载考虑设计使用年限的调整系数；ψ_{c_i}为第i个可变荷载的组合值系数；n为参与组合的可变荷载数；m为参与组合的永久荷载数；j为永久荷载个数；i为可变荷载个数。

由永久荷载效应控制的组合，应按式(3.8)进行计算。

$$S_d = \sum_{j=1}^{m}\gamma_{G_j}S_{G_jk} + \sum_{i=1}^{n}\gamma_{Q_i}\gamma_{L_i}\psi_{c_i}S_{Q_ik} \tag{3.8}$$

式中，符号意义同前。

（2）偶然组合

用于承载能力极限状态计算的效应设计值 S_d，应按式(3.9)进行计算。

$$S_d = \sum_{j=1}^{m} S_{G_jk} + S_{A_d} + \psi_{f_1} S_{Q_1k} + \sum_{i=2}^{n} \psi_{q_i} S_{Q_ik} \tag{3.9}$$

式中，S_{Ad}为按偶然荷载标准值计算的荷载效应值；ψ_{f_1}为第 1 个可变荷载的频遇值系数；ψ_{q_i}为第 i 个可变荷载的准永久值系数；S_{Q_1k}为第 1 个可变荷载标准值产生的荷载效应值；其余符号意义同前。

用于偶然事件发生后受损结构整体稳固性验算的效应设计值 S_d，应按式(3.10)进行计算。

$$S_d = \sum_{j=1}^{m} S_{G_jk} + \psi_{f_1} S_{Q_1k} + \sum_{i=2}^{n} \psi_{q_i} S_{Q_ik} \tag{3.10}$$

式中，符号意义同前。

3.3.2.2 标准组合、频遇组合和准永久组合

对于正常使用极限状态，应根据不同的设计要求，采用荷载的标准组合、频遇组合或准永久组合，并应按式(3.11)进行设计。

$$S_d \leqslant C \tag{3.11}$$

式中，C 为结构或结构构件达到正常使用要求的规定限值，例如变形、裂缝、振幅、加速度、应力等的限值，应按各有关建筑结构设计规范的规定采用；其余符号意义同前。

（1）标准组合

标准组合主要用于当一个极限状态被超越时将产生严重的永久性损害的情况，荷载效应组合的设计值 S_d应按式(3.12)进行计算。

$$S_d = \sum_{j=1}^{m} S_{G_jk} + S_{Q_1k} + \sum_{i=2}^{n} \psi_{c_i} S_{Q_ik} \tag{3.12}$$

式中，符号意义同前。

（2）频遇组合

频遇组合用于当一个极限状态被超越时将产生局部损害、较大变形或短暂振动等情况，荷载频遇组合的效应设计值 S_d应按式(3.13)进行计算。

$$S_d = \sum_{j=1}^{m} S_{G_jk} + \psi_{f_1} S_{Q_1k} + \sum_{i=2}^{n} \psi_{q_i} S_{Q_ik} \tag{3.13}$$

式中，符号意义同前。

（3）准永久组合

准永久组合主要用在当长期效应是决定性因素时的一些情况，荷载准永久组合的效应设计值 S_d应按式(3.14)进行计算。

$$S_d = \sum_{j=1}^{m} S_{G_jk} + \sum_{i=1}^{n} \psi_{q_i} S_{Q_ik} \tag{3.14}$$

式中，符号意义同前。

3.4 建筑结构设计

限于篇幅，下文主要介绍混凝土结构设计、砌体结构设计、钢结构设计的相关内容。

3.4.1 混凝土结构设计

混凝土结构是以混凝土为主要建筑材料制成的结构，包括素混凝土结构、钢筋混凝土结构、预应力混凝土结构及配置各种纤维筋的混凝土结构。

3.4.1.1 混凝土结构的受力特点

混凝土是一种人造石料，其抗压强度高，抗拉强度低。以混凝土为主制成的结构称为混凝土结构。采用素混凝土制成的构件(指无筋或不配置受力钢筋的混凝土构件)，例如素混凝土梁，当它承受竖向荷载作用时，在梁的正截面上受到弯矩作用，截面的中性轴以上部分受压，以下部分受拉。当荷载达到某一数值(F_c)时，梁截面的受拉边缘混凝土出现竖向弯曲裂缝，这时，裂缝处截面的受拉区混凝土退出工作，该截面处受压高度减小，即使荷载不增加，竖向弯曲裂缝也会急速向上发展，导致梁骤然断裂。这种破坏没有明显征兆，也就是说，当荷载达到F_c的瞬间，梁立即发生破坏，故称为脆性破坏。F_c为素混凝土梁受拉区出现裂缝时的荷载，称为素混凝土梁的开裂荷载，也是素混凝土梁的破坏荷载。由此可见，素混凝土梁的承载能力是由混凝土的抗拉强度控制的，而受压区混凝土的抗压强度远未被充分利用。

在制造混凝土梁时，倘若在梁的受拉区配置适量的纵向受力钢筋，就构成钢筋混凝土梁。试验表明，和素混凝土梁有相同截面尺寸的钢筋混凝土梁承受竖向荷载作用时，荷载略大于F_c时的受拉区混凝土仍会出现裂缝。在出现裂缝的截面处，受拉区混凝土虽然退出工作，但配置在受拉区的钢筋仍可承担几乎全部的拉力。这时，钢筋混凝土梁不会像素混凝土梁那样立即断裂，还能继续承受荷载作用，直至受拉钢筋的应力达到屈服强度时，继而截面受压区的混凝土也被压碎，梁才宣告破坏。因此，混凝土的抗压强度和钢筋的抗拉强度都能得到充分的利用，钢筋混凝土梁的承载能力可较素混凝土梁提高很多。

3.4.1.2 混凝土结构的优缺点

(1) 优点

混凝土结构的主要优点如下。

① 就地取材。砂、石是混凝土的主要成分，均可就地取材。在工业废料(例如矿渣、粉煤灰等)比较多的地方，可利用工业废料制成人造集料，用于混凝土结构。

② 耐久性好。处于正常条件下的混凝土耐久性好，高性能混凝土的耐久性更好。在混凝土结构中，钢筋受到保护而不易锈蚀。处于侵蚀性环境下的混凝土结构，经过合理设计及采取有效措施后，一般可满足工程需要。

③ 耐火性好。混凝土为不良导热体，埋置在混凝土中的钢筋，受到高温的影响远小于暴露在空气中的钢筋。只要钢筋表面的混凝土保护层具有一定厚度，在发生火灾时钢筋不会很快软化，即可避免结构倒塌。

④ 整体性良好。现浇或装配整体式混凝土结构具有良好的整体性，从而结构的刚度及稳定性都比较好，这有利于抗震、抵抗振动和爆炸冲击波。

⑤ 可模性强。新拌和的混凝土为可塑的，因此，可根据需要制成任意形状和尺寸的结构，这有利于建筑造型。

⑥ 节约钢材。钢筋混凝土结构合理地利用了材料的性能，发挥了钢筋与混凝土各自的优势，与钢结构相比，它能节约钢材并降低造价。

(2) 缺点

混凝土结构的主要缺点如下。

① 自重大。混凝土结构自身重力较大，这样它所能负担的有效荷载相对较小。这对大跨度结构、高层建筑结构都不利。另外，自重大会使结构地震作用加大，故对结构抗震也不利。

② 抗裂性差。钢筋混凝土结构在正常使用情况下，构件截面受拉区通常存在裂缝。如果裂缝过宽，则会影响结构的耐久性和应用范围。

③ 需要模板。混凝土结构的制作需要模板予以成型。如采用木模板，则可重复使用的次数少，会增加工程造价。

另外，混凝土结构施工工序复杂，周期较长，而且易受季节气候影响；对于现役混凝土结构，如遇损坏则修复困难；其隔热、隔声性能也比较差。

随着科学技术的不断发展，混凝土结构的缺点正在被逐渐克服或有所改进。如采用轻质、高强度混凝土及预应力混凝土，可减小结构自身重力并提高其抗裂性；采用可重复使用的钢模板，会降低工程造价；采用预制装配式结构，可以改善混凝土结构的制作条件，使其少受或不受气候条件的影响，并能提高工程质量及加快施工进度等。

3.4.1.3　材料的力学性能与指标

(1) 钢筋

钢筋在混凝土结构中起着非常重要的作用。在抵抗荷载作用下，它可以用来承担各种作用效应在结构中产生的拉应力和剪应力，也可与混凝土共同承担受压区的压应力；在构造上，钢筋经过加工后所形成的钢筋骨架，提高了结构的延性和整体性。所以混凝土结构的有关计算和构造问题，都和钢筋的性能密切相关。

① 钢筋的化学成分及种类。钢筋是由生铁经过高温冶炼后轧制而成的。钢材的化学成分主要是铁元素，除铁元素外，还含有少量的碳、硅、锰、硫、磷等元素。其中碳元素的含量对钢材的性能有显著的影响，碳元素的含量越高，钢筋的强度越高，但其韧性和焊接性能也会随之降低。通常碳含量的范围是0.02%~0.60%，碳素钢按照含碳量的不同，可分为低碳钢(碳含量<0.25%)、中碳钢(0.25%≤碳含量≤0.60%)和高碳钢(碳含量>0.60%)。而磷、硫在钢材中是有害元素，磷使钢材冷脆，硫使钢材热脆，故根据磷、硫元素在钢材中的含量又可将钢材分为普通碳素钢(硫含量≤0.055%~0.065%，磷含量≤0.045%~0.085%)，优质碳素钢(硫含量≤0.03%~0.045%，磷含量≤0.035%~0.04%)，高级优质钢(硫含量≤0.02%~0.03%，磷含量≤0.027%~0.035%)。建筑结构中的钢筋所用钢材通常是低碳钢与普通碳素钢。

钢筋按轧制后的外形可分为光面钢筋、带肋钢筋、钢丝和钢绞线等。按照钢筋在结构中的主要作用可以将钢筋分为受力筋、箍筋、架立筋和腰筋等。

② 钢筋的拉伸性能。钢筋的拉伸性能大致可分为两种，即有明显屈服点的钢筋和无明显屈服点的钢筋。低碳钢属于有明显屈服点的钢筋，在进行拉伸试验后可得到应力-应变曲线。

③ 钢筋的强度指标。通过对若干个试件的拉伸试验，可以得到一组钢筋的屈服强度，工程上取该组数据中95%的保证率的强度值作为该类钢筋的屈服强度标准值，再将屈服强度标准值除以钢筋的材料分项系数(强度低于500MPa级的钢筋取1.10，高强度500MPa级的钢筋取1.15)之后，可得到钢筋的屈服强度设计值，该值将是混凝土结构设计中钢筋取值的主要依据。

(2) 混凝土

混凝土是用水泥、水、砂、石和少量外加剂混合搅拌后入模浇筑，并经养护硬化而成的人工石材。它是形成混凝土结构的另一重要材料，主要与钢筋协同工作，抵抗作用效应产生的压应力。由于混凝土本身就是一种人工复合材料，所以研究其受力性能和强度指标对学习混凝土结构有着重要的意义。

① 混凝土的强度。

立方体抗压强度：立方体抗压强度标准值是指以标准方法制作边长为150mm的立方体试块，在标准条件下(温度20℃±2℃，相对湿度不低于95%)，养护28d或设计规定龄期，按标准实验方法测得的具有95%以上保证率的抗压强度值。立方体抗压强度是确定混凝土强度等级的依据，《混凝土结构设计标准(2024年版)》(GB/T 50010—2010)规定混凝土强度等级分为C15、C20、C25、C30、C35、C40、C45、C50、C55、C60、C65、C70、C75、C80，共14个等级，其中C50~C80属于高强混凝土。

轴心抗压强度：通常钢筋混凝土构件的长度要比它的截面尺寸大得多，因此将立方体抗压强度直接作为结构设计的强度指标是不合理的，故又引入轴心抗压强度作为结构设计时，混凝土强度取值的依据。工程上，用150mm×150mm×300mm的棱柱体作为标准试件，并且在与立方体抗压强度相同的条件下制作、加载破坏之后测得轴心抗压强度标准值。立方体抗压强度标准值与轴心抗压强度标准值之间需满足规定要求。将混凝土的轴心抗压强度标准值除以混凝土的材料分项系数(通常取1.40)后，可得到轴心抗压强度设计值，该值将作为混凝土结构设计时，混凝土抗压强度的取值依据。

轴心抗拉强度：混凝土的轴心抗拉强度很低，是立方体抗压强度的1/18~1/8，且不与抗压强度成比例增长。由于混凝土受拉时呈脆性断裂，故在钢筋混凝土结构设计中，不考虑混凝土承受拉力，而是在混凝土中配以钢筋，由钢筋来承受结构中的拉应力。但混凝土抗拉强度对于混凝土抗裂性具有重要作用，它是结构设计中确定混凝土抗裂度的主要指标，有时也用它来间接衡量混凝土与钢筋之间的黏结强度，并预测由干湿变化和温度变化而产生的裂缝的情况。

② 混凝土的徐变。混凝土在短期载荷作用下会发生变形，在长期载荷作用下会发生徐变。混凝土试件一次加载后，将会产生瞬时应变，之后在保持外力不变的条件下，其应变随着时间的增长而增长。这种在荷载长期作用下，即应力不变的情形下，随时间而增长的

应变称为混凝土的徐变。

产生徐变的原因主要有：长期作用的压应力的大小；混凝土的组成材料；混凝土养护条件；混凝土受荷时间；构件的体积与表面积之比。

3.4.1.4 钢筋与混凝土协同工作机理

钢筋和混凝土这两种力学性能不同的材料之所以能有效地结合在一起而共同工作，主要有以下几点原因。

① 混凝土和钢筋之间有着良好的黏结力，使两者能可靠地结合成一个整体，在荷载作用下能够很好地共同变形，完成其结构功能。

② 钢筋和混凝土的温度线膨胀系数也较为接近，钢筋为 1.2×10^{-5}/℃，混凝土为($1.0\times10^{-5}\sim1.5\times10^{-5}$)/℃，因此，当温度变化时，不致产生较大的温度应力而破坏两者之间的黏结。

③ 包围在钢筋外围的混凝土，起着保护钢筋免遭锈蚀的作用，保证了钢筋与混凝土的共同作用。

在钢筋混凝土结构中，钢筋和混凝土这两种材料之所以能共同工作的基本前提是具有足够的黏结强度，能承受由于相对滑移沿钢筋与混凝土接触面上产生的剪应力，通常把这种剪应力称为黏结应力。光圆钢筋与带肋钢筋具有不同的黏结机理。

光圆钢筋与混凝土的黏结作用主要由三部分组成：混凝土中水泥胶体与钢筋表面的化学胶着力；钢筋与混凝土接触面上的摩擦力；钢筋表面粗糙不平产生的机械咬合作用。

其中，胶着力所占比例很小，发生相对滑移后，黏结力主要由摩擦力和咬合力提供。带肋钢筋由于表面轧有肋纹，能与混凝土紧密结合，其胶着力和摩擦力仍然存在，但主要是钢筋表面凸起的肋纹与混凝土的机械咬合作用。带肋钢筋的肋纹对混凝土的斜向挤压力形成滑移阻力，斜向挤压力沿钢筋轴向的分力使带肋钢筋表面肋纹之间混凝土犹如悬臂梁受弯、受剪；斜向挤压力的径向分力使外围混凝土犹如受内压的管壁，产生环向拉力。因此，变形钢筋的外围混凝土处于复杂的三向应力状态，剪应力及拉应力使横肋混凝土产生内部斜裂缝，而其外围混凝土中的环向拉应力则使钢筋附近的混凝土产生径向裂缝。

试验证明，如果变形钢筋外围混凝土较薄(如保护层厚度不足或钢筋净间距过小)，又未配置环向箍筋来约束混凝土变形，则径向裂缝很容易发展到试件表面形成沿纵向钢筋的裂缝，使钢筋附近的混凝土保护层逐渐劈裂而破坏，这种破坏具有一定的延性特征，被称为劈裂型黏结破坏。

若变形钢筋外围混凝土较厚，或有环向箍筋约束混凝土变形，则纵向劈裂裂缝的发展受到抑制，破坏是剪切型黏结破坏，钢筋连同肋纹间的破碎混凝土逐渐由混凝土中被拔出，破坏面为带肋钢筋的外径形成的一个圆柱面。试验表明，带肋钢筋与混凝土的黏结强度比光圆钢筋高得多。

影响钢筋与混凝土之间黏结强度的因素很多，其中主要有混凝土强度、浇筑位置、保护层厚度及钢筋净间距等。

3.4.1.5 混凝土结构体系与设计

多、高层建筑的混凝土结构体系主要有框架结构、剪力墙结构、框架-剪力墙结构、筒体结构等，下面将分别进行介绍。

（1）框架结构

框架结构是以梁和柱为主要构件组成的承受竖向和水平作用的结构体系。按照框架布置方向的不同，框架结构体系可分为横向布置、纵向布置和双向布置三种框架结构形式。框架结构的变形特征为剪切型。在抗震设防地区，要求框架必须纵横向布置，形成双向框架结构形式，以抵抗水平荷载及地震作用。双向框架结构布置形式具有较强的空间整体性，可以承受各个方向的侧向力，与纵、横向布置的单向框架比较，具有较好的抗震性能。框架结构的特点是柱网布置灵活，便于获得较大的使用空间。其延性较好，但横向侧移刚度小，水平位移大，比较适用于大空间的多层及层数较少的高层建筑。

① 结构体系方面。

a. 框架结构应设计成双向梁柱抗侧力体系。主体结构除个别部位外，不应采用铰接。

b. 甲、乙类建筑以及高度大于24m的丙类建筑，不应采用单跨框架结构；高度不大于24m的丙类建筑不宜采用单跨框架结构。

c. 对于框架结构，楼梯间的布置不应导致结构平面特别不规则；楼梯构件与主体结构整浇时，应计入楼梯构件对地震作用及其效应的影响，并进行楼梯构件的抗震承载力验算；宜采取构造措施，减少楼梯构件对主体结构刚度的影响。

d. 框架结构中，框架应双向设置。

e. 框架结构按抗震设计时，不应采用部分由砌体墙承重的混合形式。框架结构中的楼，电梯间及局部出屋顶的电梯机房，楼梯间，水箱间等，应采用框架承重，不应采用砌体墙承重。

② 构件设计方面。

a. 抗震设计时，框架角柱应按双向偏心受力构件进行正截面承载力设计。

b. 框架梁中线与柱中线之间偏心距大于柱宽的1/4时，应计入偏心的影响。

c. 框架结构的主梁截面高度可按计算跨度的1/18～1/10确定；梁净跨与截面高度之比不宜小于4。梁的截面宽度不宜小于梁截面高度的1/4，也不宜小于200mm。当梁高较小或采用扁梁时，除应验算其承载力和受剪截面要求外，尚应满足刚度和裂缝的有关要求。在计算梁的挠度时，可扣除梁的合理起拱值。对现浇梁板结构，宜考虑梁受压翼缘的有利影响。

d. 矩形截面柱的边长，非抗震设计时不宜小于250mm，抗震设计时，若抗震等级为四级，不宜小于300mm，若抗震等级为一、二、三级，不宜小于400mm；圆柱直径，非抗震设计和抗震等级为四级时，不宜小于350mm，抗震等级为一、二、三级时，不宜小于450mm。柱剪跨比宜大于2，柱截面高宽比不宜大于3。

③ 框架结构布置原则。框架柱平面布置应符合下列要求。

a. 柱间距考虑梁的经济跨度，常取6～9m。若取小跨度（3～6m），技术经济指标较差，往往造成梁配筋均为构造配筋。若跨度太大，一方面导致梁截面增大，影响建筑层高；另一方面可能使梁设计由挠度控制，而非强度控制。对柱来说，柱承担的竖向荷载加大，柱截面增大，影响建筑使用功能。

b. 框架柱网纵横向宜分别对齐，各区域侧移刚度接近，梁柱受力合理。

c. 在满足框架整体计算指标的前提下，尽量减少柱的布置数量。多布置柱，相应需多布置基础，提高了工程造价。

d. 柱布置应尽可能满足建筑使用功能要求，不应占用过道、走廊、楼梯间等，不应影响疏散走道的净宽度。柱间距应结合不同建筑物的不同使用功能特点进行布置，例如有地下车库的建筑，应考虑停车位距离，按模数布置，避免空间浪费。

框架梁平面布置应符合下列要求。

a. 框架梁沿轴线尽量贯通，形成连续梁。

b. 同一榀框架梁，宽度宜相同，高度根据需要而变化(特殊情况除外)。

c. 框架梁的布置应考虑传力路径问题。

d. 框架梁布置时应考虑钢筋锚固入柱带来的施工问题，正常情况下，钢筋锚固入柱的梁尽量少，避免多根梁锚固在同一柱端。

e. 框架梁布置时应考虑钢筋直锚长度问题。

f. 框架梁布置应考虑建筑墙体所在的位置。

(2) 剪力墙结构

剪力墙结构是指竖向承重结构由剪力墙组成的一种房屋结构体系。剪力墙的主要作用除承受并传递竖向荷载作用外，还承担平行于墙体平面的水平剪力。

剪力墙结构的变形特征是弯曲型。其特点是整体性好，侧向刚度大，在水平力作用下侧移小，比框架更适合用于高层建筑的结构体系布置，并且由于没有梁、柱等外露构件，可以不影响房屋的使用功能，所以比较适合用于宾馆、住宅等建筑类型。缺点是不能提供大空间房屋，结构延性较差。

由于剪力墙结构提供的房屋空间一般较小，当在下部一层或几层需要更大空间时，往往在下部取消部分剪力墙，形成框支剪力墙结构。

① 结构体系方面。应避免采用短肢剪力墙。短肢剪力墙是指截面厚度不大于300mm，各肢截面高度与厚度之比的最大值大于4但不大于8的剪力墙。由于短肢剪力墙抗震性能较差，设计人员布置剪力墙时应尽量避免采用短肢剪力墙，因建筑功能需要无法避免时，在抗震设防地区，高层建筑结构不应全部采用短肢剪力墙；B级高度高层建筑以及抗震设防烈度为9度的A级高度高层建筑，不宜布置短肢剪力墙，并且不应采用具有较多短肢剪力墙的剪力墙结构。

当采用具有较多短肢剪力墙的剪力墙结构时，应符合下列规定：在规定的水平地震作用下，短肢剪力墙承担的底部倾覆力矩不宜大于结构底部总地震倾覆力矩的50%；房屋适用高度应比规范规定的剪力墙结构的最大适用高度适当降低，7度、8度($0.2g$；g为重力加速度)和8度($0.3g$)时分别应不大于100m、80m和60m。具有较多短肢剪力墙的剪力墙结构是指，在规定的水平地震作用下，短肢剪力墙承担的底部倾覆力矩不小于结构底部总地震倾覆力矩的30%的剪力墙结构。

当剪力墙墙肢的截面高度与厚度之比不大于4时，宜按框架柱进行截面设计。

跨高比小于5的连梁应按规范的有关规定设计，跨高比不小于5的连梁宜按框架梁设计。

② 构件截面设计。剪力墙的厚度设计应满足下列要求。

a. 一、二级剪力墙：底部加强部位应不小于 200mm，其他部位应不小于 160mm；一字形独立剪力墙底部加强部位应不小于 220mm，其他部位应不小于 180mm。

b. 三、四级剪力墙：应不小于 160mm，一字形独立剪力墙的底部加强部位尚应不小于 180mm。

c. 非抗震设计时应不小于 160mm。

d. 剪力墙井筒中，分隔电梯井或管道井的墙肢截面厚度可适当减小，但不宜小于 160mm。

构造要求：短肢剪力墙的全部竖向钢筋的配筋率，底部加强部位一、二级不宜小于 1.2%，三、四级不宜小于 1.0%；其他部位一、二级不宜小于 1.0%，三、四级不宜小于 0.8%；剪力墙竖向和水平分布钢筋的配筋率，一、二、三级均应不小于 0.25%，四级和非抗震设计时均应不小于 0.20%。

(3) 框架-剪力墙结构

框架-剪力墙结构是指由框架和剪力墙共同承受竖向和水平作用的结构体系。框架结构的主要特点是能获得大空间房屋，房间布置灵活，而其主要缺点是侧向刚度小，侧移大。剪力墙结构侧向刚度大，侧移小，但不能提供灵活的大空间房屋。

框架-剪力墙结构则充分发挥它们各自的特点，既能获得较大的灵活空间，又具有较强的侧向刚度。框架-剪力墙的变形特征为弯剪型。在框架-剪力墙结构、中，框架往往只承受并传递竖向荷载，而水平荷载及地震作用主要由剪力墙承担。一般情况下，剪力墙可承受 70%~90%的水平荷载作用。剪力墙在建筑平面上的布置，应按均匀、分散、对称周边的原则考虑，并宜沿纵横两个方向布置。剪力墙宜布置在建筑物的周边恒载较大处，建筑平面变化处，以及楼梯间和电梯的周围；剪力墙宜贯穿建筑物的全高，避免刚度突变；剪力墙开洞时，洞口宜上下对齐。建筑物纵(横)向区段较长时，纵(横)向剪力墙不宜集中布置在端开间，不宜在变形缝两侧同时设置剪力墙。

① 布置原则。剪力墙的平面位置应满足下列要求。

a. 剪力墙宜均匀布置在建筑物的周边、楼梯间、电梯间、平面形状变化及恒载较大的部位，剪力墙间距不宜过大。

b. 平面形状凹凸较大时，宜在凸出部分的端部附近布置剪力墙。纵、横剪力墙宜组成“L”形、“T”形和槽形等形式。

剪力墙的竖向位置应满足下列要求。

a. 剪力墙宜贯通建筑物的全高，避免刚度突变；剪力墙开洞时，洞口宜上下对齐。

b. 房屋顶层若布置为大空间的舞厅、礼堂或宴会厅，大部分抗震墙必须在顶层的楼板处中断，被中断的各片抗震墙应在顶层以下的两、三层内逐渐减少或减薄，以免刚度突变给顶层结构带来不利的变形集中效应。

c. 为使楼层抗侧刚度做到连续、均匀地变化，抗震墙从下到上应分段减薄，并双面对称收进，每次减薄量宜为 50~100mm，且不超过墙厚的 25%。此外，抗震墙的减薄和混凝土强度等级的降低不应设置于同一楼层。

② 剪力墙最大间距。在框架-剪力墙中，抗震墙是主要抗震构件，承担着 80%以上的地震力，框架是次要抗震构件，仅承担 20%以下的地震力。要保持框架-剪力墙这一结构特

性，以剪力墙为侧向支承的各层楼盖，在地震力作用下的水平变形就需控制在很小的数值范围内，使框架的侧向变形与抗震墙大体相同。因此，剪力墙的间距要满足规定的数值。当剪力墙之间的楼板有较大开洞时，对楼盖平面刚度有所削弱，此时剪力墙的间距宜再减小。

(4) 筒体结构

筒体结构是以竖向筒体为主组成的承受竖向和水平作用的建筑结构。筒体结构的筒体分剪力墙围成的薄壁筒和由密柱框架或壁式框架围成的框筒等。由核心筒与外围的稀柱框架组成的筒体结构为框架-核心筒结构，由核心筒与外围框筒组成的筒体结构为筒中筒结构。一般将楼梯、电梯间及一些服务用房集中在核心筒内；其他需要较大空间的办公用房、商业用房等布置在外框架部分。核心筒实体是由两个方向的剪力墙构成的封闭的空间结构，它具有很好的整体性与抗侧刚度，其水平截面为单孔或多孔的箱形截面。它既可以承担竖向荷载，又可以承担任意方向的水平侧向力作用。筒中筒结构由实体的内筒与空腹的外筒组成，空腹外筒是由布置在建筑物四围的密集立柱与高跨比很大的横向窗间梁所构成的一个多孔筒体。筒中筒结构具有更大的整体性和抗侧刚度，因此适用于超高层建筑。

限于篇幅，下文主要对框架-核心筒结构的设计要点进行分析。

① 核心筒的设计要点。

a. 核心筒的宽度不宜小于筒体总高的1/12，当筒体结构设置角筒、剪力墙或增强结构整体刚度的构件时，核心筒的宽度可适当减小。

b. 筒体墙的厚度应不小于160mm且不宜小于层高或无支长度的1/20，底部加强部位的抗震墙厚度应不小于200mm且不宜小于层高或无支长度的1/16。

c. 筒体底部加强部位及相邻上一层，当侧向刚度无突变时不宜改变墙体厚度。

d. 内筒的门洞不宜靠近转角。

e. 框架-核心筒结构一、二级筒体角部的边缘构件宜按下列要求加强：底部加强部位，约束边缘构件范围内宜全部采用箍筋，且约束边缘构件沿墙肢的长度宜取墙肢截面高度的1/4，底部加强部位以上的全高范围内宜按转角墙的要求设置约束边缘构件。

f. 筒体角部附近不宜开洞，当不可避免时，筒角内壁至洞口的距离应不小于500mm和开洞墙截面厚度的较大值。

g. 核心筒或内筒的外墙不宜在水平方向连续开洞，洞间墙肢的截面高度不宜小于1.2m；当洞间墙肢的截面高度与厚度之比小于4时，宜按框架柱进行截面设计。

② 框架的设计要点。

a. 框架-核心筒结构的周边柱间必须设置框架梁。

b. 楼面大梁不宜支承在内筒连梁上。楼面大梁与内筒或核心筒墙体平面外连接时，不宜支承在洞口连梁上；沿梁轴线方向宜设置与梁连接的抗震墙，梁的纵筋应锚固在墙内；也可在支承梁的位置设置扶壁柱或暗柱，并应按计算确定其截面尺寸和配筋。

c. 除加强层及其相邻上下层外，按框架-核心筒计算分析的框架部分各层地震剪力的最大值不宜小于结构底部总地震剪力的10%。当小于10%时，核心筒墙体的地震剪力应适当提高，边缘构件的抗震构造措施应适当加强；任一层框架部分承担的地震剪力应不小于结构底部总地震剪力的15%。

d. 加强层的大梁或桁架应与核心筒内的墙肢贯通；大梁或桁架与周边框架柱的连接宜采用铰接或半刚性连接。

e. 抗震设计时，框筒柱和框架柱的轴压比限值可按框架-剪力墙结构的规定采用。

3.4.2 砌体结构设计

3.4.2.1 砌体的种类

砌体分为无筋砌体和配筋砌体两类。

(1) *无筋砌体*

无筋砌体由块体和砂浆组成，包括砖砌体、砌块砌体和石砌体。无筋砌体房屋抗震性能和抗不均匀沉降能力较差。

① 砖砌体。砖砌体包括实砌砖砌体和空斗墙。实砌砖砌体可以砌成厚度为 120mm(半砖)、240mm(一砖)、370mm(一砖半)、490mm(两砖)及 620mm(两砖半)的墙体，也可砌成厚度为 180mm、300mm 和 420mm 的墙体，但此时部分砖必须侧砌，不利于抗震。空斗墙是将全部或部分砖立砌，并留空斗(洞)，现已很少采用。

② 砌块砌体。砌块砌体由砌块和砂浆砌筑而成。其自重轻，保温隔热性能好，施工进度快，经济效果好，又具有优良的环保性，因此砌块砌体，特别是小型砌块砌体有很广阔的发展前景。

③ 石砌体。石砌体由石材和砂浆(或混凝土)砌筑而成。按石材加工后的外形规则程度，石砌体可分为料石砌体、毛石砌体、毛石混凝土砌体等。它价格低廉，可就地取材，但自重大，隔热性能差，做外墙时厚度一般较大，在产石的山区应用较为广泛。料石砌体可用作房屋墙、柱，毛石砌体一般用作挡土墙、基础。

(2) *配筋砌体*

配筋砌体是指在灰缝中配置钢筋或钢筋混凝土的砌体，包括网状配筋砌体、组合砖砌体、配筋混凝土砌块砌体。

① 网状配筋砌体。网状配筋砌体又称横向配筋砌体，是在砖柱或砖墙中每隔几皮砖在其水平灰缝中设置直径为 3~4mm 的方格式钢筋网片，或直径 6~8mm 的连弯式钢筋网片，在砌体受压时，网状配筋可约束砌体的横向变形，从而提高砌体的抗压强度。

② 组合砖砌体。组合砖砌体有两种：一种是由砖砌体和钢筋混凝土面层或砂浆面层组成的组合砖砌体，可认为是外包式组合砖砌体；另一种是砖砌体和钢筋混凝土构造柱组合墙，是在砖砌体中每隔一定距离设置钢筋混凝土构造柱，并在各层楼盖处设置钢筋混凝土圈梁(约束梁)，使砖砌体墙与钢筋混凝土构造柱和圈梁组成一个构件(弱框架)共同受力，属内嵌式组合砖砌体。

③ 配筋混凝土砌块砌体。配筋混凝土砌块砌体是在砌块墙体上下贯通的竖向孔洞中插入竖向钢筋，并用灌孔混凝土灌实，使竖向和水平钢筋与砌体形成一个共同工作的整体。由于这种墙体在中高层或高层房屋中主要起剪力墙作用，故又称配筋砌块剪力墙。

配筋砌体不仅加强了砌体的各种强度和抗震性能，还扩大了砌体结构的使用范围，如高强混凝土砌块通过配筋与浇筑灌孔混凝土可作为 10~20 层的房屋的承重墙体。

3.4.2.2 砌体结构的基本设计方法

砌体结构应按承载能力极限状态设计，并满足正常使用极限状态要求。根据砌体结构的特点，砌体结构正常使用极限状态的要求，一般可由相应的构造措施加以保证。

(1) 按承载能力极限状态设计的实用表达式

砌体结构承载能力极限状态设计表达式，应按式(3.15)中最不利组合进行计算。

$$\gamma_0 S \leqslant R \tag{3.15}$$

式中，γ_0为结构构件的重要性系数，对安全等级为一级或设计使用年限为100年及以上的结构构件应不小于1.1，对安全等级为二级或设计使用年限为50年的结构构件应不小于1.0，对安全等级为三级或设计使用年限为5年及以下的结构构件应不小于0.9，在抗震设计中，不考虑结构构件的重要性系数；S为荷载效应基本组合或偶然组合的设计值；R为结构构件的承载力设计值，即抗力设计值。

《建筑结构荷载规范》(GB 50009—2012)规定，对于基本组合，荷载效应组合的设计值S应从由可变荷载效应控制的组合和由永久荷载效应控制的组合中取最不利值确定。

① 由可变荷载效应控制的组合，S值计算见式(3.16)。

$$S = 1.25S_{\mathrm{Gk}} + 1.4S_{\mathrm{Q}ik} + \sum_{i=2}^{n}(\gamma_{\mathrm{Q}i}\phi_{ci}S_{\mathrm{Q}ik}) \tag{3.16}$$

式中，S_{Gk}为按永久荷载标准值G_{k}计算的荷载效应值；$S_{\mathrm{Q}ik}$为按可变荷载标准值Q_{ik}计算的荷载效应值；i、n为参与组合的可变荷载数；$\gamma_{\mathrm{Q}i}$为第i个可变荷载的分项系数；ϕ_{ci}为可变荷载Q_i的组合值系数。

② 由永久荷载效应控制的组合，S值计算见式(3.17)。

$$S = 1.35S_{\mathrm{Gk}} + 1.4\sum_{i=1}^{n}\phi_{ci}S_{\mathrm{Q}ik} \tag{3.17}$$

式中，符号意义同前。

当只有一个可变荷载时，可按式(3.18)、(3.19)中最不利组合进行计算。

$$S = 1.2S_{\mathrm{Gk}} + 1.4S_{\mathrm{Q}ik} \tag{3.18}$$

$$S = 1.35S_{\mathrm{Gk}} + 1.0S_{\mathrm{Q}ik} \tag{3.19}$$

式中，符号意义同前。

(2) 砌体强度的标准值与设计值

砌体强度是随机变量，具有较大的离散性，对各类砌体统一取其强度概率分布的0.05分位值作为它的强度标准值，即具有95%保证率时砌体的强度值，见式(3.20)。

$$f_{\mathrm{k}} = f_{\mathrm{m}} - 1.645\sigma_{\mathrm{f}} \tag{3.20}$$

式中，f_{k}为砌体的强度标准值；f_{m}为砌体的强度平均值；σ_{f}为砌体强度的标准差。

砌体的强度设计值f是按承载能力极限状态设计师所采用的砌体的强度代表值，它是考虑了影响构件可靠因素后的材料强度指标，由砌体强度标准值除以砌体结构的材料性能分项系数而得，见式(3.21)。

$$f = \frac{f_{\mathrm{k}}}{\gamma_{\mathrm{f}}} \tag{3.21}$$

式中，γ_{f}为砌体结构的材料性能分项系数，一般情况取1.6；其余符号意义同前。

3.4.3 钢结构设计

从传统的重钢厂房到轻钢、薄钢厂房，从多层的框架到各种高层、超高层建筑钢结构体系，从传统的网架、网壳等空间结构体系到各式各样的大跨度的现代半刚性、柔性或杂交空间结构体系等，都属于钢结构范畴。不同结构体系可能带来不同、甚至全新的设计概念、理论知识及设计方法等，结构设计人员应做好前期的方案比选及设计优化工作。结构选型时，应根据工程的条件与特点，综合考虑建筑的使用功能、荷载性能、制作安装、材料供应等因素，择优选择抗震、抗风性能良好，经济合理的结构体系和结构形式。

3.4.3.1 钢结构应用范围

钢结构由于具有自重轻，承载力高、抗震性能好、绿色环保等优势而广泛应用于工业与民用建筑的各个领域，例如一些超高层建筑、大跨度公共建筑、高温车间、重型厂房等。工业与民用建筑按其应用钢结构的形式可分为以下几类。

(1) 各种类型的工业厂房

如冶金、机械制造与加工等重型工业厂房，这些厂房高度高、跨度大，且有大吨位吊车，必须采用钢结构。另外，有强烈辐射热的车间，也经常采用钢结构。结构形式多为由钢屋架和阶形柱组成的门式刚架或排架，也有采用网架作屋盖的结构形式。

(2) 大跨度结构

利用钢材强度高、结构重量轻的优点，钢结构大量应用于大跨空间结构和大跨桥梁结构中。所采用的结构形式有空间桁架、网架、网壳、悬索(包括斜拉体系)、张弦梁、实腹或格构式拱架和框架等。

(3) 受动力荷载影响的结构

由于钢材具有良好的韧性，设有较大锻锤或产生动力作用的设备厂房，即使屋架跨度不大，也往往采用钢结构。对于抗震能力要求高的结构，采用钢结构也是比较适宜的。

(4) 高耸结构

高耸结构包括塔架和桅杆结构，如高压输电线路的塔架，广播、通信和电视发射用的塔架和桅杆，火箭(卫星)发射塔架等。

(5) 多层和高层建筑

由于钢结构的综合效益指标优良，在多、高层民用建筑中也得到了广泛的应用。其结构形式主要有多层框架、框架-支撑结构、框筒结构、筒中筒结构、巨型框架结构等。

(6) 特种结构

冶金、石油、化工企业中大量采用钢板做成的容器结构，包括油罐、煤气罐、高炉、热风炉等。此外，经常使用的还有带式通廊栈桥、管道支架、锅炉支架等其他钢构筑物，海上采油平台也大多采用钢结构。

(7) 可拆卸或移动的结构

钢结构不仅重量轻，还可以用螺栓或其他便于拆装的手段来连接，因此非常适用于需要搬迁的结构，如建筑工地、油田和需要野外作业的生产和生活用房的骨架等。

（8）轻型钢结构

钢结构重量轻不仅对大跨结构有利，对屋面活荷载特别轻的小跨结构也体现出优越性。因为当屋面活荷载特别轻时，小跨结构的自重也成为一个重要因素。冷弯薄壁型钢屋架在一定条件下的用钢量可比钢筋混凝土屋架的用钢量还少。轻钢结构的结构形式有实腹变截面门式刚架，冷弯薄壁型钢结构(包括金属拱形波纹屋盖)以及钢管结构等。

（9）组合结构

钢与混凝土组合结构依据钢材形式与配钢方式不同可分为压型钢板与混凝土组合楼板、钢与混凝土组合梁、劲性钢筋混凝土、钢管混凝土和外包钢混凝土等多种形式。

3.4.3.2 钢结构设计流程

钢结构设计的过程与混凝土结构的设计大同小异，主要区别在于钢结构构件截面类型较多，需要进行复杂的节点设计。一般钢结构设计基本上都经过以下几个步骤。

（1）设计必备规范和图集

设计人员必备资料概括为“五个一”：一规范、一标准、一规程、一手册、一图集。具体为:《建筑抗震设计规范（2016 年版）》（GB 50011—2010）；《钢结构设计标准》（GB 50017—2017）；《高层民用建筑钢结构技术规程》（JGJ 99—2015）；《新钢结构设计手册》以及《多、高层民用建筑钢结构节点构造详图》（16G519）。

（2）确定结构的基础信息

依据建筑专业提供的条件，了解项目所在地区，确定与地震作用有关的参数，包括抗震设防烈度、设计基本地震加速度、地震分组、基本风压、基本雪压等；研读勘察报告，了解地基情况，为后续基础设计做准备。

（3）确定钢结构抗震等级

应根据项目性质判定建筑工程的抗震设防类别。依据《建筑工程抗震设防分类标准》（GB 50223—2008），对幼儿园、中小学校，医院、体育场馆、博物馆、文化馆、图书馆、影剧院、商场、交通枢纽等人员密集的公共服务设施，应当按照高于当地房屋建筑的抗震设防要求进行设计，提高建筑的抗震设防类别。钢结构房屋应根据设防分类、烈度和房屋高度采用不同的抗震等级，并应符合相应的计算和构造措施的要求。

（4）确定结构体系和布置

钢结构设计除应遵守规范相应的规定外，应与建筑专业密切配合，根据建筑的特点，综合考虑使用功能、荷载性质、材料供应、制作安装，施工条件等多种因素，以及建筑的高度和抗震设防烈度，合理选用抗震和抗风性能好、经济合理的结构体系，并力求构造和节点设计简单合理，施工方便。有抗震设防要求的更应从概念设计上考虑所选择的结构体系具有多道抗震防线，使结构体系适应支撑→梁→柱的屈服顺序机制，或耗能梁段→支撑→梁→柱的屈服顺序机制，并要避免结构刚度在水平和竖向上的突变等。

结构的布置要根据选用体系的特征、荷载分布情况及性质等综合考虑。一般来说，要刚度均匀，力学模型清晰。尽可能限制大荷载或移动荷载的影响范围，使其以最直接的线路传递到基础。柱间抗侧支撑的分布应均匀。

（5）截面选择和估算

结构布置结束后，需对构件截面作初步选择并估算其高度。主要是梁柱和支撑等的断面形状与尺寸的假定。钢梁可选择槽钢、轧制或焊接H型钢截面等。根据荷载与支座情况，其截面高度通常取跨度的1/50~1/20。确定了截面高度和翼缘宽度后，其板件厚度可按规范中局部稳定的构造规定预估。柱截面按长细比预估。根据轴心受压、双向受弯或单向受弯的不同，可选择钢管或H型钢截面等。初次接触钢结构的设计人员应注意，对应不同的结构，规范中对截面的构造要求有很大的不同。如钢结构所特有的组成构件的板件的局部稳定问题，在《钢结构设计标准》(GB 50017—2017)和《门式刚架轻型房屋钢构件》(JG/T 144—2016)中的限值有很大的区别。除此之外，构件截面形式的选择没有固定的要求，结构设计人员应该根据构件的受力情况，合理选择安全、经济、美观的截面。

（6）结构内力分析和构件验算

根据建筑可能受到各种荷载与作用，如风荷载、雪荷载、地震作用、温度作用、建筑自重，以及建筑的各种使用可变荷载，利用结构计算软件进行结构地震作用计算、结构位移计算、构件内力计算及构件验算。

（7）构件设计与截面优化

构件的设计首先是材料的选择。多高层钢结构的钢材宜采用Q235钢和Q355、Q390、Q420等级B、C、D、E的低合金高强度结构钢。通常主结构使用单一钢种便于工程管理。从经济方面考虑，也可以选择不同强度钢材的组合截面。当强度起控制作用时，可选择Q355钢；稳定起控制作用时，宜采用Q235钢。如果结构验算结果过于富余或不满足，应调整结构构件尺寸或结构布置，进行截面优化。结构软件一般都设有截面优化设计功能，极大地减少了设计人员的工作量。但是需注意以下两点。

① 软件在对柱的截面验算要求时，计算长度系数的取值按照默认值有可能是错误的，需设计人员手动调整。所以，对于节点连接情况复杂或变截面的构件，设计人员应该逐个检查。

② 当预估的截面不满足要求时，加大截面应该分两种情况区别对待。强度不满足时，通常加大组成截面的板件厚度，其中，抗弯强度不满足时应加大翼缘厚度，抗剪强度不满足时应加大腹板厚度。变形超限时，通常不应加大板件厚度，而应考虑加大截面的高度，否则会很不经济。

（8）节点设计与构造

钢结构连接节点的构造是钢结构工程中的重点，许多钢结构事故及震害都表明，钢结构大多是由于节点首先破坏而导致结构的整体破坏。节点设计不仅对结构安全有重要的影响，而且直接影响钢结构的制作、安装及造价。因此节点设计是整个钢结构设计工作的重要环节。在进行结构分析前，就应该对节点的形式有充分的思考与分析。常常出现的一种情况是，最终设计的节点与结构分析模型中使用的形式不完全一致，这一点必须避免。

连接节点的类别，应依据节点处传递荷载的情况、所采用的连接方法以及其细部构造确定。按节点的力学特性，连接节点可分为刚性连接节点、半刚性连接节点和铰接节点。连接节点的不同对结构影响甚大。比如，有的刚性连接节点虽然承受弯矩没有问题，但会产生较大转动，不符合结构分析中的假定，会导致实际工程变形大于计算数据等的不利结果。

(9) 绘钢结构施工图

施工图中应表达清楚结构各构件的布置，各构件的材料，截面形式与尺寸，以及结构各节点的连接形式(是刚性连接还是铰接)，绘制不同节点的构造详图。

第4章 建筑工程设计案例

4.1 烟台海洋产权交易中心等三个公建建筑群设计案例

4.1.1 工程介绍

4.1.1.1 工程概况

烟台海洋产权交易中心等三个公建建筑群坐落于烟台市滨海东路沿线，位于牟平区滨海东路以南，东环北路以西，烟霞大街以北，规划路以东的地块内。

该建筑群由居中的烟台海洋产权交易中心，即主塔楼，西侧的海洋创业服务大厦，东侧的海洋经济总部基地及附属裙房组成，其中裙楼5层，建筑总高度28m；烟台海洋产权交易中心45层，建筑总高度192.1m；东西两侧的海洋经济总部基地、海洋创业服务大厦均为22层，建筑总高度95.5m，建筑总占地1.7万m^2，总建筑面积约31.76万m^2。其中地上建筑面积为23.92万m^2，地下共2层，地下建筑面积为7.8万m^2。

正负零相当于绝对标高6.30m，地下室底板面标高为-10.50m。

4.1.1.2 地质条件

拟建场地表层为人工吹填土，局部为素填土，其下依次为第四系淤泥质粉质黏土、细砂、中砂及粗砾砂，下伏基岩为元古界荆山群陡崖组透辉透闪岩夹透辉大理岩，局部为花岗岩侵入体。

4.1.1.3 场地土层剪切波速

根据安全评估报告，3个钻孔的土层等效剪切波速在141~153m/s之间。根据《建筑抗震设计规范(2016年版)》(GB 50011—2010)中场地土层等效剪切波速划分标准，本场地建筑场地类型为Ⅲ类。

4.1.1.4 场地地震地质灾害评价

(1) 地质报告

场区为原海滩涂地吹填区，下部为以前的盐池虾池，分布少量块石、碎石。吹填土，成分极不均匀，厚度较大，结构松散，属欠固结土、具震陷特性，施工时机械设备振动出现喷水冒砂现象。下伏淤泥质粉质黏土，属新近沉积软弱层，对后期基坑及基础施工影响较大 ，场地存在可能的液化土层1层吹填土及3层细砂。

场区距东部的育黎断裂2km左右，基岩为透辉透闪岩与透辉大理岩互层，受构造影响，后期花岗岩浆呈岩枝状侵入，混合岩化，经历了多期次变质作用及变形作用，造成该区域岩石破碎，局部全风化层厚度大、强度低，遇水易软化崩解。物探资料显示没有发现规模较大的断裂构造。在透辉透闪岩及透辉大理岩发育部位有可能存在溶蚀作用。据施工钻孔资料，在钻探深度内显示未见影响工程的溶洞，在 9 号孔 74. m 附近见溶蚀现象。

除此之外不存在影响拟建场地整体稳定性的崩塌、滑坡、泥石流等不良地质作用。场区 2 层淤泥质粉质黏土可不考虑震陷影响。

(2) 安全评估报告

根据场地砂土液化判别结果，地震烈度为Ⅶ度(0. 15g，g 为重力加速度)时，场地砂土液化等级为中等液化；地震烈度为Ⅷ度(0. 20g)时，场地砂土液化等级同为中等液化；在地震烈度为Ⅷ度(0. 30g)时，场地砂土液化等级为中等液化；在地震烈度为Ⅸ度(0. 40g)时，场地砂土液化等级为中等液化。工程场地存在淤泥质粉质黏土，根据勘察报告资料，该层土承载力标准值约为 60kPa。根据有关规范，在地震烈度Ⅶ、Ⅷ度时，会产生软土震陷，初步估计Ⅶ度震陷量小于 30mm，Ⅷ度震陷量 150mm 左右，Ⅸ度时震陷量大于 350mm，应根据建筑物的抗震设防要求采取相应的抗液化和抗震陷措施。

4.1.1.5 场地土标准冻结深度

场区地基土的标准冻结深度为 0. 50m。

4.1.2 结构体系

(1) 结构承重体系及抗侧力体系

地面以上设置 5 道伸缩缝兼抗震缝，分成 6 个结构单元：海洋产权交易中心(以下简称为主塔楼)、会议中心、海洋经济总部基地塔楼、海洋经济总部基地裙楼、海洋创业服务大厦塔楼、海洋创业服务大厦裙楼。

主塔楼：地面以上 45 层，结构高度 192. 1m，采用框架-核心筒结构。机房顶的直升机平台结构标高为 203. 1m。建筑平面呈双轴对称的花瓣形，建筑立面略呈橄榄形，底层长、宽约为 42. 5m，中部最宽处长、宽约为 45. 5m，顶部 45 层长、宽约为 37. 3m。35 层以下设置 16 根竖直的钢管混凝土柱，35 层及以上转换成钢筋混凝土斜柱，斜柱倾角约为 3. 1°，利用 35 层梁板对称传递拉力至核心筒。其中 2 层、43 层、45 层由于周边局部楼板缺失，形成部分穿层柱，柱高为相邻两层层高之和。核心筒外围尺寸为 20. 8m×20. 8m。主塔楼整体模型、主要抗侧力构件如图 4. 1 所示。

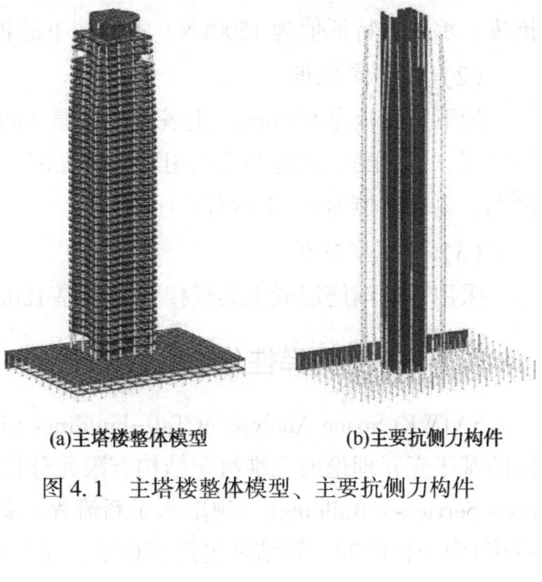

(a)主塔楼整体模型　(b)主要抗侧力构件

图 4. 1　主塔楼整体模型、主要抗侧力构件

楼盖采用现浇普通钢筋混凝土梁板楼盖，楼盖的整体性好。

(2) 构件抗震等级

主塔楼部分主要抗侧力构件的抗震等级见表 4. 1。

表 4.1 主塔楼部分主要抗侧力构件的抗震等级

抗侧力构件	抗震等级	备注
核心筒剪力墙	特一级	超 B 级高度，提高一级
钢管混凝土柱	一般：一级； 首层柱包括首层穿层柱：特一级	超 B 级高度 薄弱部位提高一级
钢筋混凝土斜柱	一般：一级； 43、45 层的穿层柱：特一级	超 B 级高度 薄弱部位提高一级
钢筋混凝土梁	一级	超 B 级高度

(3) 主塔楼结构主要构件断面尺寸

竖向构件：核心筒外围剪力墙厚度为 600~350mm，核心筒内部剪力墙厚度为 450~200mm；连梁高度一般为 700mm，宽度同墙厚；钢管混凝土柱截面为 1100mm×25mm~800mm×18mm；首层钢管混凝土柱截面为 1400mm×25mm；钢筋混凝土斜柱截面为 900~800mm。

水平构件：主梁一般为 300mm×600mm、350mm×700mm、400mm×800mm、400mm×900mm，次梁一般为 200mm×500mm、250mm×600mm；钢筋混凝土框架梁与钢管混凝土柱的连接节点采用钢筋混凝土环梁，环梁宽度一般为 400mm，梁高比相连的框架梁高 50。

楼板厚度：核心筒外一般为 110mm、设备层及核心筒内一般为 150mm，板跨较大处适当提高板厚。

4.1.3 基础设计概况

(1) 基础

采用钻孔灌注桩基础，桩端持力层为中粗砂或砾砂层，桩径为 0.6m、0.8m、1.0m，有效桩长分别为 28m、36m、35m，其中直径 0.8m、1.0m 的桩采用桩底后注浆技术提高承载力，单桩竖向承载力特征值抗压分别为 2500kN、4800kN、6500kN，直径 0.6m 的桩兼作抗拔，承载力特征值为 1500kN。主塔楼下的桩基础直径均为 1.0m。

(2) 地下室底板

地下室底板厚 800mm，主塔楼底板厚 2800~4300mm。主塔楼底板下土层为细砂层或中粗砂层，当为细砂层时要求采用加密法加固，加固后砂层标贯不小于 10 击，如局部有较薄淤泥，要求换填为 1∶1 砂石并压实。

(3) 地下室顶板

采用普通钢筋混凝土梁板楼盖，板厚 180mm。

4.1.4 结构弹性分析主要结果

SATWE(Space Analysis of Tall-buildings with Wall-Element，一款中国建筑科学研究院开发的基于壳元理论的三维组合结构有限元分析软件)与 MIDAS(Multi-tier Distributed Applications Services) Building(一项融入了新流程、新技术、新设计的第三代建筑结构分析和设计系统)两个程序的计算结果包括总重量、周期及振型、风荷载及地震荷载作用下的基底反力及侧向位移、内外筒承担剪力及倾覆弯矩的比例等基本接近，没有出现原则性冲突或矛盾的结果，以下仅对 SATWE 计算结果进行分析。

本工程振型质量参与系数满足规范要求。最大位移比均小于 1.2，属扭转规则，第一、二振型均为平动振型，扭转因子为 0.0，第三振型为扭转振型，扭转因子为 1.0，表明结构的质量与刚度分布基本对称、均匀，无扭转耦联效应。刚重比：X 方向，1.4<刚重比=1.69<2.7；Y 方向，1.4<刚重比=1.72<2.7；结构整体稳定具有足够安全度，但须考虑重力二阶效应的不利影响。

（1）楼层层刚度比

楼层刚度比分析结果如图 4.2 所示。

（2）弹性动力时程分析

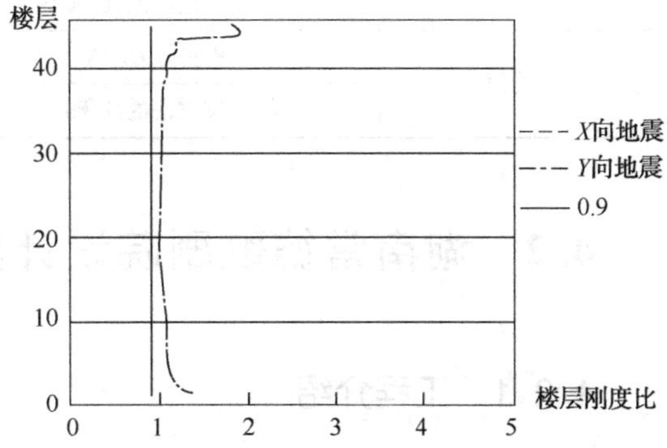

图 4.2　楼层刚度比分析结果

采用时程分析法时，应按建筑场地类别和设计地震分组选用实际强震记录和人工模拟的加速度时程曲线，其中实际强震记录的数量不少于总数的 2/3，多组时程曲线的平均地震影响系数曲线应与振型分解反应谱法所采用的地震影响系数曲线在统计意义上相符。弹性时程分析时，每条时程曲线计算所得结构底部剪力不应小于振型分解反应谱法计算结果的 65%，多条时程曲线计算所得结构底部剪力的平均值不应小于振型分解反应谱法计算结果的 80%。

本工程采用了弹性时程分析法进行了补充计算，选取 7 条波统计，进行各地震波谱曲线的平均值在结构主要周期和反应谱的比较，得出各条加速度时程曲线。

结构在各地震波作用下的基底剪力计算结果如表 4.2 所示，从中可知，所选时程曲线合适，均能满足规范要求。

当取七组时程曲线进行计算时，结构地震作用效应宜取时程法计算结果的平均值与振型分解反应谱法计算结果的较大值，经对比，本工程应取振型分解反应谱法计算结果作为设计依据。

表 4.2　结构在各地震波作用下的基底剪力计算结果

计算方法	基底剪力	X 方向	Y 方向
安全评估反应谱	基底剪力/kN	20160.45	20430.43
天然波 1	基底剪力/kN	18179.1	19565.4
	与反应谱法的比例/%	90.2	95.8
天然波 2	基底剪力/kN	20073.9	20625.2
	与反应谱法的比例/%	99.6	101.0
天然波 3	基底剪力/kN	16897.1	17059.7
	与反应谱法的比例/%	83.8	83.5

续表

计算方法	基底剪力	X方向	Y方向
天然波4	基底剪力/kN	16873.8	18306.6
	与反应谱法的比例/%	83.7	89.6
天然波5	基底剪力/kN	18015.3	19545
	与反应谱法的比例/%	89.4	95.7
人工波1	基底剪力/kN	18419.6	20210.2
	与反应谱法的比例/%	91.4	98.9
人工波2	基底剪力/kN	15006.4	17792.0
	与反应谱法的比例/%	74.4	87.1
平均值	基底剪力/kN	17637.9	19014.9
	与反应谱法的比例/%	87.5	93.1

4.2 湖南常德歌剧院设计案例

4.2.1 工程介绍

(1) 工程规模

常德歌剧院总建筑面积为52180m^2，总投资约8亿元人民币，地下局部一层，地上四层，建筑总高度51.2m，主要由一个1600座的大剧院、一个800座的音乐厅及一个300座的多功能厅组成，此外包括排练厅、停车库、独立对外经营的餐厅及配套用房等，如图4.3所示。

图4.3 湖南常德歌剧院

(2) 使用荷载

荷载按《建筑结构荷载规范》(GB 50009—2012)、《剧场建筑设计规范》(JGJ 57—2016)以及舞台专业设计所提供荷载条件取值。

(3) 结构的使用年限及安全等级

根据《工程结构可靠性设计统一标准》(GB 50153—2008)，本工程的结构设计使用年限为50年；建筑结构安全等级为二级，结构重要性系数$\gamma=1.0$。

4.2.2 结构体系

本工程结构体系分为钢筋混凝土结构和外围护钢桁架拱结构两部分。

4.2.2.1 钢筋混凝土结构

底板±0.00层不设缝，作为上部钢桁架拱屋盖的基础的一部分；在5m标高处设置一道伸缩缝兼抗震缝，把台阶及部分停车库独立出来；在16m标高处设置两道伸缩缝兼防震缝，把连廊与音乐厅、歌剧院分开，5m平台作为连廊的计算嵌固端；歌剧院与音乐厅在二层5m标高处连成一体，三层以上分成两个塔楼，如图4.4所示。

（1）歌剧院

地下一层，作为舞台的主台仓，深达14m。结合建筑平面使用功能的要求，第1单元上部结构采用钢筋混凝土框架结构，利用马蹄形观众厅周边的两圈墙体和舞台周边布置钢筋混凝土600mm×2000mm的矩形柱。

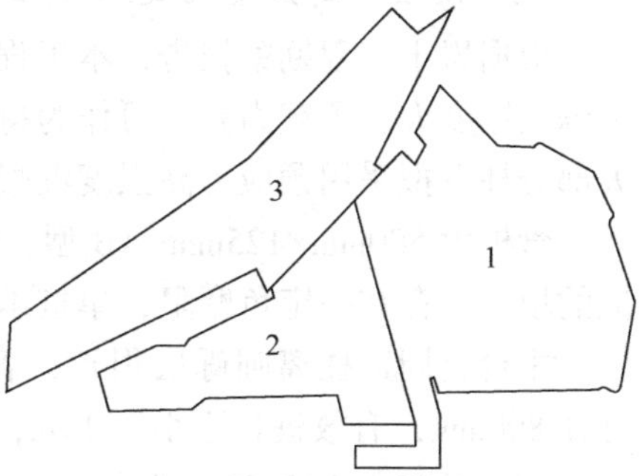

图4.4 钢筋混凝土结构分区示意图
1—歌剧院；2—音乐厅；
3—台阶及部分停车库

由于歌剧院的建筑造型独特，各层建筑平面的挑出和收进尺度大，为了减小楼盖结构的悬臂长度，沿建筑周边在挑出较大的位置设置了部分斜柱支撑；特别在后舞台旁的餐厅部分，由于建筑造型的需要，顶部几层悬挑跨度逐层增大，结构布置上从首层起设置斜柱，利用11.00m标高的楼盖拉结，形成承重体系，并于挑梁端部设置刚性连接柱形成空腹桁架，以满足大悬挑的要求；观众厅的二、三层观众席，主梁的最大悬挑跨度约10m，悬挑梁根部高为2m。侧舞台、后舞台屋盖的大跨度梁，跨度约25m，采用普通钢筋混凝土单向梁，梁高1400mm，采用预应力技术控制挠度及裂缝；主舞台屋盖，从主台仓底板-14.0m计起，高达48.9m，为方便施工，采用型钢梁-钢筋桁架混凝土板楼盖，以避免高支模施工；观众厅屋盖同样为了避免在悬挑观众席上高支模施工，也采用型钢梁-钢筋桁架混凝土板楼盖。其他部分采用普通钢筋混凝土楼盖，尽量双向布置梁系并贯通，增强结构整体性。

（2）音乐厅

采用钢筋混凝土框架结构，利用音乐厅周边的墙体布置钢筋混凝土扁柱，作为主要抗侧力结构。观众厅大跨度屋盖采用钢筋混凝土屋盖。

（3）独立地下车库

仅一层，顶盖为室外大台阶，采用钢筋混凝土框架结构，周边三面覆土需设置地下室外侧墙。

4.2.2.2 外围护钢桁架拱结构

采用由拱桁架支承的主次梁系结构，跨度较大处采用平面桁架。每个拱的拱肋由两段直的三管空间桁架组成，拱脚与基础铰接连接，为减小拱脚的水平推力，拱脚间设置预应力拉杆，形成自相平衡的带拉杆的拱结构体系。为减小拱肋之间梁的跨度，在其内部的剧院区和音乐厅区混凝土屋顶设置两端铰接的钢柱和沿 V 形支撑面内单向滑动的 V 形支撑。

系杆的上翼缘与钢架梁上翼缘平齐，与钢架梁刚接，系杆上方铺设檩条，以承担屋面板自重、积雪荷载及竖向风荷载。外围护钢结构主要由九个平面围合组成，为减小每个面上梁的无支长度，沿各面周边设置水平支撑，该水平支撑同时承担倾斜面内的荷载。

4.2.3 基础设计概况

(1) 设计等级

地基基础设计等级为甲级。

(2) 预应力高强度混凝土管桩基础

根据岩土工程勘察报告，本工程不宜采用浅层的天然地基上的基础，报告中的第④层圆砾层厚度大，承载力高，可作为持力层，结合工程为多层建筑的特点，为加快施工进度，大部分柱下拟采用预应力高强度混凝土管桩基础，并采用锤击法施工。

管桩为 500mm×125mm-AB 型，桩身混凝土强度为 C80，考虑到地面几米埋深范围为松散的填土，存在一定负摩阻，单桩承载力特征值暂定为 1800kN，预估桩长约 18m。

主台仓周边柱离圆砾层很近，若采用管桩有效桩长过短，拟采用后注浆钻孔灌注桩，桩径 800mm，有效桩长不小于 15m，单桩承载力特征值为 4000kN。

(3) 外围护钢桁架拱基础

外围护钢桁架拱，拟采用钻孔灌注桩基础，并在各个拱脚之间设置预应力拉梁平衡其水平推力。

(4) 抗浮

主台仓底板深达 14m，采用钻孔灌注桩作为抗拔桩，桩径 600mm，有效桩长不小于 7m，抗拔承载力为 1000kN。

4.2.4 主要结构构件验算与结果

4.2.4.1 竖向构件验算

采用 MIDAS(一款有关结构设计有限元分析软件)进行计算，结构在中震作用时，弹性状态下地震力相当于小震的 2.727 倍，荷载分项系数均为 1.0，构件材料按设计值，不考虑地震作用调整系数。本工程要求主要构件(包括所有的竖向构件、支撑杆件、个别转换梁)均保证处于弹性状态。

4.2.4.2 楼板应力分析

楼盖采用弹性板假定，采用 MIDAS 进行计算，结构在中震作用时，弹性状态下地震力相当于小震的 2.727 倍，荷载分项系数均为 1.0，构件材料按标准值，不考虑地震作用调整系数。本工程要求大开洞楼板处于不屈服状态。

4.2.4.3 外围护钢结构屈曲分析

为考察屋盖结构的整体稳定性能，采用 MIDAS/GEN(一款建筑领域的通用分析与设计软件)进行了屈曲分析。屋盖设计的控制荷载组合为：工况一(恒荷载+活荷载)，工况二(恒荷载+活荷载+升温)，工况三(恒荷载+活荷载+降温)，并建立屋盖的失稳模态。

三种工况下的失稳都发生在屋盖杆件，支撑屋盖的拱桁架和主桁架均未发生屈曲，且最小屈曲系数为7.89，远大于《空间网格结构技术规程》(JGJ 7—2010)规定的最小值4.5；表明本工程屋盖结构具有较好的整体性，其稳定承载能力满足规范要求，发生屈曲失稳破坏时具有足够的安全储备。

4.2.4.4 拱脚拉杆设计

为减小拱脚的水平推力，在两个拱脚间设置后张法预应力拉杆，形成自相平衡的带拉杆的拱结构体系。为考虑预应力拉杆参与整体结构的受力后结构的受力及变形性能，将该预应力拉杆建入模型，同时拱脚处水平约束释放。

该预应力拉杆的张拉应力按照恒载作用下支座水平位移最小设计。由于该预应力拉杆在拉力作用下的变形对主体结构的受力有影响，施工图阶段对主体钢结构增加该模型(考虑支座位移)的构件强度和稳定性的补充验算。

4.2.4.5 楼盖竖向振动舒适度分析

根据《高层建筑混凝土结构技术规程》(JGJ 3—2010)，楼盖结构的竖向振动频率f_n不宜小于3Hz，竖向振动加速度的舒适度不应超过限值。

(1) 计算音乐厅和歌剧院之间连廊的振动舒适度

根据单体的有限元计算结果，连廊的跨中自振频率为3.39Hz(>3.0Hz)，满足规范要求。

钢梁组合楼板长度$L=41.6$m，阻抗有效质量取钢桥中部总重量(活荷载按0.55kN/m^2)为980.9kN。

依据《高层建筑混凝土结构技术规程》(JGJ 3—2010)，$f_n=3.39$Hz时，楼盖竖向振动加速度限值为0.17m/s^2(参照商场及室内连廊)。

经计算此部分楼盖竖向振动加速度为0.12m/s^2(<0.17m/s^2)，满足要求。

(2) 计算歌剧院二层观众厅外走廊处的振动舒适度

根据单体的有限元计算结果，悬臂端部的自振频率为4.20Hz(>3.0Hz)，满足要求。

依据《高层建筑混凝土结构技术规程》(JGJ 3—2010)，$f_n=4.20$Hz时，楼盖竖向振动加速度限值为0.15m/s^2(参照商场及室内连廊)。

有效质量分布面积计算值为42m^2。经计算此部分楼盖竖向振动加速度为0.103m/s^2(<0.15m/s^2)，满足规范要求。

第5章　土方工程施工

5.1　概述

土方工程是建筑地基与基础工程施工的重要工程之一。

5.1.1　地基土的分类

地球形成至今大约有60亿年以上。在这漫长的地质历史中，地壳经历了一系列的演变过程。在第四纪时期(距今60万年)曾发生多次冰川作用，地壳岩石在相互交替的地质作用下风化、破碎为散碎体，在风、水和重力等的作用下，被搬运到一个新的位置沉积下来形成“沉积土”。由于沉积的历史不长，尚未胶结岩化，通常是松散软弱的多孔体，与岩石的性质有很大的差别。因此，土是岩石经风化、剥蚀、破碎、搬运、沉积等过程，在复杂的自然环境中所形成的各类松散沉积物。

土是由固体颗粒、水和气体组成的三相分散体系。固体颗粒构成土的骨架，是三相体系中的主体，水和气体填充土骨架之间的空隙，土体三相组成中每一相的特性及三相比例关系对土的性质有显著影响。

自然界的土类众多，工程性质各异，根据土的性质差异将土划分成一定的类别，其目的在于通过一种通用的鉴别标准，在不同土类间作出比较、评价。

5.1.1.1　按岩土的主要特征分类

为了评价岩土的工程性质以及进行地基基础设计与施工，《建筑地基基础设计规范》(GB 50007—2011)根据岩土的主要特征，按工程性能近似的原则，把作为建筑地基的岩土分为岩石、碎石土、砂土、粉土、黏性土和人工填土六类。

(1) *岩石*

岩石是指颗粒间牢固联结，呈整体或具有纹理裂隙的岩体。按其坚硬程度划分为坚硬岩、较硬岩、较软岩、软岩和极软岩；按其完整程度划分为完整、较完整、较破碎、破碎和极破碎。

(2) *碎石土*

碎石土是指粒径大于2mm的颗粒含量超过全重50%的土。按其颗粒形状及粒组含量可分为漂石、块石、卵石、碎石、圆砾、角砾；按重型圆锥动力触探锤击数$N_{63.5}$将碎石土的密实度分为松散、稍密、中密、密实。

(3) *砂土*

砂土是指粒径大于2mm的颗粒含量不超过全重50%、粒径大于0.075mm的颗粒含量超过全重50%的土。按粒组含量可分为砾砂、粗砂、中砂、细砂和粉砂；按标准贯入试验锤

击数 N 将砂土的密实度分为松散、稍密、中密、密实。

(4) 粉土

粉土是指塑性指数(Plasticity Index，IP)≤10 且粒径大于 0.075mm 的颗粒含量不超过全重 50%的土。其性质介于砂土及黏性土之间。

(5) 黏性土

黏性土是指塑性指数(IP)>10 的土。按其塑性指数可分为黏土和粉质黏土；黏性土的状态按液性指数可分为坚硬、硬塑、可塑、软塑、流塑五种状态。

(6) 人工填土

人工填土是指由于人类活动而堆填的土。其物质成分杂乱、均匀性差。按其组成和成因可分为素填土、压实填土、杂填土和冲填土。

除了上述六类土之外，还有一些特殊土，如淤泥和淤泥质土、湿陷性黄土、膨胀土等。

5.1.1.2　按岩土的坚硬程度分类

按岩土的坚硬程度和开挖方法及使用工具，将土分为八类，如表 5.1 所示。

表 5.1　按岩土的坚硬程度分类

土的分类	土的级别	土的名称	坚实系数 f	密度/(t/m^3)	开挖方法及工具
一类土(松软土)	Ⅰ	砂土、粉土、冲积砂土层、疏松的种植土、淤泥(泥炭)	0.5~0.6	0.6~1.5	用锹、锄头挖掘，少许用脚蹬
二类土(普通土)	Ⅱ	粉质黏土；潮湿的黄土；夹有碎石、卵石的砂；粉土混卵(碎)石；种植土、填土	0.6~0.8	1.1~1.6	用锹、锄头挖掘，少许用镐翻松
三类土(坚土)	Ⅲ	软及中等密实黏土；重粉质黏土、砾石土；干黄土、含有碎石卵石的黄土、粉质黏土；压实的填土	0.8~1.0	1.75~1.9	主要用镐，少许用锹、锄头挖掘，部分用撬棍
四类土(砂砾坚土)	Ⅳ	坚硬密实的黏性土或黄土；含碎石、卵石的中等密实的黏性土或黄土；粗卵石；天然级配砂石；软泥灰岩	1.0~1.5	1.9	整个先用镐、撬棍，后用锹挖掘，部分用楔子及大锤
五类土(软石)	Ⅴ~Ⅵ	硬质黏土；中密的页岩、泥灰岩、白垩土；胶结不紧的砾岩；软石灰及贝壳石灰石	1.5~4.0	1.1~2.7	用镐或撬棍、大锤挖掘，部分使用爆破方法
六类土(次坚石)	Ⅶ~Ⅸ	泥岩、砂岩、砾岩；坚实的页岩、泥灰岩，密实的石灰岩；风化花岗岩、片麻岩及正长岩	4.0~10.0	2.2~2.9	用爆破方法开挖，部分用风镐
七类土(坚石)	Ⅹ~ⅩⅢ	大理石；辉绿岩；粉岩；粗、中粒花岗岩；坚实的白云岩、砂岩、砾岩、片麻岩、石灰岩；微风化安山岩；玄武岩	10.0~18.0	2.5~3.1	用爆破方法开挖
八类土(特坚石)	ⅩⅣ~ⅩⅥ	安山岩；玄武岩；花岗片麻岩；坚实的细粒花岗岩、闪长岩、石英岩、辉长岩、辉绿石、粉岩、角闪岩	18.0~25.0	2.7~3.3	用爆破方法开挖

注：1. 土的级别相当于一般 16 级土石分类级别。

2. 坚实系数 f 相当于普氏岩石强度系数。

5.1.2 土方工程施工特点

土方工程是一切建筑物施工的先行，也是建筑工程施工中的重要环节之一。包括场地平整、基坑和基槽的开挖、地下建筑物的开挖、回填工程等，也包括施工排水、降水、土壁支撑等辅助施工过程，土方工程施工的特点如下。

(1) 工程量大，劳动强度高

大型工业企业的场地平整、房屋及设备基础、厂区道路及管线的土方工程量往往可以达几十万至数百万立方米以上，施工面积达数平方千米。大型基坑的开挖，有的甚至达20多米。且工期长、任务重、劳动强度高。因此在施工时，为了减轻繁重的体力劳动，提高生产效率，加快施工进度，降低工程成本，尽可能地采用机械化施工。合理地选择土方机械，组织机械化施工，对于缩短工期，降低工程成本具有很重要的意义。

(2) 施工条件复杂

土方工程多为露天作业，土、石又是天然物质，种类繁多，施工受到地区、气候、水文地质和工程地质等条件的影响，在地面建筑物稠密的城市中进行土方工程施工，还会受到施工环境的影响。因此，在施工前应做好调查研究，并根据本地区的工程及水文地质情况以及气候、环境等特点，制定合理的施工方案组织施工。

(3) 受场地影响大

任何建筑物基础都有一定的埋置深度，基坑(槽)的开挖、土方的留置和存放都会受到施工场地的影响，特别是城市的施工，场地狭窄，往往由于施工方案不妥，导致周围建筑物与道路等出现安全问题。因此施工前必须充分熟悉场地情况，了解周围建筑结构形式和地质技术资料，科学规划，制定切实可行的施工方案以确保周围建筑物和场地道路安全。

5.2 土方开挖

5.2.1 基坑开挖准备工作

5.2.1.1 基坑与基槽土方量计算

(1) 土的可松性

自然状态下的土，经开挖后，其体积因松散而增加，以后虽经回填压实，仍不能恢复成原来的体积，土的这种性质称为土的可松性。土的可松性程度一般以可松性系数表示，计算如式(5.1)所示。

$$\begin{cases} K_P = \dfrac{V_2}{V_1} \\ K'_P = \dfrac{V_3}{V_1} \end{cases} \tag{5.1}$$

式中，K_P为土的最初可松性系数；K'_P为土的最终可松性系数；V_1为开挖前土的自然体积，m^3；V_2为开挖后土的松散体积，m^3；V_3为运至填方处压实后的体积，m^3。

土的可松性是挖填土方时，计算土方机械生产率、回填土方量、运输机具数量、进行场地平整规划竖向设计、土方平衡调配的重要参数。

(2) 基坑与基槽土方量计算

基坑土方量 V 可按立体几何中拟柱体(由两个平行的平面作底的一种多面体)体积公式计算，如式(5.2)所示。

$$V=\frac{H(A_1+4A_0+A_2)}{6} \tag{5.2}$$

式中，H 为基坑深度，m；A_1、A_2 分别为基坑上、下底的面积，m^2；A_0 为基坑中截面的面积，m^2。

基槽土方量计算可沿长度方向分段计算，如式(5.3)所示。

$$V_1=\frac{L_1(A_1+4A_0+A_2)}{6} \tag{5.3}$$

式中，V_1 为第一段的土方量，m^3；L_1 为第一段的长度，m；其余符号意义同前。

将各段土方量相加即得总土方量。

5.2.1.2 技术准备

(1) 收集有关工程资料

① 地下管线资料。建设工程施工合同(示范文本)规定：建设单位应向承包人提供资料，对资料的真实准确性负责；施工单位做好施工场地地下管线和邻近建筑物、构筑物(包括文物保护建筑)、古树名木的保护工作。

② 岩土工程勘察报告。仔细阅读岩土工程勘察报告，尤其是各层土的分布情况以及土的特性。

③ 图纸和图集。进一步熟悉设计施工图纸，尤其是图纸设计说明和基础施工图；收集与工程有关的图集资料。

④ 技术规范。准备与工程有关的技术规范、施工质量验收规范和有关技术资料。

(2) 闭合复测

对建设单位提供的坐标点、水准点进行闭合复测。

(3) 确定机械行驶坡道

分层开挖时应根据现场大小、地形、运输车辆的出口位置确定合理的机械行驶坡道。

(4) 土方工程量确定

基坑开挖前应进行挖、填土方工程量计算。综合考虑预留回填土、弃土外运最短运距和运输车辆调配工作。

(5) 编制专项施工方案

根据住房和城乡建设部相关规定，“开挖深度超过 3m(含 3m)的土方开挖工程”需编制专项施工方案，“开挖深度超过 5m(含 5m)的基坑专项施工方案”应由施工单位组织专家进行论证。

专项施工方案应当包括以下内容。

① 工程概况：包括危险性较大的分部分项工程概况、施工平面布置、施工要求和技术

保证条件。

② 编制依据：包括相关法律、法规、规范性文件、标准、规范及图纸(国标图集)、施工组织设计等。

③ 施工计划：包括施工进度计划、材料与设备计划。

④ 施工工艺技术：包括技术参数、工艺流程、施工方法、检查验收等。

⑤ 施工安全保证措施：包括组织保障、技术措施、应急预案、监测监控等。

⑥ 劳动力计划：包括专职安全生产管理人员、特种作业人员等。

⑦ 计算书及相关图纸。

(6) 填写开工报告并报送监理或建设单位批准，确定开工日期

5.2.1.3 物资准备

① 定位用木桩、龙门板、线绳、20#铅丝、白灰等。

② 基坑(槽)做简单支护时所用材料。

③ 雨期施工时应准备塑料布或其他防雨材料。

④ 冬季施工时应准备基底保温覆盖材料。

5.2.1.4 人员劳力准备

① 管理人员、技术人员、操作手已到施工现场，操作人员和机械配置合理。

② 班组生产效率可参考人力土方工程综合施工定额。

5.2.1.5 机械设备

(1) 测量设备

基坑开挖测量设备包括：全站仪、水准仪、塔尺、钢卷尺、坡度尺等。

(2) 挖土机械

根据工程规模大小、难易程度、运距、工期、质量等要求配足施工所需的挖土机械、运输车辆。

基坑开挖土方机械包括：反铲挖掘机、自卸汽车等。基坑开挖常用的工具包括：铁锹(尖、平头两种)、手推车、小白线或20#铅丝、钎探设施等。

5.2.1.6 确定边坡坡度

① 边坡直立开挖不加支护。当土质为天然湿度、构造均匀、水文地质条件良好，且无地下水时，开挖基坑亦可不必放坡，采取直立开挖不加支护，但挖方深度应符合规定。

② 按规定放坡。按照《土方与爆破工程施工及验收规范》(GB 50201—2012)的规定，在坡体整体稳定的情况下，如地质条件良好、土(岩)质较均匀，高度在3m以内的临时性挖方边坡坡度宜符合规定。放坡后基坑上口宽度由基坑底面宽度及边坡坡度来决定，一般地，工作面留15~30cm(基础外边线到基坑底边的距离)，以便施工操作。

5.2.2 人工挖土施工工艺

人工挖土施工工艺适用于一般建筑工程、构筑物的基坑和管沟人工挖土施工。

人工挖土施工操作要求如下：

(1) 人工挖土

根据土质情况和现场存土、运土条件，合理确定开挖顺序，然后再分段分层开挖。土方开挖顺序应遵循“开槽支撑，先撑后挖，分层开挖，不得超挖”的原则。

开挖时应沿灰线切出基槽轮廓线，每层深度以 600mm 为宜，每层应清底，然后逐步挖掘。

开挖大面积浅基坑，可沿坑三面同时开挖，挖出的土方装入手推车或翻斗车，由未开挖的一面运至弃土地点。

(2) 修整边坡

开挖放坡的坑(槽)时，先按施工方案规定的坡度粗略开挖，再分层按坡度要求每隔 3m 左右做出一条坡度线，边坡应随挖随修整。待挖至设计标高，由两端轴线引桩拉通线，检查距槽边尺寸，据此再统一修整一次边坡。

(3) 清理槽底

在挖至坑槽底设计标高 50cm 以内时，测量放线人员配合抄出距槽底 50cm 水平线。自槽端部 20cm 处每隔 2~3m，在基槽侧壁上钉水平小木橛，随时以小木橛上平，用拉线尺量法校核槽底标高。

5.2.3 机械挖土施工工艺

机械挖土施工工艺适用于工业与民用建筑物、构筑物的大型基坑、管沟以及大面积平整场地等机械挖土。

机械挖土施工操作要求如下：

(1) 开挖原则

机械挖土最常用的机械是反铲挖掘机，其特点是：“后退向下，强制切土”。土方开挖顺序应遵循“开槽支撑，先撑后挖，分层开挖，不得超挖”的原则。

(2) 开挖方式

根据挖掘机的开挖方式与运输汽车的相对位置不同，一般有以下两种方式。

① 沟端开挖。反铲停于沟端，后退挖土，同时往沟一侧弃土或装汽车运走。

② 沟侧开挖。反铲停于沟侧，沿沟边开挖，汽车停在机旁装土或往沟一侧卸土。

(3) 分层厚度

土方开挖宜分层分段依次进行，分层原则宜上层薄下层厚，分层厚度不超过机械一次挖掘深度，但分层厚度不宜相差太大，否则影响运输车辆重载爬坡效能。挖掘机沿挖方边缘移动时，机械距离边坡上缘的宽度不得小于基坑深度的 1/2。

(4) 开挖路线

开挖路线宜采用纵向由里向外、先两侧后中间的方式开挖。

(5) 严禁超挖

开挖基坑不得挖至设计标高以下。如不能准确地挖至设计基底标高，可在设计标高以上暂留一层土不挖，以便在抄平后，由人工清理。

预留土层：一般铲运机、推土机挖土时，为 15~20cm；挖土机用反铲、正铲和拉铲挖土时，以20~30cm为宜。

(6) 场地存土

在有存土条件的场地，一定留足需要的回填土，多余土方运至弃土地点，避免二次搬运。在槽边堆放土时，应保证边坡稳定。一般来说，土方距槽边缘不小于1.0m，高度不宜超过1.5m。

(7) 修整边坡

① 边坡检查。开挖过程中应经常检查开挖的边坡坡度，随时校核。常用的检查方法是用按设计边坡坡度制作的三角靠尺检查。

② 边坡修整。施工中应随挖随修整。待挖至设计标高，由两端轴线引桩拉通线，检查距槽边尺寸，据此再统一修整一次槽边。

(8) 清理槽底

机械挖土时，为不扰动基底土的结构，在基底标高上预留20~30cm厚土由人工配合清理至基底标高。在挖至坑槽底设计标高50cm以内时，测量放线人员配合抄出距槽底50cm水平线，钉上小木橛，用水准仪抄平，余土人工清走。

5.2.4 地基钎探与验槽

5.2.4.1 地基钎探

地基钎探是指在基坑土方开挖之后，用重锤自由落体方式将钎探工具打入基坑底下一定深度的土层内，通过锤击次数探查判断地下有无异常情况或不良地基的一种方法。

(1) 钎探目的

钎探是施工单位在开挖完基坑土方之后，必须进行的一项施工工序，其主要目的是：查明基坑底是否有局部枯井、墓穴、空洞、防空洞等地下埋藏物；探测基底土质是否有松土坑、局部软弱或显著不均匀现象以及平面范围及深度；查明地下是否有局部坚硬物；校核基坑底土质是否与勘察设计资料相一致；为是否进行地基处理提供依据。

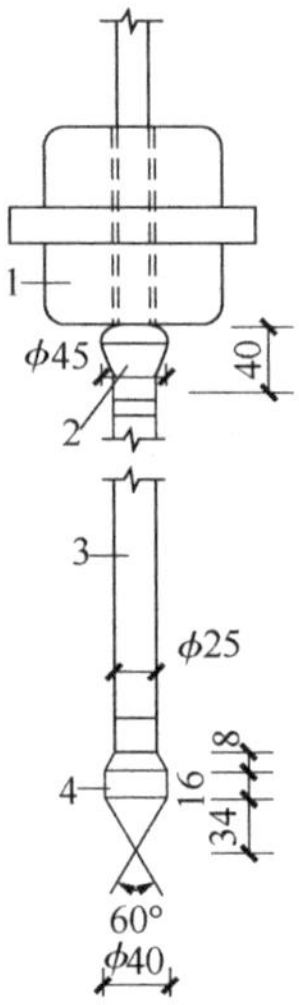

图5.1 轻便触探器（单位：mm）
1—穿心锤；2—锤垫；3—触探杆；4—探头

(2) 钎探工具

在华北地区，钎探工具普遍采用轻便触探器，也叫穿心锤钎探器。轻便触探器由尖锥头、触探杆、穿心锤三部分组成，如图5.1所示。

(3) 钎探工艺流程

钎探工艺流程：放钎探点线→撒白灰点标志→就位打钎(分级记录锤击数)→拔钎→检查孔深→钎孔保护→移位打下一个钎探点→验槽后钎孔灌砂。

(4) 钎探方法

绘制钎探平面布置图：一般按1：100的比例绘制钎探平面布置图，确定钎探点的位置及顺序编号。

钎探点间距及检验深度按《建筑地基基础工程施工质量验收标准》(GB 50202—2018)的规定执行。

在钎探过程中，钎探杆每打入30cm记录一次锤击数，一直到规定深度为止。

将钎探锤击数及时填入地基钎探记录。

将各分级记录锤击数进行合计。

在钎探点平面图上，注明过硬或过软的探点位置，并用彩色笔分开，以便勘察设计人员验槽时分析处理。

钎探的注意事项：钎探深度和布孔间距必须符合规定要求，否则视为不合格钎探；锤击数记录必须准确，数据真实可靠，不得弄虚作假；钎探点的位置应基本准确，钎探孔不得遗漏。

5.2.4.2 地基验槽

基坑挖完后，由建设单位组织施工、设计、勘察、监理、质检等部门的项目技术负责人对地基土进行联合检查验收。地基验槽属于建筑工程隐蔽验收的重要内容之一。

(1) 验槽的目的

① 检验地质勘查报告结论、建议是否正确，与实际情况是否一致。

② 及时发现问题及存在的隐患，解决勘察报告中未解决的遗留问题，防患于未然。

(2) 验槽的内容

基坑的验槽工作主要是以认真仔细地观察为主，并以地基钎探、钻探取样和原位测试等手段配合，其主要内容包括：核对基坑的位置、平面尺寸、坑底标高；核对基坑土质和地下水情况；空穴、古墓、古井、防空掩体及地下埋设物的位置、深度、性状。

(3) 地基验槽记录

经检查验收合格后，填写地基验槽记录和基坑(槽)隐蔽验收记录，各方签字盖章，并及时办理相关验收手续。如验收不合格，待处理和整改合格后，重新验收确认。

(4) 验槽的注意事项

① 天然地基验槽前必须完成钎探，并有详细的钎探记录。不合格的钎探不能作为验槽的依据。必要时对钎探孔深及间距进行抽样检查，核实其真实性。

② 基坑土方开挖完后，应立即组织验槽。

③ 在特殊情况下，如雨期要做好排水措施，避免被雨水浸泡；冬季要防止基底土受冻，要及时用保温材料覆盖。

④ 验槽时要认真仔细查看土质及其分布情况，是否有杂物、碎砖、瓦砾等杂填土，是否已挖到老土等，从而判断是否需要做地基处理。

5.3 土方施工机械

土方工程工程量大，人工挖土不仅劳动繁重，而且劳动生产率低，工期长，成本较高。因此，除了不适宜采用机械施工的土方工程或者小型基坑(槽)土方工程外，在土方工程施工中应尽量采用机械化、半机械化的施工方法，以减轻繁重的体力劳动，加快施工进度，降低工程成本。

常用的土方施工机械有推土机、铲运机及单斗挖土机等。

图 5.2 液压式 T2-100 型推土机外形

5.3.1 推土机

推土机由拖拉机和推土铲刀组成。按铲刀的操纵机构不同，推土机分为索式和液压式两种。索式推土机的铲刀借本身自重切入土中，在硬土中切土深度较小。液压式推土机能使铲刀强制切入土中，切土深度较大。同时，液压式推土机铲刀还可以调整角度，具有较大的灵活性。如图 5.2 所示为液压式 T2-100 型推土机外形。

(1) 推土机的特点及适用范围

推土机能单独地进行挖土、运土和卸土工作，具有操纵灵活、运转方便、所需要工作面较小、行驶速度较快、易于转移、能爬 30°左右的缓坡以及配合铲运机、挖土机工作等特点，能够推挖Ⅰ~Ⅳ类土，适用于场地清理，场地平整，开挖深度不大的基坑以及回填作业等。此外，还可以牵引其他无动力的土方机械。推土机的经济运距在 100m 以内，最为有效的运距为 30~60m。

(2) 推土机的作业方法

推土机的生产效率主要取决于每次推土体积和铲土运土卸土和回转等工作循环时间。铲土时应根据土质情况，尽量以最大切土深度在最短距离(6~10m)内完成，上下坡坡度不得超过 35°，横坡不得超过 10°，为了提高生产效率，可采用下坡推土、槽形推土、并列推土、多铲集运、铲刀附加侧板等方法。

5.3.2 铲运机

铲运机由牵引机械和铲斗组成，按行走方式分为自行式和拖式两种，如图 5.3 所示。

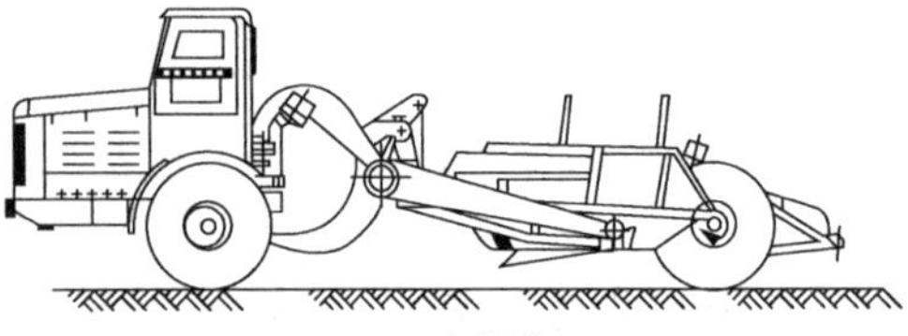

(a)自行式

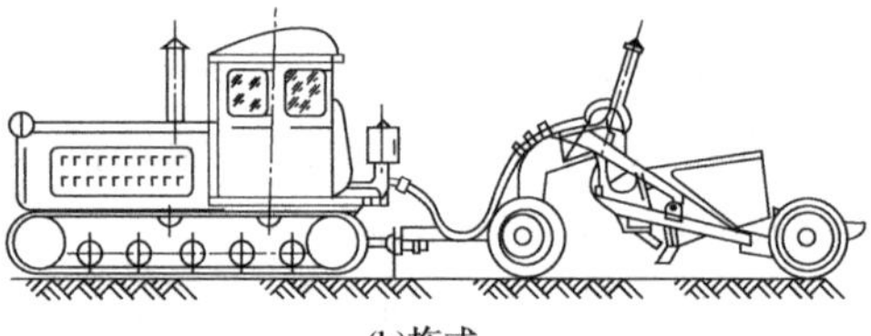

(b)拖式

图 5.3 铲运机

5.3.2.1 铲运机的特点及适用范围

铲运机是一种能够独立完成铲土、运土、卸土、填筑和整平等全部土方施工工序的机械，具有操作灵活、行驶速度快、对道路要求低、生产率高等特点。适宜铲运含水量在 27%以下的Ⅰ、Ⅱ类土，但不适宜在砾石层、冻土地带及沼泽地区工作。铲运机通常适用于坡度在 20°以内的大面积场地的平整、大型基坑(槽)的开挖以及路基、堤坝的填筑等。铲运机适用运距在 800m 以内，且运距在 200~350m 时最高。

5.3.2.2　铲运机的作业方法

铲运机的基本作业是铲土、运土、卸土三个工作行程和一个回转行程。在施工中，选定铲斗容量后，应根据工程大小、运距长短、土的性质和地形条件等选择合理的开行路线和施工方法，以提高生产率。常见的开行路线为环形路线和"8"字形路线。

(1) 环形路线

对于地形起伏不大，而施工地段又较短(50~100m)和填方不高(0.1~1.5m)的路堤基坑及场地平整工程宜采用如图5.4(a)(b)所示的环形路线。当填挖交替，且相互之间的距离又不大时，则可采用如图5.4(c)所示的环形路线。这样可以多次铲土和卸土，从而减少铲运机转弯次数，进而提高工作效率。

(2) "8"字形路线

在地形起伏较大，施工地段狭长的情况下，宜采用"8"字形路线，如图5.6(d)。因这种运行路线，铲运机在上下坡时是斜向形式，所以坡度平缓。一个循环中两次转弯方向不同，故机械磨损均匀。一个循环完成两次铲土和卸土，减少了转弯次数及空车行驶距离，从而亦可缩短运行时间，提高生产效率。

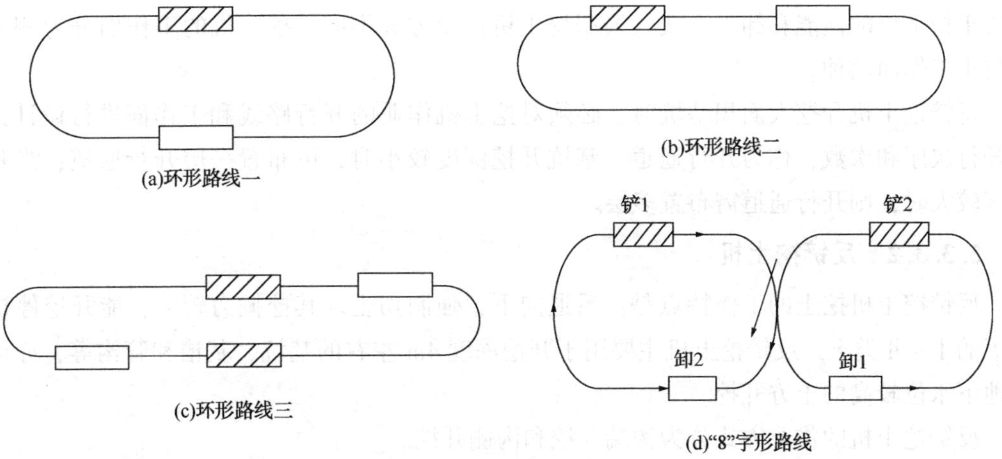

图5.4　铲运机运行路线

为了提高铲运机的生产效率，除了确定合理的开行路线，还应根据施工条件选择合理的施工方法。常用的施工方法有下坡铲土法、跨铲法、助铲法、交错铲土法等。

5.3.3　单斗挖土机

单斗挖土机是基坑(槽)土方开挖常用的一种机械。按其行走装置的不同，分为履带式和轮胎式两类；按其动力装置不同分为机械传动和液压传动两类；依其工作装置的不同，分为正铲、反铲、拉铲和抓铲4种。下面简要介绍正铲、反铲、拉铲和抓铲挖土机。

单斗挖土机进行土方开挖作业时，需自卸汽车配合运土。

5.3.3.1　正铲挖土机

正铲挖土机的工作特点是：前进向上强制切土。其挖掘力大，生产率高，能开挖停机面以上Ⅰ~Ⅳ类土。开挖大型基坑时需要设置坡道。正铲挖土机在基坑内作业，适用于开挖高度3m以上的无地下水的干燥基坑。

正铲挖土机的生产率主要决定于每次土斗的挖土量和每次作业的循环时间。同时要考虑挖土方式和与自卸汽车的配合，尽量减小回转角度，缩短循环时间。

根据其开挖路线与运输工具的相对位置不同，正铲挖土机的作业方式有以下两种形式。

(1) 正向挖土，侧向卸土

“正向挖土，侧向卸土”是指挖土机沿前进方向挖土，运输工具停在侧面装土。此法由于挖土机卸土时动臂转角小，运输车辆行驶方便，故生产效率高，应用较广。

(2) 正向挖土，后方卸土。

“正向挖土，后方卸土”是指挖土机沿前进方向挖土，运输工具停在挖土机后方装土。此法由于挖土机卸土时动臂转角大，生产效率低，运输车辆要倒车开入，故一般在基坑窄而深的情况下采用。

正铲挖土机的挖土方式不同，其所需的工作面大小也不同。

挖土机的工作面是指挖土机在一个停机点进行挖土的工作范围。工作面的形状和尺寸取决于挖土机的性能和卸土方式。根据挖土机作业方式不同，挖土机的工作面分为侧工作面与正工作面两种。

正铲挖土机开挖大面积基坑时，必须对挖土机作业的开行路线和工作面进行设计，确定开行次序和次数，称为开行通道。基坑开挖深度较小时，可布置一层开行通道；当基坑深度较大时，则开行通道需布置多层。

5.3.3.2 反铲挖土机

反铲挖土机挖土的工作特点是：后退向下，强制切土。其挖掘力较大，能开挖停机面以下的Ⅰ~Ⅱ类土。反铲挖土机主要用于开挖深度4m左右的基坑、基槽和管沟等，亦可用于地下水位较高的土方开挖。

反铲挖土机的作业方式分为沟端开挖和沟侧开挖。

(1) 沟端开挖

挖土机停在基坑或基槽的端部，向后倒退挖土，汽车停在基坑或基槽两侧装土。其优点是挖土方便，挖掘深度和宽度较大，当基坑较宽时，可多次开行挖土。

(2) 沟侧开挖

挖土机沿基坑或基槽一侧开行挖土，将土弃于远处。其开挖方向与挖土机开行方向相垂直。挖土机工作时稳定性较差，挖掘深度和宽度较小，一般在无法采用沟端开挖方式时或挖土不需要运走时，才采用沟侧开挖方式。

5.3.3.3 拉铲挖土机

拉铲挖土机的土斗用钢丝绳悬挂在挖土机动臂上，挖土时土斗在自重作用下落到地面切入土中。其挖土特点是：后退向下，自重切土。其挖土深度和挖土半径均较大，能开挖停机面以下Ⅰ~Ⅱ类土，但不如反铲动作灵活准确，适于开挖大型基坑及水下挖土。

5.3.3.4 抓铲挖土机

抓铲挖土机是在挖土机动臂上用钢丝绳悬吊一个抓斗，挖土时抓斗在自重作用下落到地面切土。其挖土特点是：直上直下，自重切土。抓铲挖土机挖掘力较小，能开挖停机面以下Ⅰ~Ⅱ类土，适于开挖窄而深的基坑、沉井，特别是水下挖土。

5.4 土方边坡与土壁支护

土方工程施工过程中，土壁的稳定，主要是依靠土体的内聚力和摩阻力(黏结力)来保持平衡，一旦土体在外力作用下失去平衡，就会出现土壁坍塌，即塌方事故，不仅妨碍土方工程施工，造成人员伤亡事故，还会危及附近建筑物、道路及地下管线的安全，后果严重。

造成土壁塌方的原因有如下情况。

① 边坡过陡：这使得土体本身稳定性不够，尤其是土质差、开挖深度大的坑槽中，常发生塌方。

② 雨水、地下水渗入基坑：这使得土体重力增大及抗剪能力降低，是造成塌方的主要原因。

③ 坑槽边缘附近大量堆土或者停放机具、材料或者由于动荷载的作用，使得土体产生的剪应力超过土体的抗剪强度。

为了防止土壁坍塌，保持土体稳定，保证施工安全，在土方工程施工中，对挖方或填方的边缘，均做成一定坡度的边坡。由于条件限制不能放坡或为了减少土方工程量而不放坡时，可设置土壁支护结构，以确保施工安全。

5.4.1 土方边坡

土方边坡坡度用挖方深度(或填方高度)H与其边坡底宽B之比来表示。边坡可以做成直线形边坡、折线形边坡及阶梯形边坡，如图5.5所示。

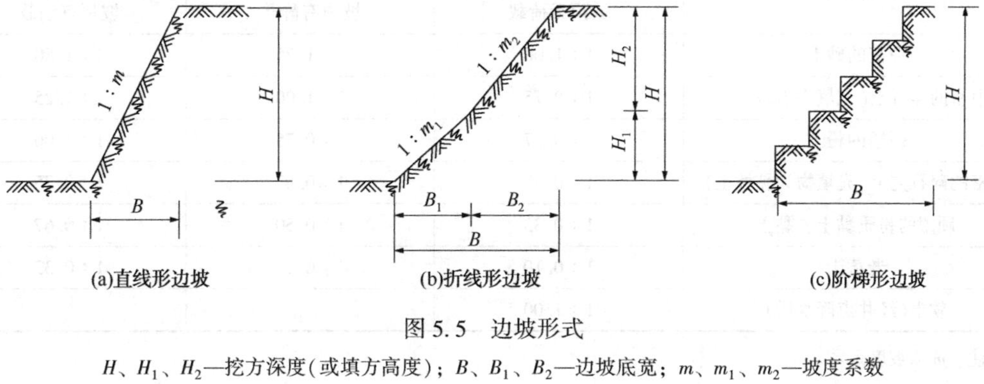

图5.5 边坡形式

H、H_1、H_2—挖方深度(或填方高度)；B、B_1、B_2—边坡底宽；m、m_1、m_2—坡度系数

土方边坡的稳定，主要是由于土体内土颗粒间的摩阻力和内聚力，从而使土体具有一定的抗剪强度。土体抗剪强度的大小与土质有关。黏性土颗粒之间除具有摩阻力外还具有

内聚力(黏结力)，土体失稳而发生滑动时，滑动的土体将沿着滑动面整个滑动；砂性土土颗粒之间无内聚力，主要靠摩阻力保持平衡。所以黏性土的边坡可陡些，砂性土的边坡则应平缓些。

土方边坡大小除土质外，还与挖方深度(或填方高度)有关，此外亦受外界因素的影响。由于外界的原因使土体内抗剪强度降低或剪应力增加达到一定程度时，土方边坡也会失去稳定性而造成塌方。如雨水、施工用水使土的含水量增加，从而使土体自重增加，抗剪强度降低；有地下水时，地下水在水中渗流产生一定的动水压力导致剪应力增加；边坡上部荷载增加(如大量堆土或停放机具)使剪应力增加等，都直接影响土体的稳定性，从而影响土方边坡的取值。

确定土方边坡的大小时应考虑土质、挖方深度(填方高度)、边坡留置时间、排水情况、边坡上部荷载情况及土方施工方法等因素。

5.4.1.1 相关规定

① 当土质均匀且地下水位低于基坑(槽)或管沟底面标高，其挖土深度不超过表 5.2 规定时，挖方边坡可做直壁而不加支撑的直臂。

表 5.2 直壁不加支撑挖方深度

土的类别	挖方深度/m
密实、中密的砂土和碎石类土(充填物为砂土)	1.00
硬塑、可塑的黏质粉土及粉质黏土	1.25
硬塑、可塑的黏土和碎石类土(充填物为黏性土)	1.50
坚硬的黏土	2.00

② 当地质条件好、土质均匀且地下水位低于基坑(槽)或管沟底面标高，挖方深度在 5m 以内时，不加支撑的边坡最陡坡度应符合表 5.3 的规定。

表 5.3 深度在 5m 内的基坑(槽)、管沟边坡的最陡坡度

土的类别	边坡坡度(1 : *m*)		
	坡顶无荷载	坡顶有静载	坡顶有动载
中密的砂土	1 : 1.00	1 : 1.25	1 : 1.50
中密的碎石土(充填物为砂土)	1 : 0.75	1 : 1.00	1 : 1.25
硬塑的粉土	1 : 0.67	1 : 0.75	1 : 1.00
中密的碎石类土(充填物为黏性土)	1 : 0.50	1 : 0.67	1 : 0.75
硬塑的粉质黏土、黏土	1 : 0.33	1 : 0.50	1 : 0.67
老黄土	1 : 0.10	1 : 0.25	1 : 0.33
软土(经井点降水后)	1 : 1.00		

注：*m* 为坡度系数。

③ 对永久性挖方边坡应按设计要求放坡。使用时间较长的临时性挖方边坡坡度，在山坡整体稳定情况下，如地质条件良好，土质较均匀，其边坡应符合表 5.4 的规定。

表 5.4　使用时间较长的临时性挖方边坡坡度

土的类别		边坡坡度
砂土(不包括细砂、粉砂)		1∶1.25~1∶1.50
一般黏性土	硬	1∶0.75~1∶1.10
	硬、塑	1∶1.00~1∶1.15
碎石类土	充填坚硬、硬塑黏性土	1∶0.50~1∶1.00
	充填砂土	1∶1.00~1∶1.50

注：①设计有要求时，应符合设计标准；②如采取降水或其他加固措施，可不受本表限制，但应计算复核；③开挖深度，对软土不应超过 4m，对硬土不超过 8m。

土方开挖时如果边坡太陡，容易造成土体失稳，发生塌方事故；如果边坡太平缓，不仅会增加土方量，而且可能影响邻近建筑的使用和安全。因此必须合理地确定边坡坡度，以满足安全和经济方面的要求。

5.4.1.2　防止边坡塌方的措施

防止边坡塌方的主要措施有下列几项。

① 严格按照规范要求正确留置边坡，放足边坡。土方开挖过程中应随时观察边坡土体的变化情况，边挖边检查，每 3m 左右修坡一次。对于较深较大的基坑开挖，应设置观察点，并对土体的平面位移和沉降变化做好记录，以便及时与设计单位联系，研究相应的补救措施，确保边坡的稳定。

② 坑槽边缘堆置土方、建筑材料以及有机械和运输工具通过时，应于坑槽边缘保持一定距离。一般距离坑槽边缘不少于 2m，堆置高度不超过 1.5m。在垂直的坑壁上，此安全距离还要适当加大。软土地区不宜在基坑边上堆置弃土。

③ 做好坑槽周围的地面排水和防水工作，严防雨水、施工用水等地面水浸入边坡土体。雨季施工时，应更加注意检查边坡的稳定性，必要时可加设支撑。

④ 坑槽开挖后，可采用塑料薄膜覆盖、水泥砂浆抹面、挂网抹面、喷浆、砌石压坡等方法进行坡面防护，防止边坡失稳。

5.4.2　土壁支护

开挖基坑(槽)或管沟，如土质与周围场地条件允许，采用放坡开挖，往往比较经济。当基坑(槽)开挖较深，且土质较差放坡后土方量过大，甚至会影响到周围建筑物城市道路地下管线，当采用放坡开挖无法保证施工安全或由于施工场地狭小无放坡条件时，一般采用支护结构对土壁进行支撑，以保证基坑(槽)的土壁稳定。

土壁的支护方法应根据工程特点、土质条件、地下水位、开挖深度、施工方法及相邻建筑物等情况，经技术经济比较后选定。

下文介绍横撑式支撑、加固型支护、支挡型支护、拉锚与土层锚杆和土钉支护。

5.4.2.1　横撑式支撑

横撑式土壁支撑主要用于开挖较窄的沟槽。一般根据其挡土板的不同，分为水平挡土板和垂直挡土板两类，其中水平挡土板又可以分为断续式和连续式，如图 5.6 所示。

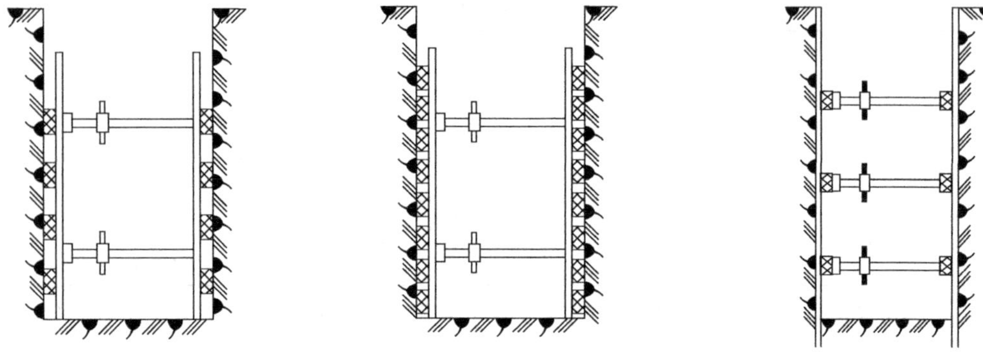

(a)断续式水平挡土板　(b)连续式水平挡土板　(c)垂直挡土板

图 5.6　横撑式支撑结构

横撑式支撑的适用情况：断续式水平挡土板适用于湿度小的黏性土且挖深≤3m；连续式水平挡土板适用于松散且湿度较大的土质且挖深≤5m；垂直挡土板适用于松散且湿度大的土质。

采用横撑式支撑时，应随挖随撑，支撑要牢固。施工中应经常检查，如有松动变形等现象，应及时加固或更换。支撑的拆除应按回填顺序依次进行，多层支撑应自下而上逐层拆除，随时拆填。

5.4.2.2　加固型支护

加固型支护是对基坑边坡滑动棱体范围及其附近土体进行加固，改善其物理力学性能，使其成为具有一定强度和稳定性的土体结构，从而保证边坡稳定或兼有抗渗作用。加固型支护方法主要有深层搅拌法和高压喷射注浆法。

(1) *深层搅拌法*

深层搅拌法是利用特制的深层搅拌机在边坡土体需要加固的范围内，将软土与固化剂强制拌和，使软土硬结成具有整体性、水稳性和足够强度的水泥加固土，称为水泥土搅拌桩。

深层搅拌法利用的固化剂为水泥浆或水泥砂浆，水泥的掺量为加固土质量的7%~15%，水泥砂浆的配合比为1∶1或1∶2。

深层搅拌法由于将固化剂和原地基土搅拌混合，不存在水对周围地基的影响，不会使地基侧向挤出，故对周围已有的建筑的影响很小；施工时无振动和噪声，不污染环境；加固后的土体重度不变，使软弱下卧层不产生附加沉降。深层搅拌法适用于软土地基加固。

(2) *高压喷射注浆法*

高压喷射注浆法是利用工程钻机钻孔至设计深度后，采用高压发生装置，通过安装在钻杆端部的特殊喷嘴，向周围土体喷射固化剂，将软土与固化剂强制混合，使其胶结硬化后在地基中形成直径均匀的圆柱体。该固化后的圆柱体称为旋喷桩。

高压喷射注浆法利用的固化剂为化学浆液，如水泥系浆液、水玻璃系浆液、丙凝系浆液、无机盐系浆液、尿素系浆液、氨基甲酸乙酯系浆液等。常使用的为水泥系浆液。

高压喷射加固的固化剂浆液通过装在钻杆侧面的喷嘴喷出后，具有很大的动能，形成高速、高压的射流。高压喷射加固的射流有效喷射长度愈长，则搅拌土的距离和喷射加固结体的直径愈大。射流冲击破坏土体，使土与浆液搅拌混合，凝固成圆柱状的固结体。

高压喷射注浆法采用高压发生设备及钻机。对于坚硬土层经常采用地质钻机。钻孔至设计深度拔出岩芯管，插入旋喷管，边旋喷浆液边提升旋喷管。

5.4.2.3 支挡型支护

支挡型支护是利用设置在基坑土壁上的支挡构件承受土壁的侧压力及其他荷载，保持土体结构的稳定。这里主要介绍桩排式支护结构。

桩排式支护结构常用的构件有型钢桩、钢板桩、钢筋混凝土预制桩和灌注桩，其支撑方式有水平横撑、拉锚和锚杆。

(1) 型钢桩支护结构

用作基坑护壁桩的型钢主要是工字钢、槽钢或H形型钢。型钢护壁桩主要适用于地下水位低于基坑底面标高的黏性土、碎石类土等稳定性好的土层。土质好时，在桩间可以不加挡板，桩的间距根据土质和挖深等条件而定。当土质比较松散时，在型钢间需加挡土板，以防止砂土流散。当地下水位较高时，要与降低地下水位措施配合使用。

(2) 钢板桩支护结构

钢板桩截面形状有Z形、波浪形和平板形，由带锁口或钳口的热轧型钢制成，打设方便，可重复使用，承载力大。钢板桩互相联结地打入地下，形成连续钢板桩墙，既挡土又起到止水帷幕作用。

(3) 钢筋混凝土桩排支护结构

钢筋混凝土桩排支护结构采用灌注桩，具有布置灵活、施工简单、成本低、无振动影响等特点，应用广泛。

桩排的布置形式与土质情况、土压力大小、地下水位高低有关，分一字形相间排列、一字形相接排列、一字形搭接排列、交错相接排列、交错相间排列等。

5.4.2.4 拉锚与土层锚杆

(1) 拉锚(拉锚式支撑)

拉锚是承受拉力的。拉杆可用钢筋或钢丝绳，一端固定在腰梁上，另一端固定在锚锭上，中间设置花篮螺丝，以调整拉杆长度。锚锭的做法：当土质较好时，可埋设混凝土梁或横木做锚锭；当土质不好时，则在锚锭前加打短桩。拉锚的间距及拉杆直径须经过计算确定。

拉锚式支撑在坑壁上只能设置一层，锚锭应设置在坑壁上主动滑移面之外。当需要设多层拉杆时，可采用土层锚杆。

(2) 土层锚杆

土层锚杆是埋入土层深处的受拉杆件，一端与工程构筑物相连接，一端锚固在土层中，以承受由土压力、水压力作用产生的拉力，维护支护结构的稳定。

① 土层锚杆的构造。土层锚杆由锚头、拉杆和锚固体三部分组成。锚头由锚具、台座、横梁等组成。拉杆采用钢筋、钢管或钢绞线制成。锚固体由锚筋、定位器、水泥砂浆锚固体组成。水泥砂浆将锚筋与土体联结成一体形成锚固体。

根据土体主动滑移面，整个锚杆分为锚固段和非锚固段。非锚固段又称自由段，处于可能滑动的不稳定的地层中，可以自由伸缩，其作用是将锚头所受荷载传至锚固段。锚固段则处于稳定的地层中，锚固段与周围土层结合，把荷载分散到周围稳定的土体中去。

② 土层锚杆的类型。

a. 一般灌浆锚杆。钻孔后放入拉杆，灌注水泥浆或水泥砂浆，养护后形成的锚杆。

b. 高压灌浆锚杆。钻孔后放入拉杆，压力灌注水泥浆或水泥砂浆，养护后形成的锚杆。压力作用使水泥浆或水泥砂浆进入土壁裂缝固结，可提高锚杆抗拔力。

c. 预应力锚杆。钻孔后放入拉杆，对锚固段进行一次压力灌浆，然后对拉杆施加预应力锚固，再对自由段进行灌浆所形成的锚杆。预应力锚杆穿过松软土层锚固在稳定土层中，可减小结构的变形。

d. 扩孔锚杆。采用扩孔钻头扩大锚固段的钻孔直径，形成扩大的锚固段或端头，可有效地提高锚杆的抗拔力。

③ 土层锚杆承载力的确定。土层锚杆的承载能力主要由拉杆的强度、拉杆与锚固体之间的握裹力、锚固体和孔壁之间的摩阻力三者确定。因为在一般情况下，后者均大于前两者，所以其承载能力主要由后者决定。要增大单根锚杆的承载能力，一种方法是增加锚固体长度，另一种方法是扩大锚固段直径或采用二次灌浆，这样可以缩短锚杆长度而不降低其承载能力，并且可以减少遇到坚硬土层或地下水而造成施工困难。

根据基坑深度和土压力的大小，锚杆可设置成一层或多层，最上一层锚杆要有一定的覆土厚度(一般不小于 3m)，以防地面隆起。

锚杆水平间距由计算决定，但间距不宜太小，否则会相互影响，降低单根锚杆的承载力。锚杆的水平间距一般应在 1~2m 以上；锚杆倾角，一般与水平面成 12.5°~45°；锚杆长度，要求锚固体应设置在滑动土体以外的稳定土层中。锚杆长度一般为 15~25m，锚固体的经济长度为 5~7m。

④ 土层锚杆的施工。

a. 钻孔清水循环一次钻进成孔法，钻杆留作拉杆；潜钻成孔法，成孔器全部连接钻杆；螺旋钻孔干作业法，成孔后插入拉杆。

b. 灌浆。灌浆是锚杆施工的关键工序。水泥浆水灰比为 0.4~0.45；水泥砂浆配合比为 1∶0.5 或 1∶1。采用一次灌浆法，浆液经胶管压入拉杆中，拉杆管端距孔底 150mm；采用二次灌浆法时，先灌注锚固段，再灌注非锚固段，非锚固段为非压力灌注水泥浆。

c. 预应力张拉锚固体养护达到水泥砂浆强度的 75%，方可进行预应力张拉。先取设计拉力的 10%~20%预张拉 1~2 次，以使各部位接触紧密，锚筋平直。

张拉时控制应力取值 $0.65f_{ptk}$ 或 $0.85f_{pyk}$(f_{ptk} 和 f_{pyk} 分别为钢丝极限抗拉强度标准值和钢筋屈服强度标准值)，分级加载并进行观测。

取值 75%的设计轴向拉力为锁定荷载进行锁定作业，为减小邻近锚杆张拉的应力损失，预应力锚杆采用隔一拉一的“跳张法”张拉。

(3) 防腐处理

防腐处理土层锚杆属临时性结构，宜采用简单防腐方法。锚固段采用水泥砂浆封闭防腐，锚筋周围保护层厚度不得小于 10mm；自由段锚筋涂润滑油或防腐漆，外部包裹塑料布，进行防腐处理；锚头采用沥青防腐。

5.4.2.5 土钉支护

基坑开挖的坡面上，采用机械钻孔，孔内放入钢筋并注浆，在坡面上安装钢筋网，喷射厚度为80~200mm的C20混凝土，使土体、钢筋与喷射混凝土面板结合为一体，强化土体的稳定性。这种深基坑的支护结构称为土钉支护，又称喷锚支护、土钉墙。

（1）土钉支护的构造和特点

① 土钉支护的构造。土钉采用直径为16~32mm的Ⅱ级以上的螺纹钢筋，长度为开挖深度的0.5~1.2倍，间距为1~2m，与水平面夹角一般为10°~20°；钢筋网采用直径为6~10mm的Ⅰ级钢筋，间距150~300mm；混凝土面板采用喷射混凝土，强度等级不低于C20，厚度80~200mm，常用100mm；注浆采用强度不低于20MPa的水泥砂浆；承压板采用螺栓将土钉和混凝土面层有效地连接成整体。

② 土钉支护的特点。土钉与土体形成复合土体，提高了边坡整体稳定性和承受坡顶荷载能力，增强了土体破坏的延性，利于安全施工；土钉支护位移小，约20mm，对相邻建筑物影响小；设备简单，易于推广；经济效益好，成本低于灌注桩支护；适用于地下水位以上或经降水措施后的杂填土、普通黏土、非松散性砂土。

（2）土钉支护的作用机理

在复合土体内，土钉与土体共同承受外荷载和自重应力。土钉有很强的抗拉、抗剪能力及与土体无法相比的抗弯刚度，所以当土体进入塑性状态后，应力逐渐向土钉转移，当土体出现裂缝时，土钉内出现弯剪、拉剪等复合应力，导致土钉锚体中浆体碎裂，钢筋屈曲。复合土体塑料变形延迟、渐进性开裂，与土钉支护的分担作用是密切相关的。土钉支护通过应力传递作用，将滑裂区域内部分应力传递到后面稳定土体中，并分散到较大范围的土体内，降低了应力集中程度。

喷射混凝土面板对坡面起约束作用，面板约束力取决于土钉表面与土的摩阻力。复合土体开裂面区域扩大并连成片时，摩阻力主要来自开裂区域后面的稳定复合土体。

由土钉形成的复合土体有效地提高了土体的整体刚度，弥补了土体抗拉、抗剪的不足，通过相互作用，显著地提高了土体的整体稳定性。

（3）土钉支护的施工

土钉支护施工工序为成孔、植筋、注浆、喷射混凝土。

① 成孔。采用螺旋钻机、冲击钻机、地质钻机等机械成孔，钻孔直径为70~120mm。成孔时必须按设计图纸的纵向、横向尺寸及水平面夹角的规定进行钻孔施工。

② 植筋。将直径为16~32mm的Ⅱ级以上螺纹钢筋插入钻孔的土层中，钢筋应平直，必须除锈、除油，与水平面夹角控制在10°~20°范围内。

③ 注浆。注浆采用水泥浆或水泥砂浆，水灰比为0.4~0.45，水泥砂浆配合比为1∶1或1∶2。利用注浆泵注浆，注浆管插入到距孔底250~500mm处，孔口设置止浆塞，以保证注浆饱满。

④ 喷射混凝土。喷射注浆用的混凝土应满足如下技术性能指标：混凝土的强度等级不低于C20，其水泥标号宜用425号，水泥与砂石的质量比为1∶4~1∶4.5，砂率为45%~55%，水灰比为0.4~0.45，粗骨料碎石或卵石粒径不宜大于15mm。

混凝土的喷射分两次进行。第一次喷射后铺设钢筋网，并使钢筋网与土钉牢固连接。在此之后再喷射第二层混凝土，并要求表面平整、湿润，具有光泽，无干斑或滑移流淌现象。喷射混凝土面层厚度为80~200mm，钢筋与坡面的间隙应大于20mm。喷射完成后终凝2h后进行洒水养护3~7d。

5.5 土方填筑与压实

为了保证填土的强度和稳定性，必须正确选择回填土料和填筑方法，以满足填土压实的质量要求。

土方填筑前，应对基地进行处理。清除基底上的垃圾、树皮、草根等杂物，排除坑穴中的积水、淤泥等。若填方基底为根植土或者松土，应将基底压实后进行填土。

5.5.1 填土填筑的方法

(1) 填土要求

填土土料应该满足设计要求，保证填方的强度和稳定性。通常应选择强度高、压缩性小、水稳定性好的土料。如设计无要求，应符合以下规定。

① 用碎石类土或爆破石渣作填料时，其最大粒径不得超过每层铺土厚度的2/3；使用振动碾时，不得超过每层铺土厚度的3/4。铺填时，大块料不应集中，且不得填在分段接头或填方与边坡连接处。

② 含水量符合压实要求的黏性土，可作各层填料。

③ 淤泥和淤泥质土，一般不能用作填料，但在软土地区，经过处理含水量符合要求的，可用于填方中的次要部分。

④ 有机质含量大于8%或者水溶性硫酸盐含量大于5%的土，以及根植土、冻土、杂填土等均不能用作填土使用。但在无压实要求的填方时，则不受限制。

(2) 填筑方法

填土可采用人工填土和机械填土两种方法。一般要求如下：

① 填土应尽量采用同类土填筑，并严格控制土的含水量在最优含水量范围内，以提高压实效果。

② 填土应从最低处开始分层填筑，每层铺土厚度应根据压实机具及土的种类而定。当采用不同类土填筑时，应将透水性较大的土层置于透水性较小的土层之下，避免在填方区形成水囊。

③ 坡地填土，应做好接槎，挖成1：2的阶梯形(一般阶高0.5m，阶宽1.0m)分层填筑，分段填筑时每层接缝处均应做成大于1：1.5的斜坡，以防填土横移。

5.5.2 填土压实方法及影响因素

5.5.2.1 填土的压实方法

填土压实方法有碾压法、夯实法和振动压实法。平整场地、路基、堤坝等大面积填土工程采用碾压法，较小面积的填土工程采用夯实法和振动压实法。

(1) 碾压法

碾压法是利用机械滚轮的压力压实土壤，使之达到所需的密实度。碾压机械有平碾、羊足碾和气胎碾等。

平碾又称光碾压路机，是一种以内燃机为动力的自行式压路机，按重量等级分为轻型(30~50kN)、中型(60~90kN)和重型(100~140kN)3种，适于压实砂类土和黏性土，使用土类范围较广。轻型平碾压实土层的厚度不大，但是土层上部变得较密实，当用轻型平碾初碾后，再用重型平碾碾压松土，就会取得较好的效果。如果直接用重型平碾碾压松土，则因强烈的起伏而致使碾压效果较差。

羊足碾一般无动力，靠拖拉机牵引，有单筒、双筒两种。根据碾压要求，羊足碾又可分为空筒及装砂、注水三种。羊足碾虽然与土接触面积小，但单位面积的压力比较大，土壤压实的效果好。羊足碾适于对黏性土的压实。

气胎碾又称轮胎压路机，它的前后轮分别密排着四五个轮胎，既是行驶轮又是碾压轮。由于轮胎弹性大，压实过程中，土与轮胎都会发生变形，而随着几遍碾压后铺土密实度的提高，铺土的沉陷量逐渐减少，因而轮胎与土的接触面积逐渐缩小，故接触应力逐渐增大，最后使土料得到压实。由于气胎碾在工作时是弹性体，其压力均匀，所以填土质量较好。

用碾压法压实填土时，铺土厚度应均匀一致，碾压遍数要一致，碾压方向应从填土区的两边逐渐压向中心，每次碾压应有15~20cm的重叠。碾压机开行速度不宜过快，否则影响压实效果。一般不应超过下列规定：平碾2km/h；羊足碾3km/h。

(2) 夯实法

夯实法是利用夯锤自由下落的冲击力来夯实土壤，适用于小面积回填土的夯实以及作业面受限制的环境下的填土夯实。夯实法分人工夯实和机械夯实两种。人工夯实所用的工具有木夯、石夯等。机械夯实常用的夯实机械有夯锤、内燃夯土机和蛙式打夯机，其中蛙式打夯机轻巧灵活、构造简单在小型土方工程中应用最广，如图5.7所示。夯实机械具有体积小、质量轻、对土质适应性强等特点，在工程量小或作业面受到限制的条件下尤为适用。

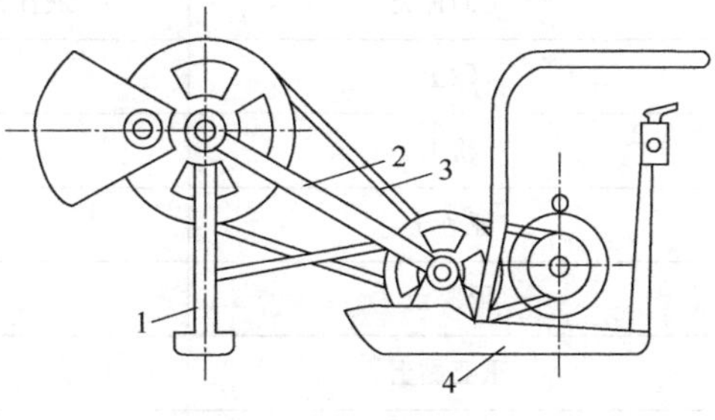

图5.7 蛙式打夯机

1—夯头；2—夯架；
3—三角皮带；4—底盘

(3) 振动压实法

振动压实法是将振动压实机放在土层表面，借助振动机构使压实机振动土颗粒，土的颗粒发生相对位移而达到密实状态。用这种方法振实非黏性土效果较好。

振动碾是一种振动和碾压同时作用的高效能压实机械，比一般平碾提高工效1~2倍。其适用于对爆破石碴、碎石类土、杂填土或粉质黏土的压实。

5.5.2.2 影响填土压实质量的因素

影响填土压实质量的因素很多，其中主要有压实功、土的含水量及铺土厚度。

(1) 压实功

填土压实后的密度与压实机械对填土所施加的功(即压实功)两者之间的关系：两者并不成正比关系，当土的含水量一定，在开始压实时，土的密度急剧增加，待到接近土的最大密度时，压实功虽然增加许多，而土的密度却没有明显变化。因此在实际施工中，在压实机械和铺土厚度一定的条件下，碾压一定遍数即可，过多增加压实遍数对提高土的密度作用不大。另外，对松土一开始就用重型碾压机械碾压，土层会出现强烈起伏现象，压实效果不好。应该先用轻碾压实，再用重碾碾压，这样才能取得较好的压实效果。为使土层碾压变形充分，压实机械行驶速度不宜太快。

(2) 土的含水量

土的含水量对填土压实质量有很大影响。较干燥的土，由于土颗粒之间的摩阻力较大，填土不易被压实；而土中含水量较大，超过一定限度时，土颗粒之间的孔隙全部被水填充而呈饱和状态，土也不能被压实。只有当土具有适当的含水量，土颗粒之间的摩阻力由于水的润滑作用而减小，土才容易被压实。在压实机械和压实遍数相同的条件下，使填土压实获得最大密实度时的土的含水量，称为土的最优含水量。土料的最优含水量和相应的最大干密度可由击实试验确定，表 5.5 所列数值可供参考。不同类型土的最佳含水量是不同的，如砂土为 8%~12%，黏土为 19%~23%，粉质黏土为 15%~22%。在施工现场简单检验含水量的方法为“手握成团落地开花”。

表 5.5　土的最优含水量和最大干密度参考值

土的种类	最佳含水量/%(质量)	最大干密度/(g/cm^3)
砂土	8~12	1.80~1.88
粉土	16~22	1.61~1.80
亚砂土	9~15	1.85~2.08
亚黏土	12~15	1.85~1.95
重亚黏土	16~20	1.67~1.79
粉质亚黏土	18~21	1.65~1.74
黏土	19~23	1.58~1.70

为了保证填土在压实过程中具有最优含水量，土含水量偏高时，可采取翻松、晾晒、均匀掺入干土(或吸水性填料)等措施；如含水量偏低，可采用预先洒水润湿、增加压实遍数或使用大功率压实机械等措施。

(3) 铺土厚度

压实机械的压实作用，随土层的深度增加而逐渐减小。在压实过程中，土的密实度也是表层大，而随深度加深逐渐减小，超过一定深度后，虽经反复碾压，土的密度仍与未压实前一样。各种压实机械的压实影响深度与土的性质、含水量有关。所以，填方每层铺土厚度应根据土质、压实的密度要求和压实机械性能确定，或者按表 5.6 选用。在表给出的范围内，轻型压实机械取小值，重型的取大值。

表 5.6 填方每层的铺土厚度和压实遍数

压实机械	每层铺土厚度/mm	每层压实遍数
平碾	250~300	6~8
羊足碾	200~350	8~16
蛙式打夯机	200~250	3~4
人工打夯	<200	3~4

5.5.2.3 填土质量检查

填土压实后要达到一定密实度要求，以避免建筑物的不均匀沉降。检查压实后的实际干密度，通常采用环刀法取样。填土工程质量检验标准见表 5.7。

表 5.7 填土工程质量检验标准 mm

项目	序号	检查项目	允许偏差或允许值					检查方法
			基坑基槽	场地平整		管沟	地面基础层	
				人工	机械			
主控项目	1	标高	−50	±30	±50	−50	−50	水准仪
	2	分层压实系数	设计要求					按规定或直观检查
一般项目	1	回填土料	设计要求					取样检查或直观检查
	2	分糞厚度及含水量	设计要求					水准仪及抽样检查
	3	表面平整度	20	20	30	20	20	用靠尺或水准仪

第 6 章　基础工程施工

6.1　地基处理

地基是作为支承基础的土体或岩体。当天然地基不能满足建筑物基础传递来的荷载或地基在荷载作用下的变形不能满足设计要求时，应当对天然地基进行人工处理。地基处理是为提高地基承载力，改善其变形性质或渗透性质而采取的人工处理方法。

常用的地基处理方法如下。

① 换填垫层法：挖去地表浅层软弱土层或不均匀土层，回填坚硬、较粗粒径的材料，并夯压密实形成垫层的地基处理方法，如灰土地基、砂和砂石地基。

② 强夯置换法：将重锤提到高处使其自由落下形成夯坑，并不断夯击坑内回填的砂石、钢渣等硬料，使其形成密实的墩体的地基处理方法。

③ 成孔挤密桩法：采用挤土成孔工艺(沉管、冲击、水冲)或非挤土成孔工艺(洛阳铲、螺旋钻冲击)成孔，再将填充材料挤压入孔中或在孔中夯实形成密实桩体，并与原桩间土组成复合地基的地基处理方法，如土挤密桩、灰土挤密桩、石灰桩、砂石桩、夯实水泥土桩。

④ 水泥粉煤灰碎石桩法：由水泥、粉煤灰、碎石、石屑或砂等混合料加水拌和形成高黏结强度桩，并由桩、桩间土和褥垫层一起组成复合地基的地基处理方法。

6.1.1　灰土地基施工

在地基基础设计与施工中，浅层软弱土的处理常采用换填垫层法。灰土地基属于换填垫层法，灰土是我国传统的一种建筑用料，具有工艺简单、取材方便、费用较低等特点。灰土地基是将基础底面下的软弱土层挖去，用一定比例的石灰与土，在最优含水量情况下充分拌和，分层回填夯实或压实而成。适用于浅层软弱地基及不均匀地基的处理。换填垫层的厚度不宜小于 0.5m，也不宜大于 3.0m。

6.1.1.1　灰土地基施工工艺

(1) 施工准备

① 技术准备。施工前应根据工程特点、设计要求的压实系数、土料种类、施工条件等进行必要的压实试验，确定土料含水量控制范围、铺灰土的厚度和夯实或碾压遍数等参数。根据现场条件确定施工方法。

编制技术交底，并向施工人员进行技术、质量、环保、文明施工交底。

② 材料准备。灰土体积配合比宜为 2∶8 或 3∶7。

a. 土料。灰土的土料宜用黏土、粉质黏土。使用前应先过筛，其粒径不大于 15mm。

b. 石灰。用新鲜的块灰，使用前 1~2d 消解并过筛，其颗粒不得大于 5mm，且不应夹有未熟化的生石灰块粒及其他杂质，也不得含有过多的水分。

③ 施工机具准备。

a. 施工机械。包括装载机、翻斗车、筛土机、灰土拌和机、压路机、平碾、振动碾、蛙式或柴油打夯机。

b. 工具用具。包括木夯、手推车、筛子(孔径 6～10mm 与 16～20mm 两种)、耙子、平头铁锹、胶皮管、小线等。

c. 检测设备。包括水准仪、钢尺、标准斗、靠尺、土工试验设备等。

④ 作业条件准备。基坑在铺灰土前应先进行钎探，局部软弱土层或古墓(井)、洞穴等已按设计要求进行处理，并办理完隐蔽验收手续和地基验槽记录。

当有地下水时，宜采取排水或降低地下水水位措施，使地下水水位低于灰土垫层底面 0.5m 以下。

(2) 施工工艺

① 基层处理。清除松散土并打两遍底夯，要求平整干净。如有积水、淤泥应清除或晾干。

局部有软弱土层或古墓(井)、洞穴等，应按设计要求进行处理，并办理隐蔽验收手续和地基验槽记录。

② 分层铺灰土。灰土的配合比应符合设计要求，一般为 2∶8 或 3∶7(石灰∶土，体积比)。

垫层应分层铺设，分层夯实或压实，基坑内预先安好 5m×5m 网格标桩，控制每层灰土垫层的铺设厚度。每层的灰土虚铺厚度，可根据不同的施工方法，按表 6.1 选用。

表 6.1　灰土最大虚铺厚度和夯(压)遍数

项次	夯具的种类	质量	虚铺厚度/mm	夯(压)遍数	备注
1	石夯、木夯	40～80kg	200～250	3～4	人力送夯，落距 400～500mm，一夯压半夯
2	轻型夯实工具	—	200～250	3～4	蛙式打夯机 200kg、柴油打夯机等
3	压路机	机重 6～10t	200～300	6～8	双轮静作用或振动压路机

灰土拌和采用人工翻拌时，应通过标准斗计量，严格控制配合比。拌和时土料、石灰边掺边用铁锹翻拌，一般翻拌不少于 3 遍。采用机械拌和时，应注意灰、土的比例控制。灰土拌和料应拌和均匀，颜色一致。

土料最优含水量经击实试验确定，现场以“用手握成团，落地开花”为宜。如土料水分过大或不足时，应晾干或洒水润湿。

③ 夯压密实。夯(压)的遍数应根据设计要求的干土质量密度或现场试验确定，一般不少于 3 遍。人工打夯应一夯压半夯，夯夯相接，行行相接，纵横交叉。

碾压机械压实回填时，严格控制行驶速度，平碾和振动碾不宜超过 2km/h，羊角碾不宜超过 3km/h。每次碾压，机具应从两侧向中央进行，主轮应重叠 150mm 以上。碾压不到之处，应用人工夯配合夯实。

灰土分段施工时，不得在墙角、柱基及承重窗间墙下接缝。上下两层灰土的接缝距离不得小于 500mm。接缝处应切成直槎，并夯压密实。

当灰土地基标高不同时，基坑底土面应挖成阶梯或斜坡搭接，并按先深后浅的顺序进行垫层施工，搭接处应夯压密实。

灰土应随铺填随夯压密实，铺填完的灰土不得隔日夯压。夯实后的灰土，3d 内不得受水浸泡。

④ 分层检验压实系数。灰土垫层的压实系数必须分层检验，符合设计要求后方能铺填下层土。压实系数采用环刀法检验，取样点应位于每层厚度的 2/3 深处。

检验数量：对大基坑每 50~100m^2应不少于 1 个检验点；对基槽每 10~20m 应不少于 1 个点；每个独立基础应不少于 1 个点。

⑤ 修整找平。灰土最后一层完成后，应拉线或用靠尺检查标高和平整度，超高处用铁锹铲平，低洼处应补打灰土。

6.1.1.2 灰土地基质量验收标准

(1) 事前控制

施工前应检查素土、灰土土料、石灰或水泥等配合比及灰土的拌和均匀性。

(2) 事中控制

施工过程中应检查分层铺设的厚度、夯实时的加水量、夯压遍数及压实系数。

(3) 事后控制

施工结束后，应进行灰土地基承载力检验。检验方法：按《建筑地基处理技术规范》(JGJ 79—2012)的规定，灰土地基施工结束后，宜采用载荷试验检验垫层质量，地基检测单位应具有相应的工程检测资质。

检验数量：每 300m^2不应少于 1 点，超过 3000m^2以上部分每 500m^2不应少于 1 点，每单位工程不应少于 3 点。素土、灰土地基的质量验收标准应符合规定。

6.1.2 夯实水泥土桩复合地基施工

夯实水泥土桩复合地基是将水泥和土按设计的比例拌和均匀，在孔内夯实至设计要求的密实度而形成加固体，并与桩间土组成的复合地基，具有工艺简单、施工方便、工效高、费用低等优点。适用于加固地下水水位以上的新填土、杂填土、湿陷性黄土以及含水率较大的软弱土地基。处理深度不宜超过 15m。

6.1.2.1 夯实水泥土桩复合地基施工工艺

(1) 施工准备

① 技术准备。应有建筑场地的岩土工程勘察报告、场地勘察资料及地基土和桩孔填料的土工击实试验报告等。

建筑物的平面定位图，桩位布置图并注明桩位编号，以及设计要求。

建筑场地的水准控制及建筑物位置控制坐标等资料。

编制夯实水泥土桩专项施工方案和技术交底，并对施工人员进行技术交底。

② 材料准备。水泥土体积配合比应符合设计要求。当对地基承载力要求不高时，通常取水泥：土=1：7 即可。

土料：水泥土桩的土料宜用黏土、粉质黏土。使用前应先过筛，其粒径不大于 15mm。

水泥：水泥一般采用不低于32.5级普通硅酸盐水泥或矿渣水泥，并经现场抽样复试合格。

③ 施工机具准备。

施工机械：常用施工机械有长螺旋钻机、机械洛阳铲、吊锤式夯实机、翻斗车等。

工具用具：人工洛阳铲、吊锤(60~100kg)、钢制三脚支架、手推车、筛土筛子、铁锹、胶皮管等。

检测设备：水准仪、钢尺、标准斗、土工试验设备、轻型动力触探器等。

④ 作业条件准备。基坑在铺灰土前应先进行钎探，局部软弱土层或古墓(井)、洞穴等已按设计要求进行了处理，并办理完隐蔽验收手续和地基验槽记录。现场达到“三通一平”(通电、通路、通水、土地平整)要求。

(2) 施工工艺

① 基坑开挖。基坑开挖时，距离基底标高必须预留300mm土层，待截桩头时连同桩间土一并清理。一是防止夯实水泥土桩施工时扰动地基土；二是保证夯实水泥土桩顶部的夯实质量。

② 测量放线。按设计桩距定位放线，严格布置桩孔，并记录布桩的根数，以防止遗漏。

③ 人工成孔。人工成孔一般用洛阳铲成孔。其特点是工具简单，操作方便，不需要任何能源，无振动、无噪声，可靠近旧建筑物成孔，工作面可以根据工程的需要扩展，特别适合中小型工程成孔。

人工洛阳铲可成4.0m以内的孔。如果在洛阳铲铲柄上加长可以成6.0m以内的孔。

成孔时，将洛阳铲刃口切入土中，然后摇动并用力拧转铲柄，将土剪断，拔出洛阳铲，铲内土体被带出；当遇到薄砂层时，可向孔内松填少量黏性土，用洛阳铲反复铲插捣混合后，用洛阳铲将土体带出。

洛阳铲成孔直径一般为250~400mm，洛阳铲的尺寸可变。对于软土宜用直径较大者，对于素填土及硬土宜用直径较小者。

成孔后测量孔径、孔深，并保护好孔口。

④ 机械成孔。机械成孔常用螺旋钻、机械洛阳铲等设备成孔。其特点是能连续出土，效率高，成孔质量好，成孔深度深。

成孔设备就位，钻尖与桩心对正，钻杆应保持垂直方向，就位后设备必须平整稳固。

开始钻孔或穿过软硬土层交界处时，应低速慢钻，保持钻杆垂直。

钻孔至设计深度后，应在原位深度处空钻清土，提升钻杆孔外卸土。使用机械洛阳铲时，直接上提至孔外卸土。

成孔后测量孔径、孔深，并保护好孔口。

⑤ 制备水泥土。水泥土的配合比应符合设计要求，一般为水泥：土=1：7(体积比)。

水泥土一般采用人工翻拌，通过标准斗计量，严格控制配合比。拌和时土料、水泥边掺边用铁锹翻拌，一般翻拌不少于3遍。水泥土应拌和均匀，颜色一致。

水泥一般采用不低于32.5级的普通硅酸盐水泥或矿渣水泥，土料可就地取材，基坑(槽)挖出的黏性土、粉质黏土均可，土料有机物含量不得超过5%，使用时土料应过筛。

水泥土最优含水量经击实试验确定。

拌和好的水泥土要及时用完，放置时间超过 2h 不宜使用。

⑥ 分层夯实。桩孔填料前，应清底并夯实，桩孔夯填可用机械夯实，也可用人工夯实。

夯填时，夯锤的落距和填料厚度应根据现场试验确定，混合料的压实系数不应小于 0.93。

机械夯实时夯锤质量宜大于 100kg，夯击次数 5~6 击。

人工夯实时夯锤质量一般为 60kg，填料厚度不超过 300mm，夯锤落距不小于 700mm，夯击次数 6~8 击。

桩顶夯填高度应大于设计桩顶标高 200~300mm。

⑦ 桩体干密度的检验。

检验方法：可在 24h 内采用取土样测定桩体干密度，压实系数不应小于 0.93；也可采用轻型动力触探击数 N_{10} 与现场试验确定的干密度进行对比，以判断桩身质量。轻型动力触探要求成桩 1h 后，击数不小于 30 击。

检验数量：不应少于总桩数的 2%。

⑧ 清理桩间土。夯实水泥土桩施工结束后，即可清理桩间土和截桩头。清土时，不得扰动桩间土；截桩时，将多余桩体凿除，桩顶面应水平，不得造成桩顶标高以下桩身断裂。

⑨ 褥垫层施工。褥垫层材料应符合设计要求，一般可采用中砂、粗砂、级配砂石或灰土等；对较干的砂石材料，虚铺后可适当洒水再进行夯实。

褥垫层厚度由设计确定，宜为 100~300mm。

虚铺完成后采用平板振捣器夯实至设计厚度；夯填度不得大于 0.9；施工时严禁扰动基底土层。

6.1.2.2 夯实水泥土桩质量验收标准

(1) 事前控制

施工前应对进场的水泥及夯实用土料的质量进行检验。

(2) 事中控制

施工中应检查孔位、孔深、孔径、水泥和土的配合比及混合料含水量等。

(3) 事后控制

施工结束后，应对桩体质量、复合地基承载力及褥垫层夯填度进行检验。复合地基承载力检验方法：按《建筑地基处理技术规范》(JGJ 79—2012) 的规定，夯实水泥土桩地基竣工验收时，应采用单桩复合地基载荷试验；对重要或大型工程，还应进行多桩复合地基载荷试验。地基检测单位应具有相应的工程检测资质。

检验数量：检验数量不应少于总桩数的 0.5%，且不应少于 3 点。夯实水泥土桩的质量检验标准应符合规定。

6.1.3 CFG 桩复合地基施工

水泥粉煤灰碎石桩(Cement Fly-ash Gravel Pile)，简称 CFG 桩，由水泥、粉煤灰、碎

石、石屑或砂等混合料加水拌和形成高黏结强度桩，并由桩、桩间土和褥垫层一起组成复合地基，具有承载力大，地基变形小，适用范围广等优点。CFG 桩适用于多层和高层建筑地基，如砂土、粉土、松散填土、粉质黏土、黏土、淤泥质黏土等的处理。

6.1.3.1　CFG 桩的构造要求

CFG 桩复合地基设计、施工一般由具有专业承包企业资质的地基与基础工程施工单位负责。复合地基处理结束后，经地基承载力检验，以确认 CFG 桩复合地基设计、施工质量。

(1) 确定桩长

CFG 桩应选择承载力相对较高的土层作为桩端持力层，通常桩端进入持力层应不小于 1~2 倍桩径；一般有效桩长超过 10m。桩顶标高宜高出设计桩顶标不少于 0.5m，截桩时，将多余桩体凿除，桩顶面应水平。

(2) 桩孔直径

根据长螺旋钻机的钻杆直径或振动沉桩机的管径大小而定，一般桩径宜取 350~600mm。

(3) 桩的布置

CFG 桩一般采用正方形、正三角形两种布桩形式，可只在基础范围内布置。桩距根据土质、布桩形式、场地情况选用。

(4) 强度等级

CFG 桩混合料强度等级通常取 C15 或 C20。其配合比由实验室试配确定。

(5) 褥垫层

桩顶和基础之间应设置褥垫层，褥垫层厚度宜取 150~300mm，当桩径大或桩距大时褥垫层厚度宜取高值；褥垫层材料宜用中砂、粗砂、级配砂石或碎石等，最大粒径不宜大于 30mm。

6.1.3.2　CFG 桩复合地基施工工艺

(1) 施工准备

① 技术准备。熟悉建筑场地的岩土工程勘察报告和必要的水文资料。

在 CFG 桩布桩图上注明桩位编号以及设计要求。

确定施工顺序及桩机行走路线，做好施工设备的进尺标志。

编制 CFG 桩复合地基专项施工方案和技术交底，并对施工人员进行技术交底。

② 材料准备。需要准备的材料包括水泥、粉煤灰(粉煤灰应选用Ⅲ级或Ⅲ级以上等级粉煤灰)、碎石(粒径 10~30mm 的碎石，粒径 5~10mm 的石屑)和褥垫层材料。

③ 施工机具准备。

施工机械：常用施工机械有长螺旋钻机、振动沉管机、搅拌机、混凝土输送泵、翻斗车等。

工具用具：集料斗、铁锹、手推车、铁皮等。

检测设备：经纬仪、水准仪、塔尺、钢尺等。

④ 作业条件准备。与上述夯实水泥土桩复合地基施工工艺相关内容相同。

(2) 施工工艺选择

CFG 桩复合地基施工，应根据现场条件选用下列施工工艺。

① 长螺旋钻孔灌注成桩。适用于地下水水位以上的黏性土、粉土、素填土、中等密实以上的砂土。

② 长螺旋钻孔、管内泵压混合料灌注成桩。适用于黏性土、粉土、砂土以及对噪声污染要求严格的场地。

③ 振动沉管灌注成桩。适用于粉土、黏性土及素填土地基。其中，最常用的施工工艺是长螺旋钻孔、管内泵压混合料灌注成桩。

(3) 操作要求

CFG 桩复合地基常采用振动沉管灌注成桩施工，其操作要求如下：

① 基坑开挖。当采用长螺旋钻孔、管内泵压混合料灌注成桩施工工艺时，基坑开挖槽底必须预留 200~300mm 土层，待截桩头时连同桩间土一并清理。一是防止长螺旋钻机扰动地基土；二是保证 CFG 桩顶部的灌注质量。

② 测量放线。与上述夯实水泥土桩复合地基施工工艺相关内容相同。

③ 配制混合料。施工前应按设计要求由实验室进行配合比试验，施工时按配合比配制混合料；长螺旋钻孔、管内泵压混合料成桩施工的坍落度宜为 160~220mm。

④ 桩机就位。调整长螺旋钻机使桩架与水平面垂直，同时使钻头对准桩位。垂直偏差不大于 1%。桩位偏差：条基边桩沿轴线 $\pm 1/4D$；垂直轴线 $\pm 1/6D$；其他情况 $0.4D$（D 为桩径）。

⑤ 钻孔灌料。长螺旋钻机钻至设计深度后，应准确掌握提钻杆时间，混合料泵送量应与拔管速度相配合，在砂性土、砂质黏土、黏土中提拔的速度为 1.2~1.5m/min，在淤泥质土中应当放慢，否则容易产生缩颈或断桩。遇到饱和砂土或饱和粉土层，不得停泵待料。

根据长螺旋钻机的进尺标志，控制施工桩顶标高，施工桩顶标高宜高出设计桩顶标高不少于 0.5m。

⑥ 留置试块。成桩过程中，抽样做混合料试块，每台机械一天应做一组（3 块）试块（边长为 150mm 的立方体），采用标准养护，测定其立方体 28d 抗压强度。

⑦ 清理桩间土。清理桩间土工程量较大时，可采用小型机械和人工联合开挖，应有专人指挥，保证铲斗离桩边有一定的安全距离。

⑧ 褥垫层施工。褥垫层材料应符合设计要求，材料宜用中砂、粗砂、级配砂石或碎石等，最大粒径不宜大于 30mm。

褥垫层厚度由设计确定，宜为 150~300mm，当桩径大或桩距大时褥垫层厚度宜取高值。

6.1.3.3 CFG 桩施工质量验收标准

(1) 事前控制

施工前应对入场的水泥、粉煤灰、砂及碎石等原材料进行检验。

(2) 事中控制

施工中应检查桩身混合料的配合比、坍落度和成孔深度、混合料充盈系数等。

(3) 事后控制

施工结束后，应对桩体质量、单桩及复合地基承载力进行检验。复合地基承载力检验方法：按《建筑地基处理技术规范》(JGJ 79—2012)的规定，CFG 桩宜在施工结束 28d 后，进行单桩复合地基载荷试验。

当受检桩混凝土强度达到设计强度 70%，且不小于 15MPa 时，进行低应变动力检测。以检验桩身完整性，判定桩身缺陷的程度及位置。检验方法：按《建筑基桩检测技术规范》(JGJ 106—2014)执行。检验数量：抽取不少于总桩数的 10%。

水泥粉煤灰碎石桩复合地基的质量检验标准应符合规定。

6.2　浅基础施工

工程实践中，通常将基础分为浅基础和深基础两大类，但尚无准确的区分界限，一般埋置深度在 5m 以内，且能用一般方法和设备施工的基础属于浅基础；基础埋深度超过 5m 埋置在较深的土层上，采用特殊方法和设备施工的基础则属于深基础，如桩基础等。按使用的材料可分为砖基础、钢筋混凝土基础；按结构形式可分为独立基础、条形基础、筏形基础。

6.2.1　混凝土独立基础施工

6.2.1.1　混凝土独立基础施工工艺

混凝土独立基础施工工艺适用于一般工业与民用建筑框架结构、框架-剪力墙结构柱下普通独立基础工程。独立基础工程涉及基础模板、基础钢筋、基础混凝土三个分项工程施工。

(1) 施工准备

① 技术准备。熟悉基础施工图纸，掌握独立基础构造要求，基础轴线的关系，基础剖面的形状、尺寸和标高，垫层的标高和尺寸。

编制工程材料、机具、劳动力的需求计划。

完成进场钢筋、混凝土原材料的见证取样复检及混凝土试配工作。

编制基础模板、基础钢筋、基础混凝土施工技术交底，并对施工人员进行技术交底。

② 材料准备。

a. 钢筋。钢筋进场时，应分批查对标牌、外观检查、机械性能试验，合格后方可使用。机械性能试验按《钢筋混凝土用钢 第 1 部分：热轧光圆钢筋》(GB/T 1499.1—2017)、《钢筋混凝土用钢 第 2 部分：热轧带肋钢筋》(GB/T 1499.2—2018)进行检验，屈服强度、抗拉强度、伸长率和冷弯性能须符合规范要求。钢筋验收批同厂家、同牌号、同炉罐号、同规格，不大于 60t 组成一验收批，超过 60t 的部分，每增加 40t，增加一个拉伸试样和一个弯曲试样。钢筋必须有出厂合格证和试验报告单。如无出厂合格证原件，有抄件或原件复印件亦可，但抄件或原件复印件上要注明原件存放单位，抄件人和抄件、复印件单位签名并盖公章。

b. 水泥。一般采用 42.5 级或以上普通硅酸盐水泥或矿渣硅酸盐水泥；水泥进场后分批按《通用硅酸盐水泥》(GB 175—2023)检验其强度、安定性及其他必要的性能指标，检验合格后方可使用；钢筋验收批按同一生产厂家、同一等级、同一品种、同一批号且连续进场的水泥，袋装不超过200t为一批，散装不超过500t为一批，每批抽样不少于一次。如果在使用中对水泥质量有怀疑或水泥出厂超过3个月，应复查试验，并按其结果使用。

c. 砂。一般采用中砂或中粗砂，含泥量不超过5%。

d. 石。一般采用20~40mm碎石，最大颗粒粒径不得超过构件截面最小尺寸的1/4，且不得超过钢筋最小净间距的3/4。

e. 水。宜用自来水或天然洁净可供饮用的水。

③ 施工机具准备。

施工机械：主要设备包括电锯、钢筋切断机、钢筋弯曲机、电焊机、混凝土搅拌机、振捣棒等。

工具用具：木模板、组合钢模板、ϕ48mm×3.5mm钢管、扣件、8#~12#铁丝、钢筋钩子、撬棍、绑扎架、钢丝刷、石笔、墨斗、手推车、铁锹、木抹子等。

检测设备：水准仪、经纬仪、钢卷尺、卷尺、温度计、磅秤、混凝土试模等。

④ 作业条件准备。基础垫层均已完成并验收，办理了隐蔽手续。设置轴线桩，标出建筑物或构筑物的主要轴线，标出基础、墙身及柱身轴线和标高。混凝土配合比试验根据实际材料确定。基槽安全防护已完成，并通过了安全员的验收。运输通道通畅，各类机具应准备就绪。

⑤ 施工组织及人员准备。健全现场各项管理制度，专业技术人员持证上岗。班组已进场到位并进行了技术、安全交底。班组工人一般中、高级工不少于60%，并应具有同类工程的施工经验。班组生产效率可参考独立基础综合施工定额，如表6.2所示。

表6.2 独立基础综合施工定额

项目		单位	时间定额			每工产量			备注
模板	体积/m^3		2以内	5以内	5以外	2以内	5以内	5以外	1. 班组最小劳动组合：14人。2. 模板工程包括安装和拆除
	木模板	10m^2	2.7	1.98	1.79	0.37	0.505	0.559	
	钢模板	10m^2	2.56	1.78	1.54	0.391	0.562	0.649	
钢筋	钢筋直径/mm		12以内	16以内	16以外	12以内	16以内	16以外	1. 班组最小劳动组合：15人。2. 钢筋加工为部分机械，部分人工
	加工	t	3.56	3.36	2.81	0.28	0.298	0.356	
	绑扎	t	2.5	2.08	1.72	0.4	0.48	0.58	
混凝土	体积/m^3		2以内	5以内	5以外	2以内	5以内	5以外	1. 班组最小劳动组合：20人。2. 混凝土机械搅拌，机械振捣
	双轮车	m^3	0.804	0.665	0.638	1.24	1.5	1.57	
	小翻斗	m^3	0.562	0.453	0.426	1.78	2.21	2.35	

(2) 混凝土独立基础施工工艺流程

基础放线→钢筋绑扎→支基础模板→隐蔽验收→混凝土浇筑、振捣、养护→拆除模板。

(3) 混凝土独立基础施工操作要求

① 基础放线。根据轴线桩及图纸上标注的基础尺寸，在混凝土垫层上用墨线弹出轴线和基础边线；绑筋支模前，应校核放线尺寸，允许偏差应符合规定。

② 钢筋绑扎。独立基础钢筋绑扎施工工艺流程，如图6.1所示。

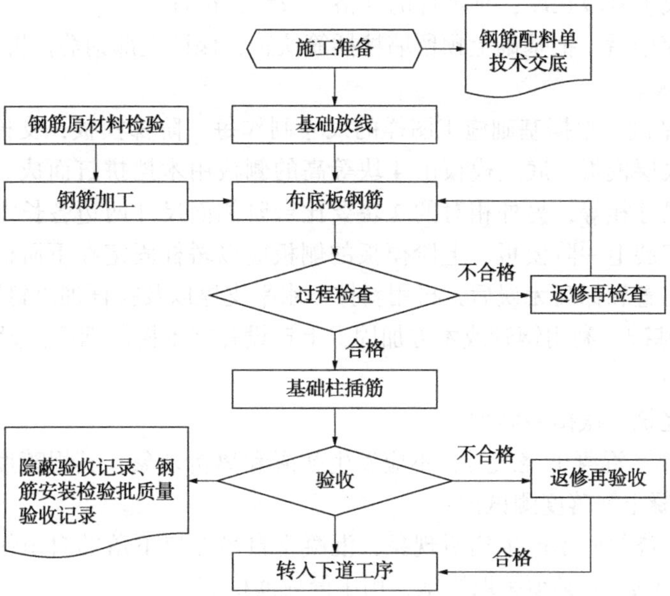

图 6.1　独立基础钢筋绑扎施工工艺流程

注意要点如下：

a. 将基础垫层清扫干净，用石笔和墨斗在上面弹放钢筋位置线，按钢筋位置线布放基础钢筋。

b. 钢筋混凝土底板钢筋绑扎时，按底板钢筋受力情况确定主受力筋方向。独立基础底部双向交叉钢筋长向设置在下，短向设置在上。

c. 绑扎钢筋方法。四周两行钢筋交叉点应每点绑扎牢；中间部分交叉点可相隔交错扎牢，但必须保证受力钢筋不位移。双向主筋的钢筋网，则需将全部钢筋相交点扎牢。相邻绑扎点的钢丝扣成八字形，以免网片歪斜变形。

d. 基础底板采用双层钢筋网时，在上层钢筋网下面应设置钢筋马凳，以保证钢筋位置正确，钢筋马凳应在下片钢筋网上。每隔 1m 放置 1 个。

e. 基础底板下层钢筋的弯钩应朝上，不要倒向一边；双层钢筋网的上层钢筋弯钩应朝下。

f. 基础梁钢筋绑扎。基础梁钢筋绑扎一般采用就地成型的方式施工，也可采用搭设钢管绑扎架。将基础梁的架立筋两端放在绑扎架上，画出箍筋间距，套上箍筋，按已画好的位置与底板上层钢筋绑扎牢固。穿基础梁下部钢筋，与箍筋绑牢。当纵向受力钢筋为双排时，双排钢筋间可用短钢筋支垫(短钢筋直径不小于 25 mm 且不小于梁主筋)，短钢筋间距以 1.0~1.2m 为宜。基础梁钢筋绑扎完成抽出绑扎架，将已绑扎成型的梁筋骨架落地。

g. 基础中受力钢筋的混凝土保护层厚度应符合设计要求。钢筋保护层厚度一般采用细石混凝土垫块或塑料卡进行控制。

h. 在浇筑混凝土之前，应进行隐蔽工程验收，并填写相关验收记录，其内容包括：纵向受力钢筋的牌号、规格、数量、位置；钢筋的连接方式、接头位置、接头质量、接头面积百分率、搭接长度、锚固方式及锚固长度；箍筋、横向钢筋的牌号、规格、数量、位置，箍筋的弯折角度及平直段长度；预埋件的规格、数量、位置。

i. 基础浇筑完毕后，把基础上预留墙柱插筋扶正，保证上部钢筋位置准确。

③ 支基础模板。

a. 阶形独立基础。根据基础施工图样的尺寸制作每一阶梯模板，支模顺序由下至上逐层安装。先安装底层模板，底层模板由 4 块等高的侧板用木挡拼钉而成。其中相对的 2 块与基础台阶侧面尺寸相等，另外相对的 2 块要比台阶侧面尺寸两边各长 150mm。配合绑扎钢筋及垫块，再安装上一阶模板。上阶模板的侧板应以轿杠固定在下阶侧板上。校核基础模板尺寸、轴线位置和标高无误后，再用斜撑、水平支撑以及拉杆加以钉紧、撑牢。

b. 坡形独立基础。利用钢管或木方加固，上口设井字木控制钢筋位置。

④ 混凝土施工。

施工工艺：浇筑、振捣→养护。

a. 浇筑、振捣。混凝土浇筑时，不应发生初凝和离析现象，其坍落度一般控制在 30~50mm，并填写混凝土坍落度测试记录。

为保证混凝土浇筑时不产生离析现象，混凝土自吊斗口下落的自由倾落高度不得超过 2m，浇筑高度如超过 3m 必须采取措施，用串筒或溜槽等。

浇筑混凝土时应分段分层连续进行，基础工程的分层厚度宜在 250mm 左右。

使用插入式振捣器应快插慢拔，插点要均匀排列，逐点移动，顺序进行，不得遗漏，做到均匀振实。移动间距不大于振捣作用半径的 1.5 倍(一般为 30~40cm)。振捣上一层时应插入下层 5~10cm，以使两层混凝土结合牢固。

浇筑混凝土应连续进行。如必须间歇，其间歇时间应尽量缩短，并应在前层混凝土初凝之前，将本层混凝土浇筑完毕。一般超过 2h 应按施工缝处理。

浇筑混凝土时应经常观察模板、钢筋、预留孔洞、预埋件和插筋等有无移动、变形或堵塞情况，发现问题应立即处理。

b. 养护。基础混凝土常见的自然养护方法有覆盖浇水养护、薄膜布养护等。

自然养护是在常温下(平均气温不低于 5℃)用适当的材料覆盖混凝土并适当浇水，使混凝土在规定的时间内保持足够的湿润状态。

自然养护的基本要求：混凝土浇筑后 12h 内加以覆盖并保湿养护，养护时间不少于 7d；如混凝土表面泛白或出现细小裂缝，应立即加以遮盖，充分浇水，并延长浇水日期；在已浇筑的混凝土强度达到 1.2N/mm^{2}以后，才能在其上踩踏或安装模板及支架等。

⑤ 基础模板的拆除。侧模板应在混凝土强度能保证其表面及棱角不因拆除而受损坏时拆除。

6.2.1.2 钢筋混凝土扩展基础质量验收标准

(1) 钢筋安装

① 主控项目。钢筋安装时，受力钢筋的牌号、规格、数量必须符合设计要求。检查数量：全数检查。检验方法：观察，尺量。

受力钢筋的安装位置、锚固方式应符合设计要求。检查数量：全数检查。检验方法：观察，尺量。

② 一般项目。钢筋安装位置的允许偏差和检验方法应符合表 6.3 的规定。

表 6.3 钢筋安装位置的允许偏差和检验方法

项目		允许偏差/mm	检验方法
绑扎钢筋网	长、宽	±10	尺量
	网眼尺寸	±20	尺量连续三档，取最大偏差值
绑扎钢筋骨架	长	±10	尺量
	宽、高	±5	尺量
纵向受力钢筋	锚固长度	−20	尺量
	间距	±10	尺量两端、中间各一点，取最大偏差值
	排距	±5	
纵向受力钢筋、箍筋的混凝土保护层厚度	基础	±10	尺量
	柱、梁	±5	尺量
	板、墙、壳	±3	尺量
绑扎箍筋、横向钢筋间距		±20	尺量连续三档，取最大偏差值
钢筋弯起点位置		20	尺量，沿纵、横两个方向量测，并取其中最大偏差值
预埋件	中心线位置	5	尺量
	水平高差	+3，0	塞尺量测

梁板类构件上部纵向受力钢筋保护层厚度的合格率应达到90%及以上，且不得有超过表中数值1.5倍的尺寸偏差。检查数量：在同一检验批内，对梁、柱和独立基础，应抽查构件数量的10%，且不少于3件；对墙和板，应按有代表性的自然间抽查10%，且不少于3间；对大空间结构，墙可按相邻轴线间高度5m左右划分检查面，板可按纵、横轴线划分检查面，抽查10%，且均不少于3面。

（2）模板安装

① 主控项目。

a. 模板及支架用材料的技术指标应符合国家现行有关标准的规定。进场时应抽样检验模板的外观、规格和尺寸。检查数量：按国家现行相关标准的规定确定。检验方法：检查质量证明文件、观察、尺量。

b. 现浇混凝土结构模板及支架的安装质量，应符合国家现行有关标准的规定和施工方案的要求。检查数量与检验方法按国家现行相关标准的规定执行。

c. 后浇带处的模板及支架应独立设置。检查数量：全数检查。检验方法：观察。

d. 支架竖杆和竖向模板安装在土层上时，应符合规定：土层应坚实、平整，其承载力或密实度应符合施工方案的要求；应有防水、排水措施；对冻胀性土，应有预防冻融措施；支架竖杆下应设置底座或垫板。检查数量：全数检查。检验方法：观察、检查土层密实度检测报告、土层承载力验算或现场检测报告。

② 一般项目。

a. 模板安装质量应符合规定：模板的接缝应严密；模板内不应有杂物、积水或冰雪等；模板与混凝土的接触面应平整、清洁；用作模板的地坪、胎膜等应平整、清洁，不应有影响构件质量的下沉、裂缝、起砂或起鼓；对清水混凝土及装饰混凝土构件，应使用能达到设计效果的模板。

b. 隔离剂的品种和涂刷方法应符合施工方案的要求。隔离剂不得影响结构性能及装饰施工；不得污染钢筋、预应力筋、预埋件和混凝土接槎处；不得对环境造成污染。检查数量：全数检查。检验方法：检查质量证明文件，观察。

c. 现浇结构模板安装的尺寸允许偏差应符合表 6.4 的规定。

表 6.4　现浇结构模板安装的允许偏差及检验方法

项目		允许偏差/mm	检验方法
轴线位置		5	尺量
底模上表面标高		±5	水准仪或拉线、尺量
模板内部尺寸	基础	±10	尺量
	柱、墙、梁	±5	尺量
	楼梯相邻踏步高差	±5	尺量
垂直度	柱、墙层高≤6m	8	经纬仪或吊线、尺量
	柱、墙层高>6m	10	经纬仪或吊线、尺量
相邻两块模板表面高差		2	尺量
表面平整度		5	2m 靠尺和塞尺量测

注：检查轴线位置当有纵横两个方向时，应沿纵、横两个方向量测，并取其中偏差的较大值。

(3) 钢筋混凝土扩展基础

a. 施工前应对放线尺寸进行检验。

b. 施工中应对钢筋、模板、混凝土、轴线等进行检验。

c. 施工结束后，应对混凝土强度、轴线位置、基础顶面标高进行检验。

d. 钢筋混凝土扩展基础质量检验标准应符合规定。

6.2.2 混凝土条形基础施工

条形基础整体上可分为梁板式条形基础和板式条形基础两类。梁板式条形基础适用于钢筋混凝土框架结构、框架-剪力墙结构、部分框支剪力墙结构和钢结构。平法施工图将梁板式分解为基础梁和条形基础底板分别进行表达。板式条形基础适用于钢筋混凝土剪力墙结构和砌体结构。平法施工图仅表达条形基础底板。下文介绍混凝土条形基础施工工艺。

条形基础施工工艺适用于一般工业与民用建筑砖混结构墙下条形基础工程，以及框架结构、框架-剪力墙结构柱下条形基础工程。条形基础涉及基础模板、基础钢筋、基础混凝土 3 个分项工程施工。

6.2.2.1 施工准备

(1) 技术准备

① 熟悉基础施工图纸，掌握条形基础构造要求，基础轴线的关系，基础剖面的形状、尺寸和标高，垫层的标高和尺寸。

② 编制工程材料、机具、劳动力的需求计划。

③ 完成进场钢筋、混凝土原材料的见证取样复检及混凝土试配工作。

④ 编制基础模板、基础钢筋、基础混凝土施工技术交底，并对施工人员进行技术交底。

(2) 材料准备

材料包括钢筋、水泥、砂、石、水等，依据相关规定进行准备。

(3) 施工机具准备

① 施工机械。与上述混凝土独立基础施工相关内容相同。

② 工具用具。包括木模板、组合钢模板、ϕ48mm×3.5mm 钢管等。

③ 检测设备。包括水准仪、经纬仪、钢卷尺、卷尺、温度计、磅秤、混凝土试模等。

(4) 作业条件准备

① 基础垫层均已完成并验收，办理了隐蔽手续。

② 设置轴线桩。

③ 混凝土配合比已经试验并根据实际材料确定。

④ 基槽安全防护已完成，并通过了安全员的验收。

⑤ 运输通道通畅，各类机具应准备就绪。

(5) 施工组织及人员准备

① 健全现场各项管理制度，专业技术人员持证上岗。

② 班组已进场到位并进行了技术、安全交底。

③ 班组工人一般中、高级工不少于60%，并应具有同类工程的施工经验。

④ 班组生产效率可参考条形基础综合施工定额，见表6.5。

表6.5 条形基础综合施工定额

<table>
<tr><th colspan="2">项目</th><th>单位</th><th colspan="3">时间定额</th><th colspan="3">每工产量</th><th>备注</th></tr>
<tr><td rowspan="2">模板</td><td>木模板</td><td>10m²</td><td colspan="3">1.88</td><td colspan="3">0.532</td><td rowspan="2">1. 班组最小劳动组合：14人
2. 模板工程包括安装和拆除</td></tr>
<tr><td>钢模板</td><td>10m²</td><td colspan="3">1.7</td><td colspan="3">0.685</td></tr>
<tr><td rowspan="3">钢筋</td><td colspan="2">钢筋直径/mm</td><td>12以内</td><td>25以内</td><td>25以外</td><td>12以内</td><td>25以内</td><td>25以外</td><td rowspan="3">1. 班组最小劳动组合：15人
2. 钢筋加工为部分机械，部分人工</td></tr>
<tr><td>加工</td><td>t</td><td>3.56</td><td>2.67</td><td>2.41</td><td>0.28</td><td>0.375</td><td>0.415</td></tr>
<tr><td>绑扎</td><td>t</td><td>3.24</td><td>2.4</td><td>2</td><td>0.31</td><td>0.42</td><td>0.5</td></tr>
<tr><td rowspan="2">混凝土</td><td>双轮车</td><td>m³</td><td colspan="3">0.73</td><td colspan="3">1.37</td><td rowspan="2">1. 班组最小劳动组合：20人
2. 混凝土机械搅拌，机械振捣</td></tr>
<tr><td>小翻斗</td><td>m³</td><td colspan="3">0.61</td><td colspan="3">1.64</td></tr>
</table>

6.2.2.2 混凝土条形基础施工工艺流程

与上述混凝土独立基础施工相关内容相同。

6.2.2.3 条形基础施工重点操作要求

(1) 基础放线

与上述混凝土独立基础施工相关内容相同。

(2) 钢筋绑扎

混凝土条形基础钢筋绑扎施工工艺流程如图6.2所示。

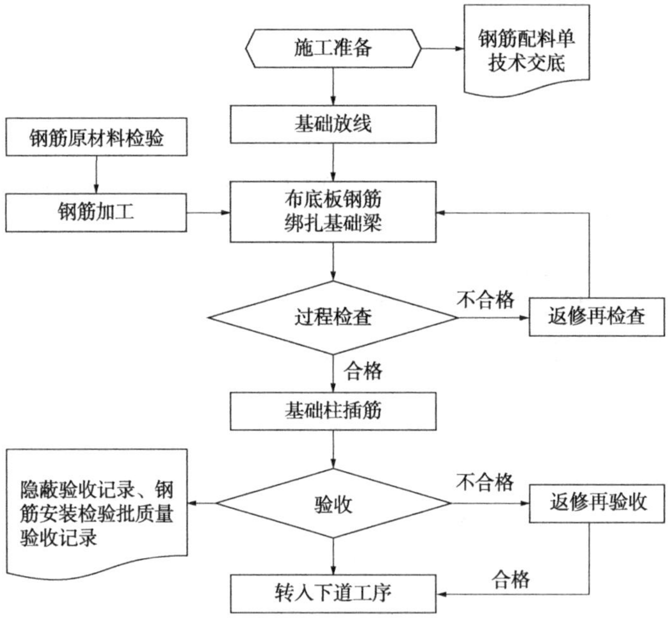

图 6.2　混凝土条形基础钢筋绑扎施工工艺流程

6.2.3　混凝土筏形基础施工

筏形基础以上的主体结构可为现浇框架结构、框架-剪力墙结构、框支剪力墙结构、钢结构、砌体结构及混合结构；筏形基础以下可为天然地基和人工地基。筏形基础涉及基础模板、基础钢筋、基础混凝土三个分项工程施工。

6.2.3.1　施工准备

① 技术准备、材料准备、施工机具准备、作业条件准备、施工组织及人员准备同前述"混凝土条形基础施工"的相关内容。

② 班组生产效率。可参考筏形基础综合施工定额，见表 6.6。

表 6.6　筏形基础综合施工定额

<table>
<tr><th colspan="2">项目</th><th>单位</th><th colspan="3">时间定额</th><th colspan="3">每工产量</th><th>备注</th></tr>
<tr><td rowspan="2">模板</td><td>木模板</td><td>10m²</td><td colspan="3">1.60</td><td colspan="3">0.625</td><td rowspan="2">1. 班组最小劳动组合：14 人
2. 模板工程包括安装和拆除</td></tr>
<tr><td>钢模板</td><td>10m²</td><td colspan="3">1.42</td><td colspan="3">0.704</td></tr>
<tr><td rowspan="3">钢筋</td><td colspan="2">钢筋直径/mm</td><td>12 以内</td><td>25 以内</td><td>25 以外</td><td>12 以内</td><td>25 以内</td><td>25 以外</td><td rowspan="3">1. 班组最小劳动组合：15 人
2. 钢筋加工为部分机械，部分人工</td></tr>
<tr><td>加工</td><td>t</td><td>3.56</td><td>2.67</td><td>2.41</td><td>0.28</td><td>0.375</td><td>0.415</td></tr>
<tr><td>绑扎</td><td>t</td><td>3.24</td><td>2.4</td><td>2</td><td>0.31</td><td>0.42</td><td>0.5</td></tr>
<tr><td rowspan="2">混凝土</td><td>双轮车</td><td>m³</td><td colspan="3">0.73</td><td colspan="3">1.37</td><td rowspan="2">1. 班组最小劳动组合：20 人
2. 混凝土机械搅拌，机械振捣</td></tr>
<tr><td>小翻斗</td><td>m³</td><td colspan="3">0.61</td><td colspan="3">1.64</td></tr>
</table>

6.2.3.2　筏形基础施工工艺流程

筏形基础施工工艺流程：基础放线→钢筋绑扎→支基础模板→隐蔽验收→混凝土浇筑、

振捣、养护混凝土→拆除模板。

6.2.3.3 筏形基础钢筋绑扎施工工艺流程

筏形基础钢筋绑扎施工工艺流程，如图6.3所示。

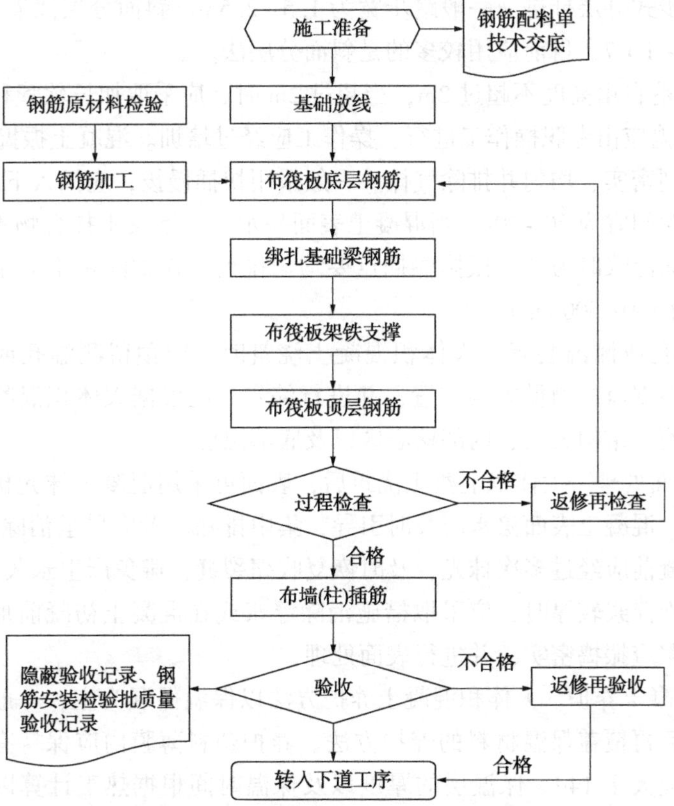

图6.3 筏形基础钢筋绑扎施工工艺流程

6.2.3.4 支基础模板

筏形基础模板采用组合钢模板或木模，利用钢管或木方加固。支模工艺同条形基础模板。

6.2.3.5 混凝土施工

筏形基础混凝土通常属于大体积混凝土，详见下述"大体积混凝土施工工艺"。

大体积混凝土是指混凝土结构物实体最小尺寸不小于1m的大体积混凝土，或预计会因混凝土中胶凝材料水化引起的温度变化和收缩而导致有害裂缝产生的混凝土。

大体积混凝土施工应遵循《大体积混凝土施工标准》(GB 50496—2018)和《高层建筑筏形与箱形基础技术规范》(JGJ 6—2011)的规定。

(1) 大体积混凝土施工操作要求

① 混凝土拌合物和易性检验。混凝土拌合物进场后应及时进行混凝土拌合物基本特性的验收，如混凝土配合比、坍落度、和易性等。当特性不符合要求时不得进行浇筑，并由

混凝土搅拌方负责处置。现场应指定专人对混凝土的出站时间、入场时间、开始浇筑及持续时间等各时间段进行记录。

② 混凝土浇筑方法。大体积混凝土宜分层连续浇筑，不留施工缝。浇筑方法可分为全面分层、分段分层和斜面分层三种。分层厚度300~500mm且不大于振动棒长1.25倍。分段分层多采取踏步式分层推进，一般踏步宽为1.5~2.5m。斜面分层浇灌每层厚30~35cm，坡度一般取1∶6~1∶7。目前应用较多的是斜面分层法。

③ 混凝土下落自由高度不超过2m，当超过2m时，应采取加长软管和串筒方法。

④ 混凝土振捣应由专职操作工进行，操作工应经过培训。混凝土振捣时宜采用50型振捣棒，振捣应达到密实、均匀并排除气体。一般采用快插慢拔，应插入下层混凝土中50mm左右，插点振捣时间宜为20~30s，当混凝土表面呈水平，混凝土拌合物不再显著下沉、不再出现气泡，表面泛浆时为佳。振捣棒插点要均匀排列，移动间距不大于振捣棒作用半径的1.5倍(一般为400~500mm)。

⑤ 留置测温孔或测温装置。大体积混凝土浇筑时，应预留测温孔或测温装置，测温孔、测温装置应根据监视测量方案布置，并进行编号。应根据大体积混凝土厚度布置测温装置，分别用于测量结构表面、内部核心区以及底部温度。

⑥ 混凝土表面处理。大体积混凝土浇筑后，表面可采用混凝土抹光机抹平或用刮杠刮平，木抹子搓平。混凝土表面泌水应及时引导，集中排除。考虑尽量消除混凝土收缩裂缝，混凝土表面在终凝前应经过多次抹光，及时恢复收缩裂缝，避免产生永久裂缝。

当混凝土表面浮浆较厚时，应采取措施消除浮浆或在混凝土初凝前加石子，使混凝土较为均匀。石子浆应振捣密实，并进行表面处理。

⑦ 大体积混凝土养护。大体积混凝土养护方法以保温保湿为主，一般可采用混凝土表面覆盖塑料薄膜后再覆盖保温材料的养护方法。养护塑料薄膜内应保持有凝结水，大体积混凝土养护时间应大于14d。保温层的厚度以及保温时间根据热工计算以及现场测温记录确定。

⑧ 大体积混凝土测温。大体积混凝土测温可采用温度计测温和电子温度控制设备测温。测温应按照监视和测量方案进行。电子测温应由专业检测机构实施。大体积混凝土在养护期应加强测温，以确保混凝土内外温差不超过25℃。养护期对混凝土的测温，前3d每2h测一次，4~7d每4h测一次，后一周每6h测一次，每次测温均应做好记录。测温指标包括大气温度、混凝土表面温度、混凝土内部温度等。混凝土降温速度根据工程情况控制在1~3℃/d范围内。测温过程中发现混凝土内外温差超过25℃，应及时采取加强保温等措施，及时调整混凝土内外温差。撤除保温层时混凝土表面与大气温差不应大于20℃。当拆除大体积混凝土模板后应尽快回填，防止因保温不善、温差过大而造成裂缝。

(2) 后浇带施工

① 留置后浇带。大体积混凝土施工应按照设计要求预留后浇带，后浇带的构造应按照设计要求或标准图的要求设置，一般应采用钢板网支挡。

② 后浇带表面处理。后浇带混凝土浇筑前应清除杂物并进行湿润，刷与混凝土成分相同的水泥砂浆或刷界面处理剂。

③ 浇筑补偿收缩混凝土。补偿收缩混凝土是以膨胀剂取代部分水泥或采用膨胀水泥拌制的具有膨胀性能的用于补偿混凝土收缩变形、减少无害裂缝或消除有害裂缝的混凝土。

④ 粘贴附加防水层。对有防水要求的大体积混凝土基础或底板，后浇带处应按照设计要求粘贴附加防水层。

6.2.3.6　筏形基础施工质量验收标准

(1) 钢筋、模板验收

钢筋、模板分项工程验收，同前述“钢筋混凝土扩展基础”质量检验标准。

(2) 筏形和箱形基础质量验收

① 施工前应对放线尺寸进行检验。

② 施工中应对轴线、预埋件、预留洞中心线位置、钢筋位置及钢筋保护层厚度进行检验。

③ 施工结束后，应对筏形和箱形基础的混凝土强度、轴线位移、基础顶面标高及平整度进行验收。

④ 筏形基础质量检验标准应符合表6.7的规定。

表6.7　筏形基础质量检验标准

项目	序号	检查项目	允许偏差		检查方法
			单位	数值	
主控项目	1	混凝土强度	不小于设计值		28d试块强度
	2	轴线位置	mm	≤15	经纬仪或用钢尺量
一般项目	1	基础顶面标高	mm	±15	水准测量
	2	平整度	mm	±10	用2m靠尺
	3	尺寸	mm	+15 -10	用钢尺量
	4	预埋件中心位置	mm	≤10	用钢尺量
	5	预留洞中心线位置	mm	≤15	用钢尺量

⑤ 大体积混凝土施工过程中应检查混凝土的坍落度、配合比、浇筑的分层厚度、坡度以及测温点的设置，上下两层的浇筑搭接时间不应超过混凝土的初凝时间。养护时混凝土结构构件表面以内50～100mm位置处的温度与混凝土结构构件内部的温度差值不宜大于25℃，且与混凝土结构构件表面温度的差值不宜大于25℃。

6.3　桩基础施工

当采用天然地基浅基础不能满足建筑物对地基变形和强度的要求时，可以利用下部坚硬土层作为基础的持力层而设计成深基础，其中较为常用的为桩基础。下文主要阐述泥浆护壁灌注桩施工、干作业成孔灌注桩施工和泥浆护壁灌注桩施工这3个方面的内容。

6.3.1 混凝土预制桩施工

6.3.1.1 桩的制作、吊运与堆放

(1) 桩的制作

钢筋混凝土预制桩分为方桩和预应力管桩两种。混凝土方桩多数是在施工现场预制，也可在预制厂生产。可做成单根桩或多节桩，截面边长多为200~550mm，在现场预制，长度不宜超过30m；在工厂制作，为便于运输，单节长度不宜超过12m。混凝土预应力管桩则均在工厂用离心法生产。管桩直径一般300~800mm，常用的为400~600mm。

① 桩的制作方法。为节省场地，现场预制方桩多用叠浇法制作。桩与桩之间应做好隔离层，桩与邻桩及底模之间的接触面不得粘连；上层桩或邻桩的浇注，必须在下层桩或邻桩的混凝土达到设计强度的30%以上时，方可进行；桩的重叠层数不应超过4层。

② 桩的制作要求。

a. 场地要求。场地应平整、坚实，不得产生不均匀沉降。

b. 制桩模板。宜采用钢模板，模板应具有足够刚度，并应平整，尺寸应准确。

c. 钢筋骨架。对于主筋连接，宜采用对焊和电弧焊，当大于ϕ20mm时，宜采用机械连接。主筋接头在同一截面内的数量，应符合规定：当采用对焊或电弧焊时，对于受拉钢筋，不得超过50%；相邻两根主筋接头截面的距离应大于35d(d为主筋直径)，并不应小于500mm；必须符合《钢筋焊接及验收规程》(JGJ 18—2012)和《钢筋机械连接技术规程》(JGJ 107—2016)的规定。

对于允许偏差，预制桩钢筋骨架的允许偏差应符合规定。

对于桩顶桩尖构造，在桩顶一定范围内的箍筋应加密，并设置钢筋网片，如图6.4所示。

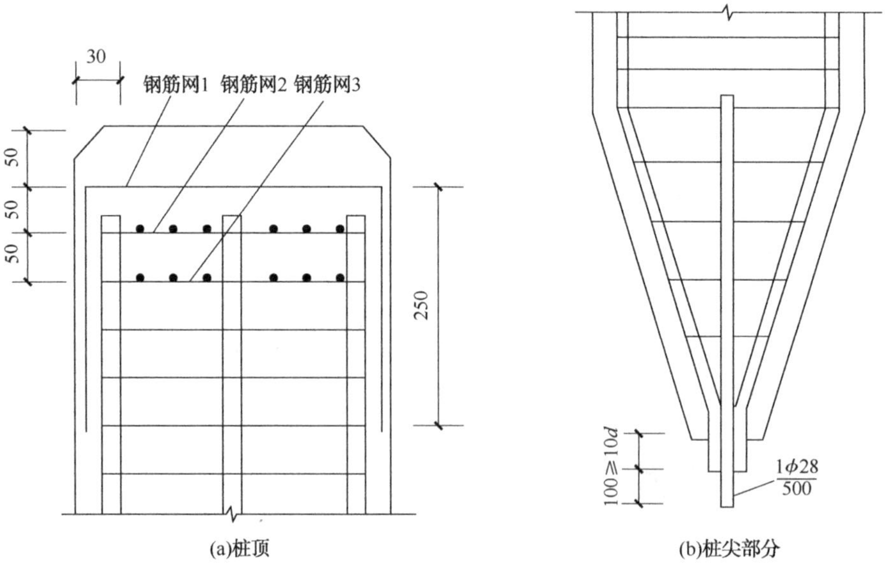

图6.4 桩顶桩尖构造示意(单位：mm)

d—主筋直径

d. 混凝土。混凝土骨料粒径宜为5~40mm；强度等级不宜低于C30(静压法沉桩时不宜低于C20)；灌注混凝土时，宜从桩顶开始灌注，并应防止另一端的砂浆积聚过多。

③ 成品桩验收。混凝土预制桩的表面应平整、密实，制作允许偏差应符合表6.8的规定。

表6.8 混凝土预制桩制作允许偏差 mm

项次	项目	允许偏差
1	主筋间距	±5
2	桩尖中心线	10
3	箍筋间距或螺旋筋的螺距	±20
4	吊环沿纵轴线方向	±20
5	吊环沿垂直于纵轴线方向	±20
6	吊环露出桩表面的高度	±10
7	主筋距桩顶距离	±5
8	桩顶钢筋网片位置	±10
9	多节桩预埋件位置	±3

(2) 桩的吊运

混凝土设计强度达到70%及以上方可起吊，达到100%方可运输；桩在起吊时，必须保证安全平稳，保护桩身质量；吊点位置应符合设计要求。水平运输时，应做到桩身平稳放置，严禁在场地上直接拖拉桩体。

(3) 桩的堆放

堆放场地应平整坚实；按不同规格、长度及施工流水顺序分别堆放；当场地条件许可时，宜单层堆放；当叠层堆放时，垫木间距应与吊点位置相同，各层垫木应上下对齐，并位于同一垂直线上，堆放层数不宜超过4层。

当桩叠层堆放超过2层时，应采用吊机取桩，严禁拖拉取桩；三点支撑自行式打桩机不应拖拉取桩。

6.3.1.2 锤击打桩施工工艺

锤击打桩是利用打桩设备的锤击能量将预制桩沉入土(岩)层的施工方法，其施工速度快、机械化程度高、适用范围广，但施工时有冲撞噪声和对地表层有振动，在城市区和夜间施工有所限制。其施工工艺适用于工业与民用建筑、铁路、公路、港口等陆上预制桩桩基施工。由打入土(岩)层的预制桩和连接于桩顶的承台共同组成桩基础。

(1) 施工准备

① 材料准备。预制桩的制作质量应符合《建筑桩基技术规范》(JGJ 94—2008)和《混凝土结构工程施工质量验收规范》(GB 50204—2015)。预制桩的混凝土强度达到设计强度的100%且混凝土的龄期不得少于28d。电焊接桩时，电焊条必须有合格证及质量证明单。打桩缓冲用硬木、麻袋、草垫等弹性衬垫。

② 施工机具准备。打桩设备包括桩锤、桩架和动力装置。

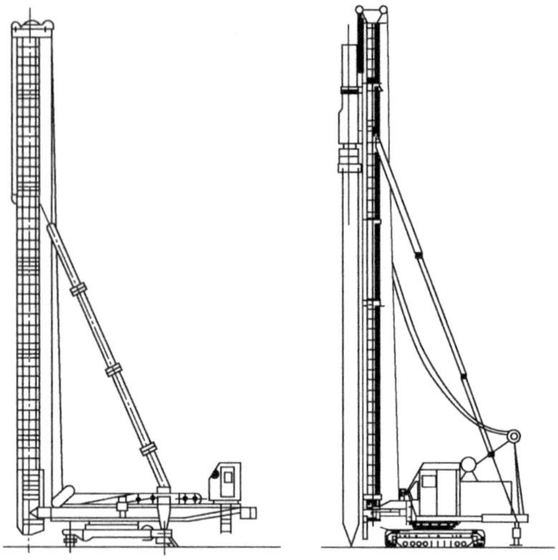

(a)步履式打桩机　　(b)履带式打桩机

图 6.5　步履式打桩机和履带式打桩机

桩锤：可选用落锤、柴油锤、汽锤和振动锤。其中柴油锤由于其性能较好，故应用较为广泛。柴油锤利用燃油爆炸来推动活塞往返运动进行锤击打桩。桩锤的选用应根据地质条件、桩型、桩的密集程度、单桩竖向承载力及现有施工条件等因素确定。

桩架：桩架一般由底盘、导向杆、起吊设备、撑杆等组成。桩架的高度由桩的长度、桩锤高度、桩帽厚度及所用的滑轮组的高度决定。另外，还应留 1~2m 的高度作为桩锤的伸缩余地。桩架的种类很多，应用较广的为步履式打桩机和履带式打桩机，如图 6.5 所示。

动力装置：打桩动力装置是根据所选桩锤而定的。当采用空气锤时，应配备空气压缩机；当选用蒸汽锤时，则要配备蒸汽锅炉和卷扬机。

(2) 打桩施工工艺

① 桩位放线。在打桩施工区域附近设置水准点，不少于 2 个，其位置以不受打桩影响为原则(距离操作地点 40m 以外)，轴线控制桩应设置在距最外桩 5~10m 处，以控制桩基轴线和标高。

测量好的桩位用钢钎打孔，深度>200mm，用白灰灌入孔内，并在其上插入钢筋棍。

桩位的放样允许偏差：群桩 20mm；单排桩 10mm。

② 确定打桩顺序。根据桩的密集程度(桩距大小)、桩的规格、设计标高、周边环境、工期要求等综合考虑，合理确定打桩顺序。打桩顺序一般分为逐排打设、自中部向四周打设和由中间向两侧打设 3 种，如图 6.6 所示。

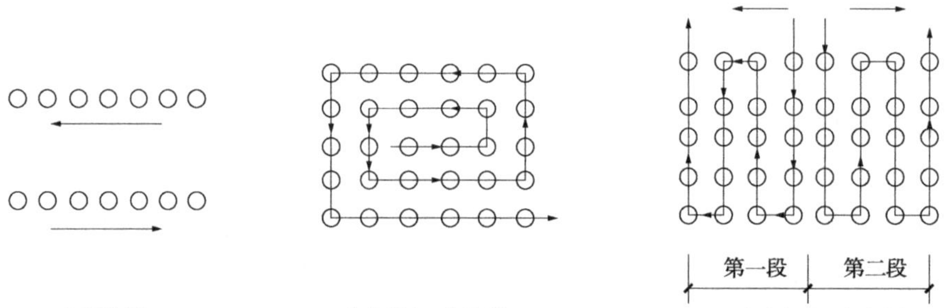

(a)逐排打设　　(b)自中部向四周打设　　(c)由中间向两侧打设

图 6.6　打桩顺序

a. 当桩的中心距大于 4 倍桩的边长(桩径)时，采用上述 3 种打法均可。当采用逐排打设时，会使土体朝一个方向挤压，为了避免土体挤压不均匀，可采用间隔跳打方式。

b. 当桩的中心距小于 4 倍桩的边长(桩径)时，应采用自中部向四周打设；若场地狭长则由中间向两侧打设。

c. 当一侧毗邻建筑物时，由毗邻建筑物处向另一方向施打。

d. 根据基础的设计标高，宜先深后浅。

e. 根据桩的规格，宜先大后小，先长后短。

③ 桩机就位。根据打桩机桩架下端的角度计初调桩架的垂直度，按打桩顺序将桩机移至桩位上，用线坠由桩帽中心点吊下与地上桩位点初对中。

④ 起吊桩。

a. 桩帽：桩帽宜做成圆筒形并设有导向脚与桩架导轨相连，应有足够的强度、刚度和耐打性。桩帽设有桩垫和锤垫，“锤垫”设在桩帽的上部，一般用竖纹硬木或盘圆层叠的钢丝绳制作，厚度宜取15~20cm。“桩垫”设在桩帽的下部套筒内，一般用麻袋、硬纸板等材料制作。

b. 起吊桩：利用辅助吊车将桩送至打桩机桩架下面，桩机起吊桩并送进桩帽内。

c. 对中：桩尖插入桩位中心后，先用桩和桩锤自重将桩插入地下30cm左右。桩身稳定后，调整桩身、桩锤、桩帽的中心线重合，使打入方向成一直线。

d. 调直：用经纬仪测定桩的垂直度。经纬仪设置在不受打桩影响的位置，保证两台经纬仪与导轨成正交方向进行测定，使插入地面垂直偏差小于0.5%。

⑤ 打桩。桩开始打入时采用短距轻击，待桩入土一定深度(1~2m)稳定以后，再以规定落距施打。

正常打桩宜采用重锤低击，柴油锤落距一般不超过1.5m。

对于停锤标准，具体内容如下。

a. 摩擦桩：以控制桩端设计标高为主，贯入度为辅；摩擦桩桩端位于一般土层。

b. 端承桩：以贯入度控制为主，桩端设计标高为辅；端承桩桩端达到坚硬、硬塑的黏性土，中密以上粉土、砂土、碎石类土及风化岩。

c. 贯入度已达到设计要求而桩端标高未达到时，应继续锤击3阵，并按每阵10击的贯入度不大于设计规定的数值确认，必要时，施工控制贯入度应通过试验确定。

打(压)入桩的桩位偏差，必须符合表6.9的规定。斜桩倾斜度的偏差不得大于倾斜角正切值的15%(倾斜角是桩的纵向中心线与铅垂线间夹角)。

表6.9　预制桩(钢桩)桩位的允许偏差　mm

序号	检查项目		允许偏差
1	带有基础梁的桩	垂直基础梁的中心线	$100+0.01H$
		沿基础梁的中心线	$\leqslant 150+0.01H$
2	承台桩	桩数为1~3根桩基中的桩	$100+0.01H$
		桩数大于或等于4根桩基中的桩	$\leqslant$1/2桩径十$0.01H$或1/2边长$+0.01H$

注：H为桩基施工面至设计桩顶的距离。

当遇到贯入度剧变，桩身突然发生倾斜、位移或有严重回弹、桩顶或桩身出现严重裂缝、破碎等情况时，应暂停打桩，并分析原因，采取相应措施。

打桩工程是隐蔽工程，施工中应做好每根桩的观测和记录，这是工程验收的依据。各项观测数据应填写在钢筋混凝土预制桩施工记录中。

⑥ 接桩。待桩顶距地面0.5~1m时接桩，接桩采用焊接或法兰连接等方法。

焊接接桩：钢板宜采用低碳钢，焊条宜采用E43；对接前，上下端板表面应用铁刷子清刷干净，坡口处应刷至露出金属光泽；接桩时，上下节桩段应保持顺直，在桩四周对称分层施焊，接层数不少于2层；错位偏差不大于2mm，不得采用大锤横向敲打纠偏；焊好后，桩接头应自然冷却后方可继续锤击，自然冷却时间不宜少于8min，严禁采用水冷却或焊好即施打焊接接头的质量检查，对于同一工程探伤抽样检验不得少于3个接头。法兰连接是将2个管桩分别与法兰连接，通过螺栓加持法兰连接的紧固作用来连接2个管桩，可以适用于大口径、高强度的管桩。

⑦ 送桩。如果桩顶标高低于槽底标高，应采用送桩器送桩。

送桩器宜做成圆筒形，并应有足够的强度、刚度和耐打性。送桩器长度应满足送桩深度的要求，弯曲度不得大于1/1000。

在管桩顶部放置桩垫，厚薄均匀，将送桩器下口套在桩顶上，调整桩锤、送桩器和桩三者的轴线在同一直线上。

锤击送桩器将桩送至设计深度；送桩完成后及时将空孔回填密实。

⑧ 截桩头。打桩完成后，将多余的桩头截断；截桩头时，宜采用锯桩器截割，不得截断桩体纵向主筋；严禁采用大锤横向敲击截桩或强行扳拉截桩。

(3) 锤击预制桩质量验收标准

① 事前控制。施工前应检验成品桩构造尺寸及外观质量。

② 事中控制。施工过程中应检验接桩质量、锤击及静压的技术指标、垂直度以及桩顶标高等。

③ 事后控制。施工结束后应对承载力及桩身完整性等进行检验。

a. 承载力检测。设计等级为甲级或地质条件复杂时，应采用静载荷试验的方法对桩基承载力进行检验，检验桩数不应少于总数的1%，且不应少于3根，当总桩数少于50根时，不应少于2根。在有经验和对比资料的地区，设计等级为乙级、丙级的桩基可采用高应变法对桩基进行竖向抗压承载力检测，检验数量不应少于总桩数的5%，且不应少于10根。

b. 桩身完整性检测。工程桩的桩身完整性的抽检数量不应少于总桩数的10%，且不得少于10根。每个柱子承台下的桩抽检数量不应少于1根。

c. 钢筋混凝土锤击预制桩质量检验标准应符合规定。

(4) 锤击打桩施工质量记录

锤击打桩施工应形成质量记录，包括：技术交底记录；施工日志；钢筋混凝土预制桩施工记录；钢筋混凝土预制桩质量验收记录。

6.3.1.3 静力压桩施工工艺

静力压桩是用静力压桩机将预制钢筋混凝土方桩与管桩分节压入地基土中的一种沉桩施工工艺。其施工速度快，机械化程度高，施工时无振动无噪声，特别适合于居民稠密及危房附近环境要求严格的地区沉桩。

(1) 静力压桩施工工艺

① 桩位放线、确定打桩顺序、接桩、送桩、截桩头同前述“锤击打桩施工工艺”的相关内容。

② 桩机就位。桩机就位是利用行走装置完成，通过横向和纵向油缸的伸程和回程，使桩机实现步履式的横向和纵向行走，这样可使桩机达到要求的位置。

③ 起吊桩。利用压桩机自身的工作吊机，将预制桩吊至静压桩机夹具中，并对准桩位，夹紧并放入土中，移动静压桩机调节桩垂直度，垂直度偏差不得超过0.5%，并使压桩机处于稳定状态。

④ 静力压桩。

a. 压桩时桩帽、桩身和送桩的中心线应重合，压同一根桩应缩短停顿时间，以便于桩的压入。

b. 长桩的静力压入一般也是分节进行，逐段接长。当第一节桩压入土中，其上端距地面1m左右时将第二节桩接上，继续压入，如图6.7所示。

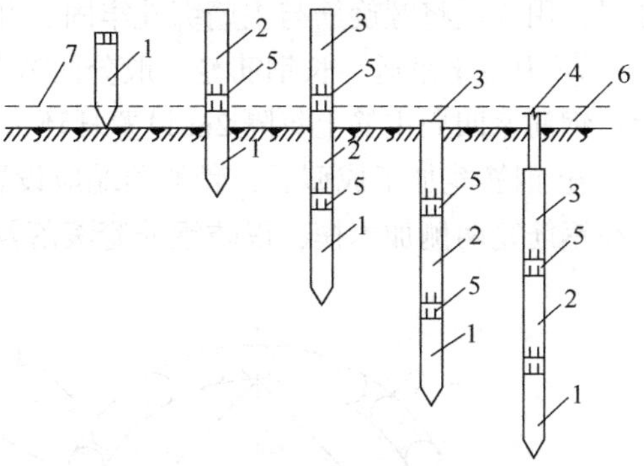

图6.7 多节压桩示意图

1—第一段桩；2—第二段桩；3—第三段桩；4—送桩；5—桩接头处；6—地面线；7—压桩架操作平台线

c. 终压条件。根据现场试压桩的试验结果确定终压力标准；终压连续复压次数应根据桩长及地质条件等因素确定。对于入土深度大于或等于8m的桩，复压次数可为2~3次；对于入土深度小于8m的桩，复压次数可为3~5次；稳压压桩力不得小于终压力，稳定压桩的时间宜为5~10s。

d. 打(压)入桩的桩位偏差，必须符合规定。

e. 出现下列情况之一时，应暂停压桩作业，并分析原因，采取相应措施：压力表读数显示情况与勘察报告中的土层性质明显不符；桩难以穿越具有软弱下卧层的硬夹层；实际桩长与设计桩长相差较大；出现异常响声，压桩机械工作状态出现异常；桩身出现纵向裂缝和桩头混凝土出现剥落等异常现象；夹持机构打滑；压桩机下陷。

⑤ 接桩。同锤击打桩。

(2) 静力压桩质量验收标准

事前控制、事中控制，同前述“锤击预制桩质量验收标准”的相关内容。事后控制，施工结束后应对承载力及桩身完整性等进行检验。

6.3.2 干作业成孔灌注桩施工

干作业成孔灌注桩是既可以采用螺旋钻机成孔，也可以采用人工成孔，然后安放钢筋笼，浇灌混凝土而成的桩基础。适用于地下水水位以上的黏性土、粉土、填土、中密砂土等各种软硬土中成孔。

6.3.2.1 钢筋笼进场检验、制作与验收

(1) 钢筋进场检验

钢筋进场后，应做抗拉强度、屈服点、伸长率和冷弯试验。在加工之前，钢筋应平直，

表面洁净、无油渍。

(2) 钢筋笼的制作

① 主筋焊接采用双面焊，焊缝长度不小于5d(d为钢筋直径)。

② 盘圆钢筋调直，采用冷拉法调直钢筋时，HPB300级钢筋的冷拉率不大于4%。

③ 为加强钢筋笼刚度和整体性，可在主筋内侧每隔2.0m设一道ϕ16~20mm加劲箍；一般桩径大于1.2m时，加劲箍钢筋规格为ϕ20~25mm，且在加劲箍内设置十字支撑、三角支撑或井字支撑，确保钢筋笼在存放、移动、吊装过程中不变形。如图6.8(a)所示。

④ 在加劲箍上标定主筋间距，将钢筋笼主筋点焊在加劲箍上；在主筋上画出螺旋筋的位置，用绑丝将螺旋筋与主筋绑扎牢固，并与主筋采用50%点焊连接。

⑤ 为便于吊运，长钢筋笼一般分两节制作，上下段主筋可采用帮条焊，如图6.8(b)所示；钢筋笼四周主筋上每隔2m设置耳环，控制保护层为5~7cm，如图6.8(c)所示。

⑥ 钢筋笼加工成型后，骨架顶端应设置吊环，并分规格摆放挂标示牌。下面平垫方木并在钢筋笼两侧加木楔，以防钢筋笼滚落及变形。

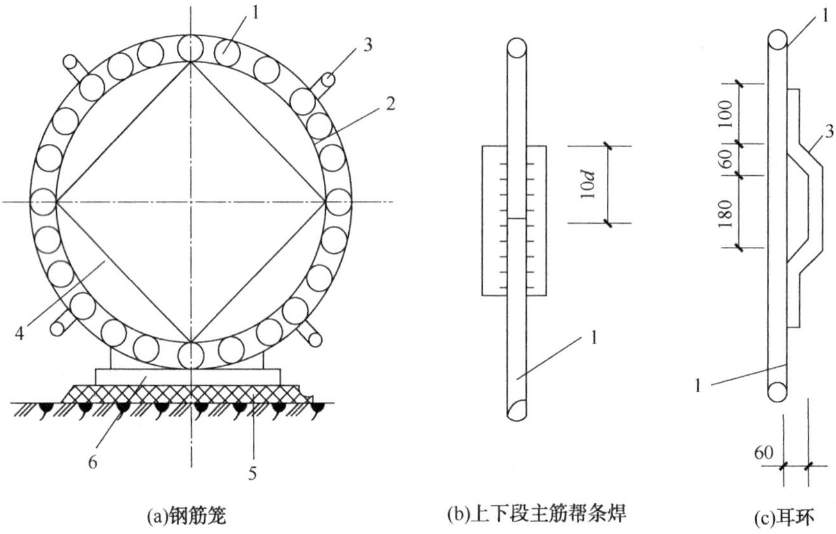

图6.8 钢筋笼的成型与加固

1—主筋；2—加劲箍；3—耳环；4—加劲支撑；5—箍筋；6—枕木；d—钢筋直径

(3) 钢筋笼的验收

混凝土灌注桩钢筋笼的质量检验标准应符合表6.10的规定。

表6.10 混凝土灌注桩钢筋笼质量检验标准 mm

项目	序号	检查项目	允许偏差或允许值	检查方法
一般项目	1	主筋间距	±10	用钢尺量
	2	长度	±100	用钢尺量
	3	钢筋材质检验	设计要求	抽样送检
	4	箍筋间距	±20	用钢尺量
	5	钢筋笼直径	±10	用钢尺量

6.3.2.2 干成孔灌注桩施工工艺

干成孔灌注桩施工机械为螺旋钻孔机，通过动力旋转钻杆，使钻头的螺旋叶片旋转削土，土块沿螺旋叶片提升排出孔外。

(1) 桩位放线

根据轴线控制桩进行桩位放线，在桩位打孔，内灌白灰，并在其上插入钢筋棍。桩位的放样允许偏差：群桩 20mm；单排桩 10mm。

(2) 钻机就位

钻机就位时，必须保持平稳，不发生倾斜、位移，为准确控制钻孔深度，应在机架上画出控制标尺，以便在施工中进行观测、记录。

(3) 钻孔

① 调直机架对好桩位(用对位圈)，开动机器钻进、出土，达到控制深度后停钻、提钻。

② 进钻过程中散落在地上的土，必须随时清除运走。

③ 当出现钻杆跳动、机架晃摇、钻不进尺等异常现象时，应立即停钻检查。

(4) 清底

① 钻到预定的深度后，必须在孔底进行空转清土，然后停止转动；提钻杆，不得回转钻杆。

② 孔底的虚土厚度超过质量标准时，要分析原因，采取措施进行处理。

③ 钻孔完毕，应及时盖好孔口，移走钻机。

(5) 检查成孔质量

① 孔深测定：用测绳、线锤测量孔深及虚土厚度。虚土厚度等于钻孔深度与测量深度的差值。虚土厚度端承桩不超过 50mm，摩擦桩不超过 150mm。

② 桩位偏差：灌注桩的桩径、垂直度及桩位偏差应符合表 6.11 的规定。

表 6.11 灌注桩的桩径、垂直度及桩位允许偏差

序号	成孔方法		桩径允许偏差/mm	垂直度允许偏差/%	桩位允许偏差/mm
1	泥浆护壁钻孔桩	$D<1000$mm	≥0	≤1	≤70+0.01H
		$D\geq1000$mm			≤100+0.01H
2	套管成孔灌注桩	$D<500$mm	≥0	≤1	≤70+0.01H
		$D\geq500$mm			≤100+0.01H
3	干成孔灌注桩		≥0	≤1	≤70+0.01H
4	人工挖孔桩		≥0	≤0.5	≤50+0.005H

注：H—桩基施工面至设计桩顶的距离；D—设计桩径。

③ 填写干作业成孔灌注桩施工记录。

(6) 吊放钢筋笼

① 吊放钢筋笼时，要对准孔位，吊直扶稳，缓慢下沉，避免碰撞孔壁；入孔时，清除

骨架上的泥土和杂物。

② 两段钢筋笼连接时，上下两节钢筋笼必须保证在同一竖直线上，用2~3台焊机同时进行焊接，以缩短吊放钢筋笼时间。

③ 钢筋笼放到设计位置时，应立即固定。

(7) 灌注混凝土

① 混凝土坍落度一般宜为70~120mm。

② 吊放串筒灌注混凝土。灌注混凝土时应连续进行，分层振捣密实，分层厚度以捣固的工具而定。

③ 混凝土浇到距桩顶1.5m时，可拔出串筒，直接浇灌混凝土。

④ 混凝土灌注到桩顶设计标高，凿除浮浆高度后必须保证暴露的桩顶混凝土强度达到设计等级。

⑤ 灌注桩每浇筑$50m^3$必须有1组试件，小于$50m^3$的桩，每连续12h浇筑必须有1组试件。对单柱单桩的桩必须有1组试件。

6.3.2.3 人工挖孔灌注桩施工工艺

人工挖孔灌注桩是指在桩位采用人工挖掘方法成孔，然后安放钢筋笼、灌注混凝土而成的桩。这类桩具有成孔机具简单，挖孔作业时无振动、无噪声、无环境污染，便于清孔和检查孔壁及孔底，施工质量可靠等特点。

(1) 桩位放线

开孔前，桩位应准确定位放样，在桩位外设置定位基准桩；以桩孔中心为圆心，桩身半径加护壁厚度为半径画圆，撒石灰线作为桩孔开挖尺寸线。

桩径(不含护壁)不得小于0.8m，且不宜大于2.5m；桩混凝土护壁的厚度不应小于100mm。

桩位的放样允许偏差：群桩20mm；单排桩10mm。

(2) 人工挖孔

人工挖孔从上到下分节开挖，每节桩孔高度一般在1m左右，土壁保持直立状态。

当遇有流动性淤泥和可能出现涌砂时，将每节护壁的高度减小到300~500mm，并随挖、随验、随灌注混凝土；或采用钢护筒或有效的降水措施。

挖孔时，用辘轳和吊桶提升土方，每节下口直径比上口直径大100mm，以方便浇筑护壁混凝土。

当桩净距小于2.5m时，应采用间隔开挖；相邻排桩跳挖的最小施工净距不得小于4.5m。

桩位轴线和高程设置在第一节护壁上口，每节桩孔开挖均应从桩位十字轴线垂直引测桩孔中心。

(3) 绑扎护壁钢筋

分节绑扎护壁构造钢筋，直径一般不小于8mm；插入下层护壁长度应大于200mm，上下主筋应搭接。

(4) 支护壁模板

护壁模板高度取决于每节挖土高度，一般由4~8块活动钢模板组合而成；模板上下端各设一道圆弧形钢圈作为内侧支撑，一般用粗钢筋或角钢做内支撑钢圈。

安装护壁模板必须用桩中心点校正模板位置，并应由专人负责。

第一节护壁顶面应比场地高出100~150mm，壁厚应比下面井壁厚度增加100~150mm；防止土块和杂物掉入桩孔。

(5) 灌注护壁混凝土

按设计要求，护壁混凝土应振捣密实，坍落度控制在100mm以内。

每节护壁均应在当日连续施工完毕，应根据土层渗水情况使用速凝剂；上下节护壁的搭接长度不得小于50mm。

护壁模板应在灌注混凝土24h之后拆除，若使用快硬水泥可在4~6h之后拆模。

发现护壁有蜂窝、漏水现象时，应及时补强。

(6) 施工帷幕结构

为了施工安全，人工挖孔扩底端桩应做帷幕结构；帷幕结构由土层锚杆和圈梁组成，圈梁将土层锚杆和最下节混凝土护壁联系成一个整体。

根据勘察报告中各土层标高和土层厚度要求，待挖至圈梁标高后，用洛阳铲探测持力层，必须由勘察单位技术人员确认持力层标高。

根据扩底端外扩斜角，先施工土层锚杆，然后施工圈梁。

(7) 开挖扩底端土方

扩底端底面呈锅底形，锅底中心应对准桩孔中心；扩底端各部位尺寸必须满足设计要求。

扩底端底部锅底标高，进入持力层尺寸必须满足设计要求。

扩底端底部锅底曲率适宜，不得留存虚土。

(8) 检查成孔质量

用测绳、钢尺测量孔深，用钢尺测量桩径。

桩位偏差：灌注桩的桩位偏差必须符合规定。

(9) 安放钢筋笼

同前述“干成孔灌注桩施工工艺”。

(10) 灌注混凝土

同前述“干成孔灌注桩施工工艺”。

6.3.2.4 干作业成孔灌注桩质量检验标准

(1) 事前控制

施工前应对原材料、施工组织设计中制定的施工顺序、主要成孔设备性能指标、监测仪器、监测方法、保证人员安全的措施或安全专项施工方案等进行检查验收。

(2) 事中控制

施工中应检验钢筋笼质量、混凝土坍落度、桩位、孔深、桩顶标高等。人工挖孔桩应复验孔底持力层土岩性，嵌岩桩必须有桩端持力层的岩性报告。

(3) 事后控制

施工结束后，应检验桩的承载力、桩身完整性及混凝土的强度。干作业成孔灌注桩的质量检验标准应符合规定。

6.3.3 泥浆护壁灌注桩施工

泥浆护壁灌注桩是采用钻机成孔，为防止塌孔，在孔内用相对密度大于1的泥浆进行护壁，成孔后放入钢筋笼，水下浇注混凝土而成的桩。适用于地下水水位以下的黏性土、粉土、砂土、填土以及地质情况复杂、夹层多、风化不均、软硬变化较大的岩层。

6.3.3.1 泥浆护壁灌注桩施工工艺

(1) 主要施工机械

主要施工机械：回旋钻机、潜水钻机等。其中以回旋钻机应用最多。

回旋钻机(如图6.9所示)是由动力装置带动钻机的回旋装置转动，并带动带有钻头的钻杆转动，由钻头切削土壤，切削形成的土渣，通过泥浆循环排出桩孔。

潜水钻机(如图6.10所示)是一种旋转式钻孔机械，其动力、变速机构和钻头连在一起，加以密封，因而可以下放至孔中地下水水位以下进行切削土壤成孔。

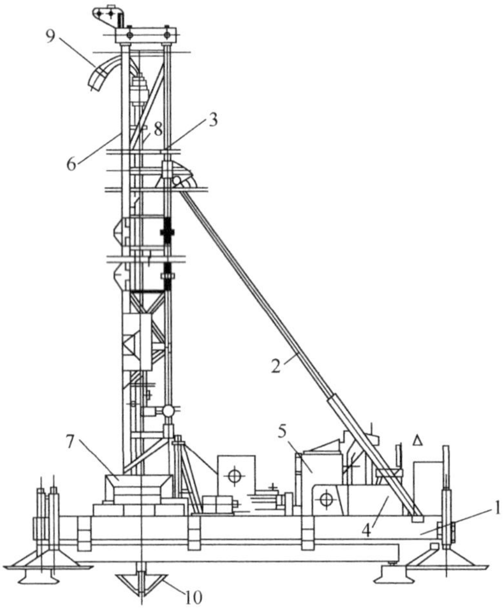

图6.9 回旋钻机

1—座盘；2—斜撑；3—塔架；4—电机；5—卷扬机；6—塔架；7—转盘；8—钻杆；9—泥浆输送管；10—钻头

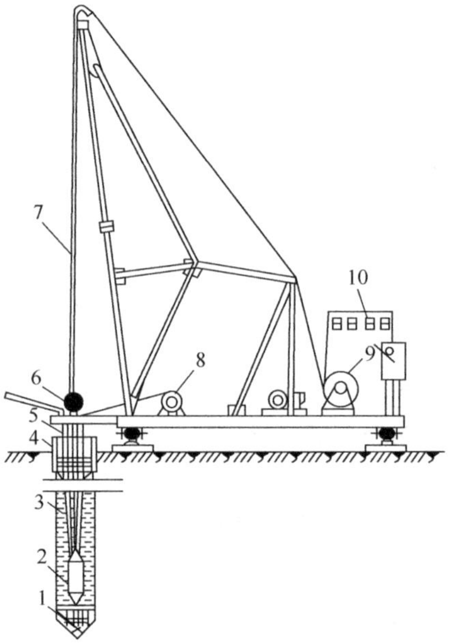

图6.10 潜水钻机

1—钻头；2—潜水钻机；3—电缆；4—护筒；5—水管；6—滚轮支点；7—钻杆；8—电缆盘；9—卷扬机；10—控制箱

(2) 施工工艺

① 桩位放线。根据轴线控制桩进行桩位放线，在桩位打孔，内灌白灰，并在其上插入钢筋棍。

桩位的放样允许偏差：群桩20mm；单排桩10mm。

② 泥浆制备。护壁泥浆一般由水、高塑性黏土或膨润土按一定比例配制而成，可通过机械在泥浆池搅拌均匀，相对密度一般在1.10~1.25。

泥浆具有保护孔壁、防止塌孔的作用，同时在泥浆循环过程中还可携带土渣排出钻孔，并对钻头具有冷却与润滑作用。

③ 埋设护筒。护筒可用4~8mm厚钢板制作，其内径应大于钻头直径100mm，上部宜开设1~2个溢浆孔。

埋设护筒时，护筒中心线对正桩位中心，其偏差不宜大于50mm。

护筒埋设深度：在黏性土中不宜小于1.0m；砂土中不宜小于1.5m，护筒上口应高于地面500mm，护筒外分层回填夯实。护筒有导正钻具、控制桩位、防止孔口坍塌、抬高孔内静压水头和固定钢筋笼等作用。

④ 钻机就位。钻机就位时，必须使钻具中心和护筒中心重合，保持平稳，不发生倾斜、位移。为准确控制钻孔深度，应在机架上画出控制标尺，以便在施工中进行观测、记录。

⑤ 钻孔排渣。桩架及钻杆定位后，钻头可潜入水、泥浆中钻孔；边钻孔边向桩孔内注入泥浆，通过正循环或反循环排渣法将孔内切削土粒、石渣排至孔外。钻孔排渣分为正循环和反循环两种方法，如图6.11所示。

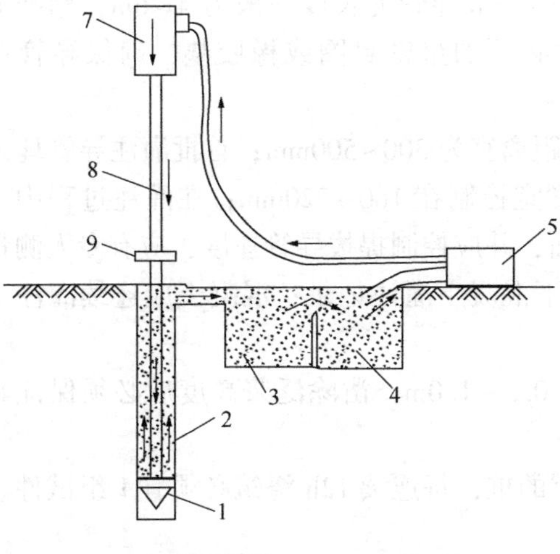

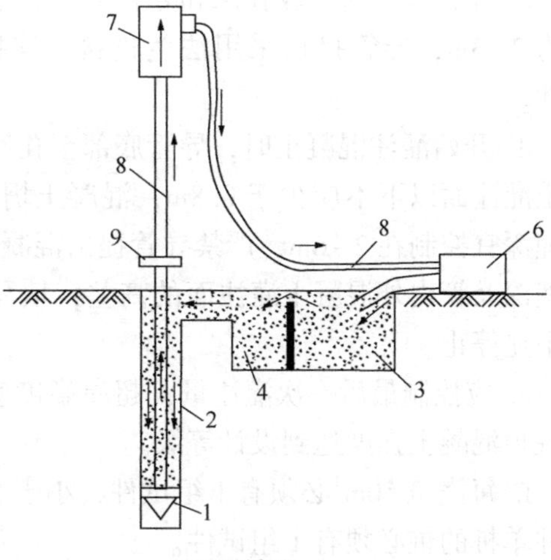

图6.11 钻孔排渣

1—钻头；2—泥浆循环方向；3—沉淀池；4—泥浆池；5—泥浆泵；6—砂石泵；7—水阀；8—钻杆；9—钻机回旋装置

a. 正循环排渣法：泥浆由钻杆内部注入，并从钻杆底部喷出，携带钻下的土渣沿孔壁向上流动，由孔口将土渣带出流入沉淀池，经沉淀的泥浆流入泥浆池再注入钻杆，由此进行循环。

b. 反循环排渣法：泥浆由钻杆与孔壁间的环状间隙流入钻孔，然后由砂石泵在钻杆内形成真空，使钻下的土渣由钻杆内腔吸出至地面而流向沉淀池，沉淀后再流入泥浆池。

⑥ 清孔。清孔分两次进行：钻孔深度达到设计要求，对孔深、孔径、桩孔垂直度等进行检查，符合要求后进行第一次清孔；钢筋骨架、导管安放完毕，混凝土灌注之前，应进行第二次清孔。

在清孔过程中，采用正循环、泵吸反循环等方法不断置换泥浆，使孔内泥浆达到要求。

浇注混凝土前，孔内的泥浆相对密度应小于 1.25；含砂率不得大于 8%；黏度不得大于 28s。

⑦ 检查成孔质量。

a. 孔深测定：用测绳、线锤测量孔深及沉渣厚度。沉渣厚度端承桩不超过 50mm，摩擦桩不超过 100mm。沉渣厚度等于钻孔深度与测量深度的差值。

b. 桩位偏差：灌注桩的桩径、垂直度及桩位偏差应符合规定。

c. 填写钻孔桩钻孔施工记录。

⑧ 安放钢筋笼。吊装安放钢筋笼，同前述“干成孔灌注桩施工工艺”。

⑨ 灌注水下混凝土。

a. 混凝土运输宜选用混凝土泵或混凝土搅拌运输车；混凝土具有良好的和易性和流动性。

b. 灌注水下混凝土一般采用钢制导管回顶法施工，导管内径为 200~350mm，视桩径大小而定。

c. 导管安放前计算孔深和导管的总长度，第一节导管的长度一般为 4~6m，标准节一般为 2~3m，导管接口采用法兰连接，连接时必须加垫密封圈或橡胶垫，确保导管口密封性。

d. 开始灌注混凝土时，导管底部至孔底的距离宜为 300~500mm；首批灌注导管埋入混凝土灌注面以下不应少于 0.8m；混凝土坍落度宜控制在 160~220mm；在灌注过程中，导管埋深宜控制在 2~6m，严禁导管提出混凝土面，并应控制提拔导管速度，应有专人测量导管埋深及管内外混凝土灌注面的高差，填写水下混凝土灌注记录；混凝土应连续灌注，严禁中途停止。

e. 应控制最后一次灌注量，超灌高度宜为 0.5~1.0m，凿除泛浆高度后必须保证暴露的桩顶混凝土强度达到设计等级。

f. 每浇筑 $50m^3$ 必须有 1 组试件，小于 $50m^3$ 的桩，每连续 12h 浇筑必须有 1 组试件。对单柱单桩的桩必须有 1 组试件。

6.3.3.2 泥浆护壁灌注桩质量检验标准

(1) 事前控制

施工前应检验灌注桩的原材料及桩位处的地下障碍物处理资料。

(2) 事中控制

施工过程中应对成孔、钢筋笼制作与安装、水下混凝土灌注等各项技术指标进行检查验收；嵌岩桩应对桩端的岩性和入岩深度进行检验。

(3) 事后控制

施工后应对桩身完整性、混凝土的强度及承载力进行检验。泥浆护壁成孔灌注桩质量检验标准应符合规定。

第7章 砌筑工程施工

砌体结构是指由块体和砂浆组砌而成的墙、柱等作为建筑物主要受力构件的结构，是砖砌体、砌块砌体和石砌体结构的统称。砌体结构的主要施工过程就是砌筑工程，包括砌筑材料，砖、石砌体砌筑，砌块砌体砌筑。其中，砖、石砌体砌筑是我国的传统建筑施工方法，有着悠久的历史。它取材方便、施工工艺简单、造价低廉，至今仍在各类建筑和构筑物工程中广泛采用，但砖、石砌筑工程生产效率低、劳动强度高，且烧砖占用农田，难以适应现代建筑工业化的需要，因此，必须研究改善砌筑工程的施工工艺，合理组织砌筑施工，推广使用砌块等新型材料。下文主要从砌筑材料、砖石与小砌块砌体施工、填充墙砌体这三个方面对砌筑工程施工进行阐述。

7.1 砌筑材料

砌筑材料主要包括块体和砂浆两大部分。

7.1.1 块体

块体是砌体的主要组成部分，包括砖、砌块、石材三大类。

7.1.1.1 砖

(1) 烧结普通砖

烧结普通砖是以黏土、页岩、煤矸石或粉煤灰为主要原料，经焙烧而成的实心的或具有一定孔洞率的、外形尺寸符合规定的砖。根据烧结原材料的不同，烧结普通砖分为烧结黏土砖、烧结页岩砖、烧结煤矸石砖以及烧结粉煤灰砖等，其外形尺寸为240mm×115mm×53mm。

(2) 烧结多孔砖

烧结多孔砖是以黏土、页岩、煤矸石为主要原料，经焙烧而成的孔洞率不小于33%、孔形为圆孔或非圆孔的砖。烧结多孔砖的孔尺寸小而数量多，主要适用于承重部位，简称多孔砖。目前，烧结多孔砖的规格尺寸为290mm、240mm、190mm、180mm、140mm、115mm、90mm。

烧结普通砖、烧结多孔砖的强度分为MU30、MU25、MU20、MU15和MU10五级。

(3) 蒸压灰砂砖

蒸压灰砂砖是以石灰和砂为主要原料，经过坯料制备、压制成型、蒸压养护而成的实心砖。蒸压灰砂砖的强度分为MU25、MU20、MU15、MU10四级。

(4) 蒸压粉煤灰砖

蒸压粉煤灰砖是以粉煤灰、石灰为主要原料，掺加适量石膏等外加剂和集料，经坯料制备、压制成型、高压蒸汽养护而成的砖。

蒸压粉煤灰砖的强度分为 MU30、MU25、MU20、MU15 和 MU10 五级。

（5）砖的抽样检验

每一生产厂家的砖到场后按烧结砖 15 万块、多孔砖 5 万块、灰砂砖及粉煤灰砖 10 万块为一验收批，在每一验收批中随机抽取 15 块进行抗压和抗折检验。

7.1.1.2　砌块

砌块的种类较多，按形状分为实心砌块和空心砌块。砌块按规格可分为两种：小型砌块，高度为 180~350mm；中型砌块，高度为 360~900mm。常用的砌块有混凝土小型空心砌块、轻集料混凝土小型空心砌块、蒸压加气混凝土砌块和粉煤灰砌块。

（1）混凝土小型空心砌块

混凝土小型空心砌块由普通混凝土或集料混凝土制成，主规格尺寸为 390mm×190mm×190mm，空心率为 25%~50%，简称混凝土砌块或砌块。砌块的强度分为 MU25、MU20、MU15、MU10、MU7.5 和 MU5 六级。

（2）轻集料混凝土小型空心砌块

轻集料混凝土小型空心砌块以水泥、砂、轻集料加水预制而成，其主规格尺寸为 390(290、190)mm×190(290、240、140、90)mm×190(90)mm，按孔的排数分为单排孔、双排孔、三排孔和四排孔四类；按抗压强度分为 MU10、MU7.5、MU5、MU3.5、MU2.5、MU1.5 六级。

（3）蒸压加气混凝土砌块

蒸压加气混凝土砌块是以水泥、矿渣、砂、石灰等为主要原料，加入发气剂，经搅拌成型、蒸压养护而成的实心砌块。其规格为长度 600mm；高度 200mm、240mm、250mm、300mm；宽度 100mm、120mm、125mm、150mm、180mm、200mm、240mm、250mm、300mm。砌块按强度和干密度分级，强度有 A1.0、A2.0、A2.5、A3.5、A5.0、A7.5、A10.0（注：1.0 表示 1.0MPa，下同）七个级别；干密度有 B03、B04、B05、B06、B07、B08（注：03 表示 300kg/m^3，以此类推）六个级别。砌块按尺寸偏差与外观质量、干密度、抗压强度和抗冻性分为优等品(A)、合格品(B)两级。

（4）粉煤灰砌块

粉煤灰砌块中粉煤灰是煤燃烧后的烟气中的细灰。粉煤灰砌块是一种能源回收再利用的绿色环保的砖块，被大量使用。粉煤灰砖的绝干容重在 1540~1640kg/m^{3}之间，比黏土砖略轻。粉煤灰砌块的抗折抗压强度，主要根据生产工艺、配方和水化水热合成反应方式以及建筑需要来决定，抗折强度平均值在 2.5~6.2MPa 之间，抗压强度在 10~30MPa 之间。

7.1.1.3　石材

砌筑用石材分为毛石和料石。砌筑用石材应质地坚实，无风化剥落和裂纹；用于清水墙、柱表面的石材，尚应色泽均匀。

① 毛石应呈块状，其中部厚度不宜小于 150mm。毛石分为乱毛石和平毛石两种。乱毛石是指形状不规则的石块；平毛石是指形状不规则但有两个平面大致平行的石块。

② 料石按其加工面的平整程度，分为细料石、粗料石和毛料石三种。料石的宽度、厚度均不宜小于 200mm，长度不宜大于厚度的 4 倍。料石根据抗压强度分为 MU100、MU80、MU60、MU50、MU40、MU30、MU20 七级。

7.1.2 砂浆

砂浆是由胶结料、细集料、掺合料(为改善砂浆和易性而加入的无机材料，如石灰膏、电石膏、粉煤灰、黏土膏等)和水配制而成的建筑工程材料。其在建筑工程中起黏结、衬垫和传递应力的作用。砂浆主要包括水泥砂浆和水泥混合砂浆。

7.1.2.1 原材料

(1) 水泥

除分批对其强度、安定性进行复验外，不同品种的水泥不得混合使用。

(2) 砂

宜选用中砂，并应过筛，不得含有草根等有害杂物。水泥砂浆和强度等级不小于M5的水泥混合砂浆，含泥量不应超过5%；强度等级小于M5的水泥混合砂浆，含泥量不应超过10%。

(3) 石灰膏

生石灰熟化成石灰膏时，应用孔径不大于3mm×3mm的网过滤，熟化时间不得少于7d，其稠度一般为12cm；磨细生石灰粉的熟化时间不得少于2d。对沉淀池中储存的石灰膏，应采取防干燥、防冻结和防污染的措施。严禁使用脱水硬化的石灰膏。

(4) 水

采用不含有害物质的洁净水，具体应符合有关规范的规定。

(5) 外加剂

凡在砂浆中掺入有机塑化剂、早强剂、缓凝剂、防冻剂等，均应经检验和试配符合要求后方可使用。有机塑化剂应有砌体强度的型式检验报告。

7.1.2.2 质量要求

砂浆的强度分为M5、M7.5、M10、M15、M20、M25六级，M10及M10以下宜采用水泥混合砂浆。水泥砂浆可用于潮湿环境中的砌体，混合砂浆宜用于干燥环境中的砌体。为便于操作，砌筑砂浆应有较好的和易性，即良好的流动性(稠度)和保水性(分层度)。和易性好的砂浆能保证砌体灰缝饱满、均匀、密实，并能提高砌体强度。水泥砂浆分层度不应大于30mm，水泥混合砂浆分层度一般不应超过20mm；水泥砂浆最小水泥用量不宜小于200kg/m^3，如果水泥用量太小，则不能填充砂子孔隙，其稠度、分层度将无法保证。

7.1.2.3 制备与使用

砌筑砂浆应通过试配确定配合比，砂浆现场拌制时，各组分材料采用质量计量。计量精度水泥为±2%，砂、灰膏控制在±5%以内。

砌筑砂浆应采用砂浆搅拌机进行拌制。自投料完算起，搅拌时间应符合下列规定：水泥砂浆和混合砂浆不得少于2min；掺用外加剂的砂浆不得少于3min；掺用有机塑化剂的砂浆应为3~5min。

掺用外加剂时，应先将外加剂按规定浓度溶于水中，在拌和时投入外加剂溶液，外加剂不得直接投入拌制的砂浆中。

在施工中，当采用水泥砂浆代替水泥混合砂浆时，应重新确定砂浆强度等级。砂浆应随拌随用，水泥砂浆和水泥混合砂浆应分别在 3h 和 4h 内使用完毕；当施工期间最高气温超过 30℃时，应分别在拌成后 2h 和 3h 内使用完毕。对掺用缓凝剂的砂浆，其使用时间可根据具体情况延长。

7.1.2.4 砌筑砂浆质量验收

砌筑砂浆立方体抗压试件每组 6 块，其尺寸为 70.7mm×70.7mm×70.7mm。

(1) 取样

每一楼层或 250m³ 砌体、每一工作班、每种配比至少一组。

(2) 试件制作

将无底试模放在预先铺有吸水性较好的纸(新闻纸或其他未粘过胶凝材料的纸)的烧结普通砖上，试模内壁事先涂刷薄层机油或脱模剂；向试模内一次注满砂浆，用捣棒均匀地由外向里按螺旋方向插捣 25 次，插捣完后，砂浆应高出试模顶面 6~8mm；当砂浆表面开始出现麻斑状态时(15~30min)，将高出部分的砂浆沿试模顶面削去抹平，按规定进行养护。

(3) 试块养护、送检

试块养护至 28d 即送检。砌筑砂浆试块在强度验收时必须符合以下规定：同一验收批砂浆试块，抗压强度平均值必须大于或等于设计强度等级所对应的立方体抗压强度；同一验收批砂浆，试块抗压强度的最小一组平均值必须大于或等于设计强度所对应的立方体抗压强度的 0.75。

7.1.2.5 砌筑砂浆常见的质量通病及防治措施

(1) 砂浆强度不稳定

① 现象。砂浆强度的波动性较大、匀质性差，其中低强度等级的砂浆特别严重，强度低于设计要求的情况较多。

② 原因分析。

a. 影响砂浆强度的主要因素是计量不准确。对砂浆的配合比，多数工地使用体积比，用铁铲凭经验计量；砂子含水率的变化，可导致砂子体积变化幅度达到 10%~20%。这些都会造成配料计量的偏差，使砂浆强度产生较大的波动。

b. 水泥混合砂浆中无机掺合料的掺量，对砂浆强度影响很大，随着掺量的增加，砂浆和易性更好，但强度降低，如超过规定用量 1 倍，砂浆强度约降低 40%。但施工时往往片面追求良好的和易性，无机掺合料的掺量常常超过规定用量，因而降低了砂浆的强度。

c. 无机掺合料材质不佳，如石灰膏中含有较多的灰渣或运至现场保管不当，发生结硬、干燥等情况，使砂浆中含有较多的软弱颗粒，降低了强度。在确定配合比时，用石灰膏、黏土膏试配，而实际施工时却采用干石灰或干黏土，这不但影响砂浆的抗压强度，而且对砌体的抗剪强度非常不利。

d. 砂浆搅拌不匀，人工拌和翻拌次数不够，机械搅拌加料顺序颠倒，使无机掺合料未散开，砂浆中含有较多的疙瘩，水泥分布不均匀，影响砂浆的匀质性及和易性。

e. 砂浆试块的制作、养护方法和强度取值等没有执行规范的统一标准，致使测定的砂浆强度缺乏代表性，产生砂浆强度的混乱。

③ 防治措施。

a. 砂浆配合比的确定，应结合现场材质情况进行试配，试配时应采用质量比。在满足砂浆和易性的条件下，控制砂浆强度。

b. 建立施工计量器具校验、维修、保管制度，以保证计量的准确性。

c. 无机掺合料一般为湿料，计量称重比较困难，而其计量误差对砂浆强度影响很大，故应予以严格控制。计量时，应以标准稠度(12cm)为准，供应的无机掺合料的稠度小于12cm时，应调成标准稠度，或者进行折算后称重计量，计量误差应控制在±5%以内。

d. 施工中，不得随意增加石灰膏、微沫剂的掺入量来改善砂浆的和易性。

e. 遵守正确的砂浆搅拌加料顺序：用砂浆搅拌机搅拌应分两次投料，先加入部分砂子、水和全部塑化材料，通过搅拌叶片和砂子搓动，将塑化材料打开(不见疙瘩为止)，再投入其余的砂子和全部水泥。用鼓式混凝土搅拌机拌制砂浆，应配备一台抹灰用麻刀机，先将塑化材料搅成稀粥状，再投入搅拌机内搅拌。人工搅拌应有拌灰池，先在池内放水，将塑化材料搅拌至不见疙瘩，另在池边干拌水泥和砂子至颜色均匀时，用铁铲将拌好的水泥砂子均匀撒入池内，同时用三刺铁耙来回耙动，直至拌和均匀。

f. 试块的制作、养护和抗压强度值应按有关规范规定执行。

(2) 砂浆和易性差，沉底结硬

① 现象。

a. 砂浆的和易性不好，砌筑时铺浆和挤浆都较困难，影响灰缝砂浆的饱满度，同时使砂浆与砖的黏结力减弱。

b. 砂浆的保水性差，容易产生分层、泌水现象。

c. 灰槽中砂浆存放时间过长，导致砂浆沉底、结硬，即使加水重新拌和，砂浆强度也会严重降低。

② 原因分析。

a. 强度等级低的水泥砂浆由于采用高强度等级水泥和过细的砂子，使砂子颗粒之间起润滑作用的胶结材料(水泥)的量减少，因而砂子间的摩擦力较大，砂浆的和易性较差，导致砌筑时压薄灰缝困难，且由于砂粒之间缺乏足够的胶结料起悬浮、支托作用，砂浆容易产生沉淀，出现表面泛水现象。

b. 水泥混合砂浆中掺入的石灰膏等塑化材料质量差，含有较多灰渣、杂物，或因保存不好而出现干燥和污染，不能起到改善砂浆和易性的作用。

c. 砂浆搅拌时间短，拌和不均匀。

d. 拌好的砂浆的存放时间过长或灰槽中的砂浆长时间不清理，使砂浆沉底、结硬。

e. 拌制砂浆缺乏计划性，在规定时间内无法用完，而将剩余砂浆捣碎加水拌和后继续使用。

③ 防治措施。

a. 低强度等级的砂浆应采用水泥混合砂浆，如确有困难，可掺入微沫剂或掺入水泥用量为5%~10%的粉煤灰，以达到改善砂浆和易性的目的。

b. 水泥混合砂浆中的塑化材料，应符合实验室试配时的质量要求。现场的石灰膏、黏土膏等，应在池中妥善保管，防止暴晒、风干结硬，并经常浇水保持湿润。

c. 宜采用强度等级较低的水泥和中砂拌制砂浆。拌制时应严格执行施工配合比，并保证搅拌时间。

d. 灰槽中的砂浆在使用中应经常用铲翻拌、清底，并将灰槽内边角处的砂浆刮净，堆于一侧继续使用，或与新拌砂浆混在一起使用。

e. 拌制砂浆应有计划性，拌制量应根据砌筑需要来确定，尽量做到随拌随用、少量储存，使灰槽中经常有新拌的砂浆。

7.2 砖石与小砌块砌体施工

7.2.1 施工准备工作

7.2.1.1 砖浇水

砖应提前1~2d浇水湿润，对烧结普通砖、多孔砖，含水率宜为10%~15%；对灰砂砖、粉煤灰砖，含水率宜为8%~12%。现场检验砖含水率的简易方法为断砖法，当砖截面四周融水深度为15~20mm时，视为符合要求的适宜含水率。

7.2.1.2 确定组砌方式

(1) 基本组砌方式

砖墙根据其厚度不同，可采用全顺、两平一侧、全丁(240 mm)、一顺一丁、梅花丁或三顺一丁等砌筑形式(如图7.1所示)。

(a)全顺　(b)两平一侧　(c)全丁　(d)一顺一丁　(e)梅花丁　(f)三顶一丁

图7.1　砖墙砌筑形式

① 全顺。各皮砖均顺砌，上、下皮垂直灰缝相互错开半砖长(约120mm)，适合砌半砖厚(115mm)墙。

② 两平一侧。两皮顺(或丁)砖与一皮侧砖相间，上、下皮垂直灰缝相互错开1/4砖长(约60mm)以上，适合砌3/4砖厚(180mm或300mm)墙。

③ 全丁。各皮砖均采用丁砌，上、下皮垂直灰缝相互错开1/4砖长，适合砌一砖厚(约240mm)墙。

④ 一顺一丁。一皮顺砖与一皮丁砖相间，上、下皮垂直灰缝相互错开1/4砖长，适合砌一砖及一砖以上厚墙。

⑤ 梅花丁。同皮中顺砖与丁砖相间，丁砖的上、下均为顺砖，并位于顺砖中间，上、下皮垂直灰缝相互错开1/4砖长，适合砌一砖厚墙。

⑥ 三顺一丁。三皮顺砖与一皮丁砖相间，顺砖与顺砖上、下皮垂直灰缝相互错开 1/2 砖长；顺砖与丁砖上、下皮垂直灰缝相互错开 1/4 砖长。适合砌一砖及一砖以上厚墙。一砖厚承重墙的每层墙的最上一皮砖、砖墙的阶台水平面上及挑出层，应采用整砖丁砌。

（2）加砌配砖

砖墙的转角处、交接处，根据错缝需要应该加砌配砖。如一砖厚墙一顺一丁转角处分皮砌法，配砖为 3/4 砖（俗称“七分头砖”），位于墙外角。

（3）留置临时施工洞口

在墙上留置临时施工洞口，其侧边离交接处墙面不应小于 500mm，洞口净宽度不应超过 1m。临时施工洞口应做好补砌。

（4）脚手眼设置条件

不得在下列墙体或部位设置脚手眼：

① 半砖厚墙；

② 过梁上与过梁呈 60°的三角形范围及过梁净跨度 1/2 的高度范围内；

③ 宽度小于 1m 的窗间墙；

④ 墙体门窗洞口两侧 200mm 和转角处 450mm 范围内；

⑤ 梁或梁垫下及其左、右 500mm 范围内；施工脚手眼补砌时，灰缝应填满砂浆，不得用干砖填塞。

7.2.1.3 制作皮数杆

皮数杆是一种方木标志杆。立皮数杆用于控制每皮砖砌筑时的竖向尺寸，并使铺灰、砌砖的厚度均匀，保证砖缝水平。皮数杆上除刻有每皮砖和灰缝的厚度外，还画出了门窗洞、过梁、楼板等的位置和标高，用于控制墙体各部位构件的标高。皮数杆长度应有一层楼高（不小于 2m），一般立于墙的转角处、内外墙交接处。立皮数杆时，应使皮数杆上的 ±0.000线与房屋的标高起点线吻合。

7.2.1.4 清理

清除砌筑部位处残存的砂浆、杂物等。

7.2.2 一般砖砌体砌筑工艺流程与方法要点

一般砖砌体砌筑工艺流程为：抄平、放线→排砖撂底（摆砖样）→立皮数杆→盘角、挂线→砌砖→勾缝→安装（浇筑）楼板。

7.2.2.1 抄平、放线

（1）底层抄平、放线

当基础砌筑到±0.000 时，依据施工现场±0.000 标准，水准点在基础面上用水泥砂浆或 C10 细石混凝土找平，并在建筑物四角外墙面上引测±0.000 标高，画上符号并注明，作为楼层标高引测点；依据施工现场龙门板上的轴线钉拉通线，并沿通线挂线坠，将墙轴线引测到基础面上，再以轴线为标准弹出墙边线，定出门窗洞口的平面位置。轴线放出并经复查无误后，将轴线引测到外墙面上，画上特定的符号，作为楼层轴线引测点。

(2) 轴线、标高引测

当墙体砌筑到各楼层时，可根据设在底层的轴线引测点，利用经纬仪或铅垂球，把控制轴线引测到各楼层外墙上；也可根据设在底层的标高引测点，利用钢尺向上直接丈量，把控制标高引测到各楼层外墙上。

(3) 楼层抄平、放线

轴线和标高引测到各楼层后，就可进行各楼层的抄平、放线。为了保证各楼层墙身轴线的重合，并与基础定位轴线一致，引测后一定要用钢尺丈量各轴线间距，经校核无误后，再弹出各分间的轴线和墙边线，并按设计要求定出门窗洞口的平面位置。

注意：抄平时厚度不大于 20mm 时，用 1：3 水泥砂浆；厚度大于 20mm 时，一般用 C15 细石混凝土找平。

7.2.2.2 排砖撂底(摆砖样)

排砖撂底是指在墙基面上，按墙身长度和组砌方式先用砖块试摆，核对所弹的门洞位置线及窗口、附墙垛的墨线是否符合所选用砖型的模数，对灰缝进行调整，以使每层砖的砖块排列和灰缝均匀，并尽可能减少砍砖。

7.2.2.3 立皮数杆

将皮数杆立于墙的转角处和交接处，其基准标高用水准仪校正，一般每隔 10~15m 再设一根，在相对两皮数杆上砖上边线处拉准线。

7.2.2.4 盘角、挂线

砌砖前应先盘角，一般由经验丰富的泥工负责。每次盘角不要超过 5 层，新盘的大角，及时进行吊、靠，即三皮一吊、五皮一靠，如有偏差，要及时修整。盘角时，要仔细对照皮数杆的砖层和标高，控制好灰缝大小，使水平灰缝均匀一致。大角盘好后再复查一次，平整度和垂直度完全符合要求后，再挂线砌墙。砌筑一砖半墙必须双面挂线，如果为长墙则几个人使用一根通线，中间应设几个支线点，小线要拉紧，每层砖都要穿线看平，使水平缝均匀一致，平直通顺；砌一砖厚混水墙时宜采用外手挂线，可照顾砖墙两面平整，为下道工序控制抹灰厚度奠定基础。

7.2.2.5 砌砖

砌砖宜采用“三一”砌筑法，即“一铲灰、一块砖、一揉压”的砌筑方法。当采用铺浆法砌筑时，铺浆长度不得超过 750mm，施工期间气温超过 30℃ 时，铺浆长度不得超过 500mm。

砌砖时，砖要放平，里手高，墙面就要张；里手低，墙面就要背。砌砖一定要跟线，“上跟线，下跟棱，左右相邻要对平”。设计要求的洞口、管道、沟槽应于砌筑时正确留出或预埋，未经设计部门同意，不得打凿墙体或于墙体上开凿水平沟槽。宽度超过 300mm 的洞口上部，应设置钢筋混凝土过梁。砖墙每日砌筑高度不得超过 1.8m，在雨天不得超过 1.2m。

(1) 留槎

留槎是指因相邻砌体不能同时砌筑而设置的临时间断，其便于先砌砌体与后砌砌体之间的接合。砖砌体的转角处和交接处应同时砌筑，严禁无可靠措施的内外墙分砌施工。对不能同时砌筑而又必须留置的临时间断处应砌成斜槎，斜槎水平投影长度不应小于高度的2/3。

在非抗震设防及抗震设防烈度为6度、7度地区的临时间断处，当不能留斜槎时，除转角处外，可留直槎，但直槎必须做成凸槎。留直槎处应加设拉结钢筋，拉结钢筋的数量为每120mm墙厚放置1根ϕ6mm拉结钢筋(120mm厚墙放置2根ϕ6mm拉结钢筋)，间距沿墙高不应超过500mm，埋入长度从留槎处算起每边均不应小于500mm，对抗震设防烈度6度、7度的地区，不应小于1000mm，末端应有90°弯钩。

(2) 构造柱设置处砖墙砌法

构造柱不单独承重，因此无须设独立基础，但其下端应锚固于钢筋混凝土基础或基础梁内。在施工时必须先砌墙，为使构造柱与砖墙紧密结合，墙体应砌成马牙槎的形式。从每层柱脚开始，先退后进，退进不小于60mm，每一马牙槎沿高度方向的尺寸不宜超过300mm。沿墙高每500mm设2根ϕ6mm拉结钢筋，每边伸入墙内不宜小于1m。预留伸出的拉结钢筋，不得在施工中任意弯折，如有歪斜、弯曲，在浇灌混凝土之前，应校正到正确位置并绑扎牢固。

(3) 安装过梁及钢筋砖过梁的砌筑方法

安装过梁、梁垫时，其标高、位置及型号必须准确，坐灰饱满，坐灰厚度超过20mm时，要用豆石混凝土铺垫。过梁安装时，两端支承点的长度应一致。

当洞口跨度小于1.5m时，可采用钢筋砖过梁。钢筋砖过梁的底面为砂浆层，砂浆层厚度不宜小于30mm。砂浆层中应配置钢筋，钢筋直径不应小于5mm，其间距不宜大于120mm，钢筋两端伸入墙体内的长度不宜小于250mm，并有向上的直角弯钩，如图7.2所示。

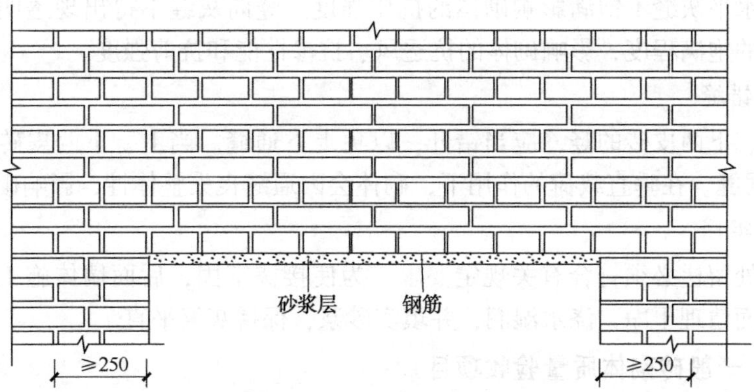

图7.2　钢筋砖过梁(单位：mm)

钢筋砖过梁砌筑前，应先支设模板，模板中央应略有起拱。砌筑时，宜先铺15mm厚的砂浆层，将钢筋放在砂浆层上，使其弯钩向上，然后再铺15mm厚的砂浆层，使钢筋位于30mm厚的砂浆层中间。然后，按墙体砌筑形式与墙体同时砌砖。钢筋砖过梁截面计算高度内(7皮砖高)的砂浆强度不宜低于M5。钢筋砖过梁底部的模板，应在砂浆强度不低于设计强度50%时方可拆除。

(4) 门窗洞口木砖埋设

木砖预埋时应小头在外，大头在内，数量由洞口高度决定。洞口高在 1.2m 以内时，每边放 2 块；洞口高为 1.2~2m 时，每边放 3 块；洞口高为 2~3m 时，每边放 4 块，预埋木砖的部位一般在洞口上边或下边四皮砖，中间均匀分布。木砖要提前做好防腐处理。

7.2.2.6 勾缝

清水墙砌筑应随砌随勾缝，深度一般以 6~8mm 为宜。缝深浅应一致，并应清扫干净。砌混水墙应随砌随将溢出砖墙面的灰浆刮除。

7.2.2.7 安装(浇筑)楼板

搁置预制梁、板的砌体顶面应找平，安装时采用 1∶2.5 的水泥砂浆坐浆。

7.2.3 一般砖砌体的质量要求及验收

7.2.3.1 砌筑质量的基本要求

砌筑质量的基本要求可概括为横平竖直、砂浆饱满、上下错缝、接槎牢固，具体内容如下。

(1) 横平竖直

砖砌的灰缝应横平竖直、厚薄均匀，这既可保证砌体表面美观，也能保证砌体均匀受力。水平灰缝厚度宜为 10mm，但不应小于 8mm，也不应大于 12mm。过厚的水平灰缝容易使砖块浮滑，且降低砌体抗压强度；过薄的水平灰缝会影响砌体之间的黏结力。竖向灰缝应垂直对齐，如不齐称为游丁走缝，影响砌体外观质量。

(2) 砂浆饱满

砌体水平灰缝的砂浆饱满度不得小于 80%。砌体的受力主要通过砌体之间的水平灰缝传递到下面，水平灰缝不饱满影响砌体的抗压强度。竖向灰缝不得出现透明缝、瞎缝和假缝。竖向灰缝的饱满程度，影响砌体的抗透风、抗渗性能和抗剪强度。

(3) 上下错缝

砖砌体上、下两皮砖的竖缝应当错开，以免上下通缝。当上、下两皮砖搭接长度小于 25mm 时，即通缝。在垂直载荷的作用下，砌体会因通缝丧失整体性，影响砌体强度。

(4) 接槎牢固

临时间断处留槎必须符合有关规定要求。为使接槎牢固，后面墙体施工前，必须将留设的接槎处表面清理干净，浇水湿润，并填实砂浆，保持灰缝平直。

7.2.3.2 一般砖砌体质量验收项目

(1) 主控项目

砖和砂浆的强度等级；砂浆饱满度；留槎。

(2) 一般项目

组砌方法；灰缝厚度；允许偏差项目(基础顶面和楼面标高，表面平整度，门窗洞口高、宽，外墙上、下窗口偏移，水平灰缝平直度，清水墙游丁走缝)；轴线位置偏移(10mm 以内)及垂直度(每层不大于 5mm；全高≤10m 时，不大于 10mm；全高>10m 时，不大于 20mm)。

7.2.4 砌筑工程的质量通病及预防

(1) 砌体组砌方法错误

砌墙面出现数皮砖同缝(通缝、直缝)、里外两张皮，砖柱采用包心法砌筑，里外皮砖互不相咬，形成周围通天缝等，影响砌体强度，降低结构整体性。预防措施为：对工人加强技术培训，严格按规范方法组砌，缺损砖应分散使用，少用半砖，禁用碎砖。

(2) 墙面灰缝不平直、游丁走缝、墙面凹凸不平

砌墙面出现水平灰缝弯曲不平直，灰缝厚度不一致，出现“螺钉”墙，垂直灰缝歪斜，灰缝宽窄不匀，丁不压中(丁砖未压在顺砖中部)，墙面凹凸不平。预防措施为：砌前应摆底，并根据砖的实际尺寸对灰缝进行调整；采用皮数杆拉线砌筑，以砖的小面跟线，拉线长度(15~20m)超长时，应加腰线；竖缝每隔一定距离应弹墨线找齐，墨线用线坠引测，每砌一步架用立线向上引伸，立线、水平线与线坠应“三线归一”。

(3) 墙体留槎错误

砌墙时随意留直槎，甚至阴槎，构造柱马牙槎不标准，槎口以砖碴填砌，接槎砂浆填塞不严，影响接槎部位砌体强度等，降低了结构整体性。预防措施为：施工组织设计中应对留槎做统一考虑，严格按规范要求留槎。

(4) 拉结钢筋被遗漏

构造柱及接槎的水平拉结钢筋常被遗漏或未按规定布置；配筋砖缝砂浆不饱满，露筋年久易锈。预防措施为：拉结筋应作为隐检项目对待，加强检查，并填写检查记录存档；在施工中，对所砌部位需要的配筋应一次备齐，以备检查；适当增加灰缝厚度(以钢筋网片厚度上下各有 2mm 保护层为宜)。

(5) 层高超高

层高实际高度与设计高度的偏差超过允许偏差。预防措施为：保证配置砌筑砂浆的原材料符合质量要求，并且控制铺灰厚度和长度；砌筑前应根据砌块、梁、板的尺寸和规格，计算砌筑皮数，绘制皮数杆，砌筑时控制好每皮砌块的砌筑高度；对于原楼地面的标高误差，可在砌筑灰缝或圈梁、楼板找平层的允许误差内逐皮调整。

7.2.5 构造柱、圈梁施工

通过对汶川地震灾区未倒建筑物的仔细考察，发现地震中砖混结构建筑物结构破坏主要发生在圈梁、构造柱与墙体交界处。可见，构造柱、圈梁的设计和施工十分重要。

7.2.5.1 构造柱施工要点

(1) 钢筋绑扎

① 修整底层伸出的构造柱搭接筋。根据已放好的构造柱位置线，检查搭接筋位置及搭接长度是否符合设计和抗震规范的要求，底层构造柱竖筋锚固应符合规范要求。

② 安装构造柱钢筋骨架。首先，在搭接处的钢筋套上箍筋，注意箍筋应交错布置；然后，将预制构造柱钢筋骨架立起来，对正伸出的搭接筋，对好标高线，在竖筋搭接部位各绑三个扣，两端中间各一扣。骨架调整后，可以按顺序从根部加密区箍筋开始往上绑扎。

③ 砌完砖墙后，应对构造柱钢筋进行调整，以保证钢筋位置及间距准确。

④ 构造柱钢筋构造。底层构造柱纵筋必须锚入基础，顶层构造柱纵筋必须锚入顶层圈梁，锚固长度一般取 $40d$（d 为钢筋直径）。柱顶、柱脚与圈梁钢筋交接处 500mm 范围内箍筋应加密，加密间距取 100mm。墙体拉结筋为 ϕ6mm，每隔 500mm 进行设置，距离墙边 60mm 各设一根，每边伸入墙 1m，末端弯 40mm 直钩。

（2）支设模板

① 将构造柱、圈梁及板缝内的杂物全部清理干净。

② 构造柱模板采用定型组合钢模板或竹胶板模板，柱箍用 50mm×100mm 的方木（如果有成套的角钢柱箍，也可使用）。

③ 外侧用阳角模板与平模拼装，模板与墙交接处的宽度不应少于 50mm。用 50mm×100mm 方木做柱箍，用木楔子楔紧。每根构造柱的柱箍不得少于 3 道。内侧模用阴角模板、U 形钢筋钉固定。模板与墙面接触部分加密封条，防止漏浆。

④ 内墙十字交点部位用阴角模板拼装。先用 U 形钢筋钉临时固定，再调整模板的垂直度，符合要求后，用 U 形钢筋钉固定。固定用钢筋钉每侧不少于 3 个。

（3）混凝土浇筑

在浇筑砖砌体构造柱混凝土前，必须将砌体和模板浇水润湿，并将模板内的落地灰、砖碴和其他杂物清除干净。构造柱混凝土可分段浇筑，每段高度不宜大于 2m。在施工条件较好并能确保浇灌密实时，也可每层浇灌一次。浇筑混凝土前，在结合面处先注入适量水泥砂浆（与构造柱混凝土配合比相同的去石子水泥砂浆），再浇筑混凝土。振捣时，振捣器应避免触碰砖墙，严禁通过砖墙传递振动。

对于填充墙中设置构造柱混凝土的浇筑，由于构造柱顶部采取常规模板加固后，混凝土无法满浇，可距离梁底 15cm 处制成斜模高出梁底 10cm，混凝土浇筑时满填斜模，振捣密实，待混凝土满足拆模条件后拆模剔凿干净。

7.2.5.2　圈梁施工要点

（1）钢筋安装

① 圈梁与构造柱钢筋交叉处，圈梁钢筋放在构造柱受力钢筋内侧。圈梁钢筋在构造柱部位搭接时，其搭接倍数或锚入柱内长度要符合设计要求。

② 圈梁钢筋应互相交圈，在内墙交接处、墙大角转角处的锚固长度，均要符合设计要求。

③ 楼梯间、附墙烟囱、垃圾道及洞口等部位的圈梁钢筋被切断时，应搭接补强，构造方法应符合设计要求，标高不同的高低圈梁钢筋，应按设计要求搭接或连接。

④ 圈梁钢筋绑扎后，应加钢筋保护层垫块，以控制受力钢筋的保护层。

⑤ 钢筋构造及下料应按照砖混结构钢筋工程相应技术规程严格执行。

⑥ 圈梁节点构造通常有以下两种情况：

a. 无构造柱节点。在节点处因没有构造柱，应将圈梁的纵筋锚入相邻圈梁内，分为 L 形、T 形和十字形三种节点，锚固长度满足受拉锚固长度，如图 7.3 所示。

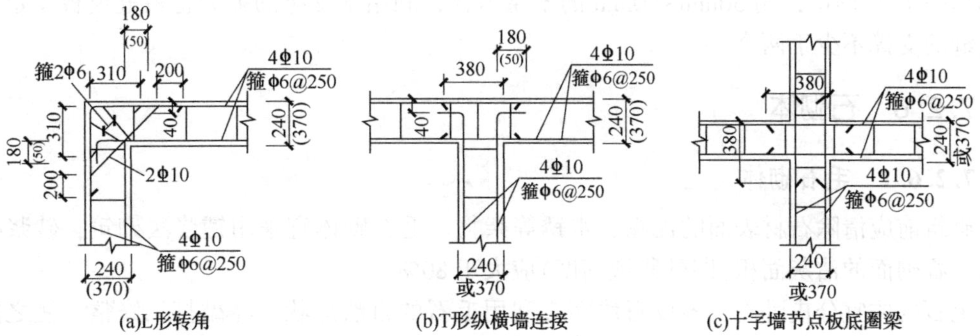

图 7.3　无构造柱节点板底圈梁(6、7 度设防)(单位：mm)

b. 有构造柱节点。在节点处，将圈梁的纵筋锚固构造柱内，锚固长度满足受拉锚固长度，一般取 38*d*(*d* 为钢筋直径)。

(2) 模板安装

圈梁模板由横楞(托木)、侧模、夹木、斜撑和搭头木等组成，以砖墙顶面为底模，侧模高度一般是圈梁高度加一皮砖厚度，以便支模时两侧侧模夹住顶皮砖。安装模板前，在离圈梁底第二皮砖处，每隔 0.9~1.2m 放置楞木(楞木截面为 50mm×100mm，或脚手架钢管)，也称挑扁担。侧木立于横楞上，在横楞上钉夹木，使侧模夹紧墙面。斜撑下端钉在横楞上，上端钉在侧模的木档上。搭头木上画出圈梁宽度线，依线对准侧模里口，隔一定距离钉在侧模上(或用钢丝拉固)，如图 7.4 所示。圈梁模板也可采用钢模板，以适当布置的梁卡具做支撑和加固。

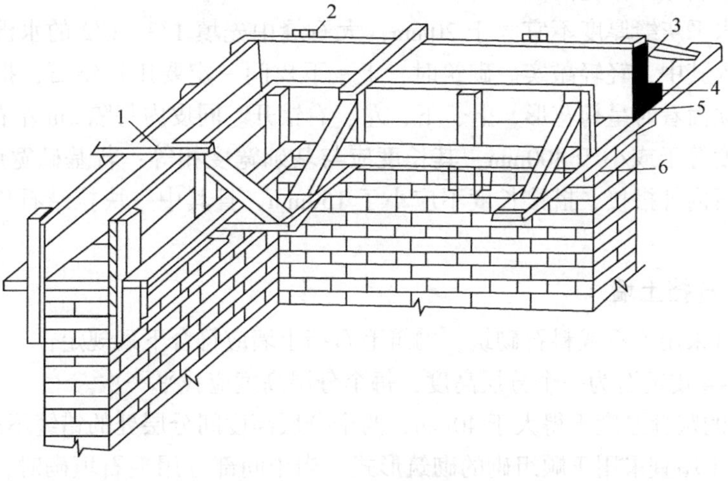

图 7.4　圈梁模板

1—搭头木；2—木档；3—斜撑；4—夹木；5—横楞；6—木楔

7.2.5.3　板缝模板

① 板缝宽度为 4cm 的，用 50mm×50mm 方木做底(或 ϕ48mm~ϕ50mm 的钢管)；板缝宽度大于 4cm 的，用竹胶板做底模，伸入板底 5~10mm，留出凹槽。

② 板缝模板采用木支撑，尽量避免采用吊杆方法。将 20mm×40mm×2500mm 的木条一

端锯出一个V形口，用50mm×50mm的木条卡住，利用木支撑的弹力将板缝模板固定，每条板缝的支撑不少于两个。

7.2.6 石砌体

7.2.6.1 毛石砌体

砌筑前应清除石材表面的泥垢、水锈等杂物。毛石砌体宜采用铺浆法砌筑，砂浆必须饱满，叠砌面的沾灰面积(即砂浆饱满度)应大于80%。

毛石砌体宜分皮卧砌，各皮石块间应利用毛石的自然形状，经敲打、修整，使之能与先砌毛石基本吻合、搭砌紧密；毛石应上下错缝，内外搭砌，不得采用外面侧立毛石、中间填心的砌筑方法；中间不得有铲口石(尖石倾斜向外的石块)、斧刃石(尖石向下的石块)和过桥石(仅在两端搭砌的石块)。

石砌体的灰缝厚度，毛料石和粗料石砌体不宜大于20mm，细料石砌体不宜大于5mm。石块间不得有相互接触现象。石块间较大的空隙应先填塞砂浆，再用碎石块嵌实，不得采用先摆碎石块、后塞砂浆或干填碎石块的方法。砂浆初凝后，如移动已砌筑的石块，应将原砂浆清理干净，重新铺浆砌筑。

7.2.6.2 毛石基础

砌筑毛石基础的第一皮石块坐浆，应先将石块的大面向下。毛石基础的转角处、交接处应用较大的平毛石砌筑。

毛石基础的扩大部分若做成阶梯形，上级阶梯的石块应至少压砌下级阶梯石块的1/2，相邻阶梯的毛石应相互错缝搭砌。

毛石基础水平灰缝厚度不宜大于20mm，大石缝中先填1/3~1/2的水泥砂浆，再用小石子、石片塞入其中，轻轻敲实。砌筑时，上、下皮间一定要用拉结石，把内外层石块拉结成整体，在立面看时呈梅花形，上、下、左、右错开。同皮内每隔2m左右设置一块拉结石，若基础宽度等于或小于400mm，其长度应与基础宽度相等；若基础宽度大于400mm，可用两块拉结石内外搭接，搭接长度不应小于150mm，且其中一块拉结石长度不应小于基础宽度的2/3。

7.2.6.3 石挡土墙

石挡土墙可采用毛石或料石砌筑。砌筑毛石挡土墙应符合下列规定：

① 每砌3~4皮毛石为一个分层高度，每个分层高度应找平一次。

② 外露面的灰缝厚度不得大于40mm，两个分层高度间分层处的错缝不得小于80mm。

③ 料石挡土墙宜采用丁顺组砌的砌筑形式。当中间部分用毛石填砌时，丁砌料石伸入毛石部分的长度不应小于200mm。石挡土墙的泄水孔当设计无规定时，施工应符合下列规定：

a. 泄水孔应均匀设置，在每米高度上间隔2m左右设置一个泄水孔。

b. 泄水孔与土体间铺设长、宽均为300mm，厚200mm的卵石或碎石作疏水层。

④ 挡土墙内侧回填土必须分层夯填，分层松土厚度应为300mm。墙顶土面应有适当坡度，使水流向挡土墙外侧面。

⑤ 石挡土墙砌筑的常见质量通病为组砌不良。

a. 现象。上、下两层石块不错缝搭接或搭接长度太少；同皮内采用丁顺相间组砌时，丁砌石数量太少(中心距过大)；同皮内采用全部顺砌或丁砌时，丁砌层层数太少；阶梯形挡土墙各阶梯的标高和墙顶标高偏差过大。

b. 原因分析。不执行施工规范和操作规程的有关规定；不按设计要求和石料的实际尺寸预先计算确定各段应砌皮数和灰缝厚度。

③ 防治措施。毛料石挡土墙应上下错缝搭砌；阶梯形挡土墙的上阶梯料石至少压砌下阶梯料石宽的1/3；同皮内采用丁顺组砌时，丁砌石应交错设置，其中心距不应大于2m；毛料石挡土墙厚度大于或等于两块石块宽度时，同皮内采用全部顺砌，但每砌两皮后，应砌一皮丁砌层；按设计要求、石料厚度和灰缝允许厚度的范围，预先计算出砌完各段、各皮的灰缝厚度。当上述要求不能同时满足时，应提前进行技术核定或设计修改。

7.2.7 混凝土小型空心砌块

7.2.7.1 一般构造要求

① 混凝土小型空心砌块砌体所用的材料，除满足强度计算要求外，还应符合下列要求：

a. 对室内地面以下的砌体，应采用普通混凝土小砌块和强度不低于M5的水泥砂浆。

b. 5层及5层以上民用建筑的底层墙体，应采用强度不低于MU5的混凝土小砌块和M5的砌筑砂浆。

② 在墙体的下列部位，应用C20混凝土灌实砌块的孔洞：底层室内地面以下或防潮层以下的砌体；无圈梁的楼板支承面下的一皮砌块；没有设置混凝土垫块的屋架、梁等构件支承面下，高度不应小于600mm，长度不应小于600mm的砌体；挑梁支承面下，距墙中心线每边不应小于300mm，高度不应小于600mm的砌体。

7.2.7.2 芯柱设计

芯柱是按设计要求设置在混凝土小型空心砌块墙体的转角处、纵横墙交接处和楼梯间四角的3个孔洞，插入钢筋并浇筑混凝土而成的。芯柱的构造要求如下：

① 芯柱截面不宜小于120mm×120mm，宜用不低于C20的细石混凝土浇筑。

② 钢筋混凝土芯柱每孔内插竖筋不应小于ϕ10mm或ϕ12mm(6~8度抗震设防)，底部应伸入室内地面下500mm或与基础圈梁锚固，顶部与屋盖圈梁锚固。

③ 在钢筋混凝土芯柱处，沿墙高每隔600mm应设ϕ4mm钢筋网片拉结，每边伸入墙体不小于600mm(如图7.5所示)或1000mm(6~8度抗震设防)；芯柱应沿房屋的全高贯通，并与各层圈梁整体现浇。

7.2.7.3 砌块施工要点

(1) 施工准备

进入施工现场的小砌块必须从持有产品合格证明书的同一厂家购入。合格证书应包括型号、规格、产品等级、强度等级、密度等级、生产日期等内容。同时，要求在厂内的养护龄期必须确保达到28d。

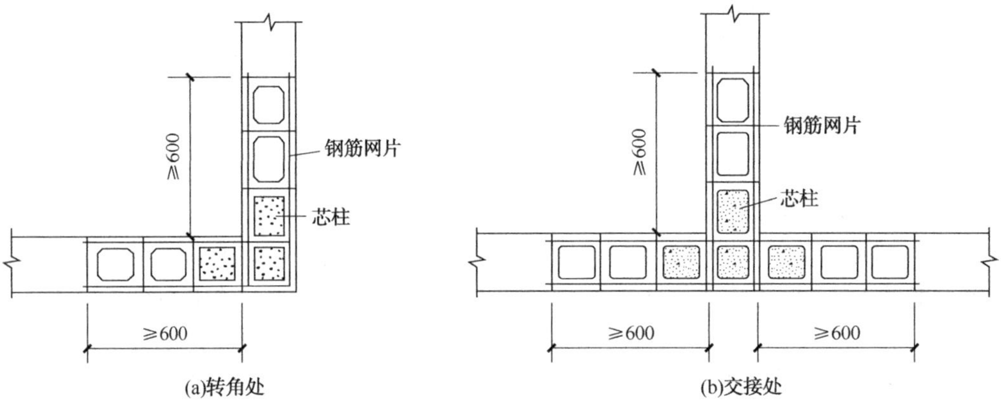

图 7.5 钢筋混凝土芯柱处拉结筋（单位：mm）

墙体施工前，必须按房屋设计图的轴线编绘小砌块平面、立面排列图。排列时，应根据小砌块规格、灰缝厚度和宽度、门窗洞口尺寸、过梁与圈梁的高度、芯柱或构造柱位置、预留洞大小及管线、开关、插座敷设部位等进行对孔、错缝搭接排列，并以主规格小砌块为主，辅以相应配套块。

砌块进场后，应按不同规格和强度等级分别整齐堆放，高度不得超过 1.6m；应避免雨淋，以防砌体产生干缩裂纹。

（2）操作技术要点

① 砌块上墙前的湿度控制。由混凝土制成的砌块与一般烧结材料不同，湿度变化时，体积也会变化，通常表现为湿胀干缩。如果干缩变形过大，超过了砌块块体或灰缝允许的极限，砌块墙就可能产生裂缝。因此，用砌块砌墙时须控制砌块上墙前的湿度。混凝土砌块和烧结普通砖的显著差别是前者不能浸水或浇水，以免砌块吸水膨胀。在天气特别干热的情况下，因砂浆水分蒸发过快，不便施工时，可在砌筑前稍加喷水湿润。

② 砌块砌筑要点。小砌块砌筑应采用不低于 M5 的细砂混合浆，此砂浆能保证和易性及黏结度，立缝碰头灰若采用中粗砂，碰头灰很难刮上。

砌块应进行反砌，即使小砌块生产时的底面朝上砌筑于墙体上，易于铺放砂浆和保证水平灰缝砂浆的饱满度。小砌块应对孔错缝搭砌，个别情况下无法对孔砌筑时，普通混凝土小砌块错缝长度不应小于 90mm，轻集料混凝土小砌块错缝长度不应小于 120mm；当不能保证此规定时，应在水平灰缝中设置 2 个 ϕ4mm 钢筋网片，钢筋网片每端均应超过该垂直灰缝，其长度不得小于 300mm。

水平灰缝的砂浆饱满度，应按净面积计算，不得低于 90%；竖向灰缝饱满度不得小于 80%，竖缝凹槽部位应用砌筑砂浆填实；不得出现瞎缝、透明缝。灰缝厚度与砖砌体一致。墙体转角处和纵横交接处应同时砌筑。临时间断处应砌成斜槎，斜槎水平投影长度不应小于高度的 2/3。承重砌体严禁使用断裂小砌块或壁肋中有竖向凹形裂缝的小砌块砌筑。

墙上现浇混凝土圈梁等构件时，必须将梁底作底模用的一皮小砌块孔洞预先填实 140mm 高的 C20 混凝土或实心小砌块。固定圈梁、挑梁等构件侧模的水平拉杆、扁铁或螺栓应从小砌块灰缝中的预留 ϕ10mm 孔穿入，不得在小砌块块体上打凿安装洞，但可利用侧砌的小砌块孔洞，等模板拆除后，用 C20 混凝土将孔洞填实。

木门框与小砌块墙体连接可在单孔小砌块(190mm×190mm×190mm)孔洞内埋入满涂沥青的楔形木砖块，四周用 C20 混凝土填实。砌筑时，应将显露木砖的一面砌于门洞两侧上、中、下部位各 3 块，木门框即钉设在木砖上。门窗洞口两侧的小砌块孔洞灌填 C20 混凝土，其门窗与墙体的连接方法可按实心混凝土墙体施工。

严禁在墙体上剔凿。对设计规定的洞口、管道、沟槽和预埋件，应在砌筑时预留或预埋。

7.2.7.4 芯柱施工

① 芯柱部位宜采用不封底的通孔小砌块，当采用半封底小砌块时，砌筑前必须打掉孔洞毛边。在楼(地)面砌筑第一皮小砌块时，在芯柱部位应用开口砌块(或 U 形砌块)砌出操作孔，在操作孔侧面宜预留连通孔，必须清除芯柱孔洞内的杂物，削掉孔内凸出的砂浆，用水冲洗干净，校正钢筋位置并绑扎或焊接固定后，方可浇筑混凝土。芯柱钢筋应与基础或基础梁中的预埋钢筋连接，上、下楼层的钢筋可在楼板面上搭接，搭接长度不应小于 40d。

② 砌筑砂浆强度达到 1.0MPa 以上时，才可浇筑芯柱混凝土。浇筑混凝土前不用浇水湿润(即使浇水湿润，往往只对上面几层砌块有作用)，芯柱以坍落度在 100mm 以上的塑性混凝土为宜，这样既便于浇筑，又能使孔洞周围的砌块吸收一部分水分，从而起到湿润砌块的作用。每浇筑 400~500mm 高度混凝土捣实一次。灌孔所用混凝土内宜加一定量的膨胀剂，以保证混凝土不因失水收缩而降低与周围砌块的黏结力。浇筑后的芯柱应低于最上面一层砌块表面至少 50mm，以利于上、下芯柱的连接，增加芯柱抗剪能力并保证芯柱连成整体。芯柱、底圈梁、上圈梁的钢筋应相互连接，同时浇筑混凝土。

7.2.7.5 混凝土小砌块砌体的质量要求

(1) 主控项目

小砌块和砂浆的强度等级；砌体水平灰缝的砂浆饱满度和竖缝；留槎。

(2) 一般项目

水平灰缝厚度和竖向灰缝宽度；一般尺寸允许偏差(基础顶面和楼面标高，表面平整度，门窗洞口高、宽，外墙上、下窗口偏移，水平灰缝平直度)；轴线偏移和垂直度偏差。

7.3 填充墙砌体

7.3.1 填充墙砌体施工的一般问题

填充墙是应用于框架、框-剪结构或钢结构中，主要用于围护或分隔区间的墙体，其砌筑材料大多采用烧结多孔砖、混凝土小型空心砌块和加气混凝土砌块等，要求有一定的强度、轻质、隔声、隔热等效果。加气混凝土砌块近年来得到了广泛的应用，但目前的使用情况并不理想，其原因主要有：设计单位未能掌握加气混凝土砌块的有关设计要点，构造补强措施未能在图纸上标明；建设单位对构造补强措施认识不足，为降低工程造价，取消挂网等构造补强措施；监理和施工单位现场管理人员未掌握加气混凝土砌块的施工要点，砌筑工人不熟悉工艺，仍按黏土实心砖的施工工艺进行砌筑；砌块生产企业为加速周转，将产品龄期未到28d的加气混凝土砌块运至施工现场并用于工程。

在汶川地震灾区倒塌破坏房屋调查中，填充墙的破坏较为普遍，因此，填充墙的施工除应满足一般砖砌体和各类砌块等相应技术、质量、工艺标准外，还应注意以下几个方面的问题。

7.3.1.1 填充墙与结构的连接

(1) 填充墙两端与结构连接

砌体与混凝土柱或剪力墙的连接一般有三种方式：第一种方法是预留拉结筋法；第二种方法是预埋铁件法；第三种方法是植筋法。无论采用何种方法，都应注意预留位置和砌块灰缝对齐。

(2) 墙顶与结构件底部连接

为保证墙体的整体性、稳定性，填充墙顶部应采取相应的措施与结构挤紧。通常采用砌筑“滚砖”(实心砖)或在梁底做预埋铁件等方式与填充墙连接。不论采用哪种连接方式，都应分两次完成一片墙体的施工，其中时间间隔不少于7d。这是为了让砌体砂浆有一个完成压缩变形的时间，保证墙顶与构件连接的效果。

(3) 施工注意事项

填充墙施工最好从顶层向下层砌筑，防止因结构变形量向下传递而造成早期下层先砌筑的墙体产生裂缝。特别是空心砌块，此裂缝的发生往往是在工程主体完成3~5个月后，通过墙面抹灰在跨中产生竖向裂缝得以暴露。因而，质量问题的滞后性给后期处理带来困难。

当工期太紧，填充墙施工必须由底层逐步向顶层进行时，则墙顶的连接处理需待全部砌体完成后，从上层向下层施工，这是为了给每一层结构完成变形留出时间和空间。

7.3.1.2 门窗的连接问题

由于空心砌块与门窗框直接连接不易达到要求，特别是门窗较大时，施工中通常采用在洞口两侧做混凝土构造柱、预埋混凝土预制块及镶砖的方法。空心砌块在窗台顶面应做成混凝土压顶，以保证门窗框与砌体的可靠连接。

7.3.1.3 防潮防水问题

空心砌块用于外墙面时，涉及防水问题。在墙的迎风迎雨面，在风雨作用下易产生渗漏现象，主要发生在灰缝处。因此，在砌筑中应注意灰缝饱满密实，竖缝应灌砂浆插捣密实。外墙面的装饰层应采取适当的防水措施，如在抹灰层中加3%~5%的防水粉、面砖勾缝或表面刷防水剂等，确保外墙的防水效果。目前，市场上有多种防水砂浆材料，其工艺特点是靠砂浆材料自身在养护条件下产生较好的防水效果来满足外墙的防水要求，特别是高孔隙率的墙体材料。

空心砌块用于室内隔墙时，砌体下应用实心混凝土块或实心砖砌200mm高的底座，也可采用混凝土现浇。

7.3.1.4 墙体转角构造问题

墙体转角、交接处(L形、T形和十字形)属于填充墙的薄弱环节，应使纵、横墙的砌块相互搭砌，隔皮砌块露端面。加气混凝土砌块墙的T形交接处，应使横墙砌块隔皮露端面，并坐中于纵墙砌块(如图7.6所示)；还应沿墙高每600mm在水平灰缝中放置拉结钢筋，拉结钢筋为ϕ6mm，钢筋伸入墙内长度如下：非抗震为700mm，6、7度抗震设防为墙长的1/5且不小于700mm，8、9度抗震设防沿墙全长贯通。

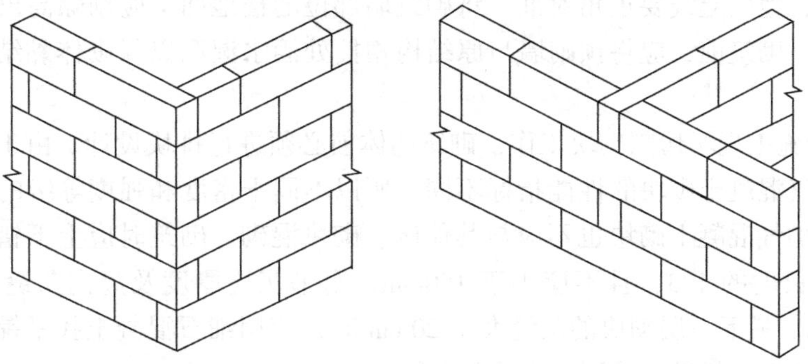

图7.6 加气混凝土砌块墙的转角处、交接处砌法

7.3.1.5 单片面积较大的填充墙施工问题

大空间的框架结构填充墙，应在墙体中根据墙体长度、高度需要设置构造柱和水平现浇混凝土带，以提高砌体的稳定性。当大面积的墙体有洞口时，在洞口处应设置混凝土现浇带并沿洞口两侧设置混凝土边框。施工中应注意预埋构造柱钢筋的位置正确。具体情况如下：

① 墙长≤两倍墙高，且墙高≤4m时，沿框架柱每隔600mm间距预留拉结筋。

② 墙长>两倍墙高，但墙高≤4m时，可在墙中加设构造柱。

③ 墙高>4m，但墙长≤两倍墙高时，沿墙高之间设置现浇带。

④ 墙高大于4m且墙长>两倍墙高时，既设构造柱也设现浇带。

拉结筋伸入墙长度如下：非抗震为700mm，6、7度抗震设防时，为墙长的1/5且不小于700mm，8、9度抗震设防时，沿墙全长贯通；混凝土现浇带宽同墙厚，高为120mm，配4根ϕ8mm钢筋，箍筋为ϕ6mm@200mm，锚入框架柱280mm；构造柱截面长度为200mm，配4根ϕ10mm钢筋，箍筋为ϕ6mm@200mm，锚入下部梁中380mm。

由于块料不同，填充墙的做法各异，因此要求也不尽相同。实际施工时，应参照相应设计要求及施工质量验收规范和各地颁布实施的标准图集、施工工艺标准等。

7.3.2 加气混凝土砌块填充墙施工

7.3.2.1 工艺流程

弹出墙身及门窗洞口位置墨线→预留拉结筋→楼面找平→选砌块、摆砌块→撂底→砌一步架墙→砌二步架墙(砌筑过程中留槎、下拉结网片、安装混凝土过梁)→勾缝或斜砖砌筑与框架顶紧→检查验收。

7.3.2.2 加气混凝土砌块填充墙施工要点

① 严格控制好加气混凝土砌块上墙砌筑时的含水率，一般控制在10%~15%，即砌块含水深度以表层下8~10mm为宜，可通过刀刮或敲小边观察规律，按经验判定。通常情况下在砌筑前24h浇水，浇水量应根据施工时的季节和干湿温度情况决定，由表面湿润度控制。禁止直接使用饱含雨水或浇水过量的砌块。

② 砌筑前应弹好墙身墨线、地墨线、转角留位留洞指示墨线等，注意墙身墨线一定要到楼板或梁底，地面墨线要正角对准。将砌筑墙部位的楼地面，应剔除高出底面的凝结灰浆，清扫干净。砌筑前，应将预砌墙与原结构相接处洒水湿润以保砌体黏结，但注意地面不能有积水。

③ 为减少施工现场切割砌块工作，砌筑墙体前必须进行排块设计。由于不同干密度和强度等级的加气混凝土砌块的性能指标不同，所以不同干密度和强度等级的加气混凝土砌块不应混砌，加气混凝土砌块也不应与其他砖、砌块混砌。砌筑时应上下错缝，搭接长度不宜小于砌块长度的1/3，且不应小于150mm，水平灰缝厚度及竖向灰缝宽度宜分别为15mm和20mm。最下一层砌块的灰缝大于20mm时，应用细石混凝土找平铺砌。砌好的砌体不能撬动、碰撞、松动，否则，应重新砌筑。

④ 砌筑时，灰缝要做到横平竖直，上、下层十字错缝，转角处应相互咬槎，砂浆要饱满，水平灰缝不大于15mm，垂直灰缝不大于20mm，砂浆饱满度要求在80%以上。垂直缝宜用内、外临时夹板灌缝，砌筑后应立即用原砂浆内、外勾灰缝，以保证砂浆的饱满度。墙体的施工缝处必须砌成斜槎，斜槎长度应不小于高度的2/3。

⑤ 在墙面上凿槽敷管时，应使用专用工具，不得用斧或瓦刀任意砍凿。管道表面应低于墙面4~5mm，并将管道与墙体卡牢，不得有松动、反弹现象，然后浇水湿润，填嵌强度等同砌筑所用的砂浆，与墙面补平，并沿管道敷设方向铺10mm×10mm钢丝网，其宽度应跨过槽口，每边不小于50mm，绷紧、钉牢。

⑥ 墙体砌筑后，做好防雨遮盖，避免雨水直接冲淋墙面。外墙向阳面的墙体，也要做好遮阳处理，避免高温引起砂浆中水分挥发过快，必要时应适当用喷雾器喷水养护。每日砌筑高度控制在1.4m以内，春季施工时每日砌筑高度控制在1.2m以内，下雨天停止砌筑。因砌体自重较轻，容易造成与砂浆的黏结不充分而产生裂缝，故在停砌时，最高一皮砌块用一皮浮砖压顶。

7.3.2.3 加气混凝土填充墙的质量通病及预防

(1) 质量通病

加气混凝土填充墙砌筑及后续抹灰常见的质量通病为墙体裂缝。加气混凝土砌块填充墙体裂缝的产生原因是多样、复杂的，水泥制品的干缩变形特性及受潮后二次收缩变形的特性是墙体裂缝产生的主要因素，温度变形和施工操作不当也会加剧墙体裂缝的形成和发展。因此，要彻底解决裂缝问题，必须在材料、设计、施工等各个环节严格遵守规范、规程、技术标准的有关规定，精心施工，严格监督。

(2) 预防措施

产品龄期未到28d不能上墙砌筑，严禁不同级别的加气混凝土砌块混砌，严格按有关构造规定和质量验收要求进行砌筑。为确保加气混凝土墙面抹灰与基层黏结牢固，抹灰前应满刷界面剂，涂刷界面剂前，应在加气混凝土砌块填充墙管道沟槽处和填充墙与钢筋混凝土柱、墙、梁等接缝处贴紧墙面满钉加强网，且不同材质抹灰基体灰沟槽两侧搭接宽度不小于150mm；外墙抹灰前采用聚合物水泥砂浆进行第一道抹灰，抹灰厚度为6mm，内墙抹灰采用聚合物混合砂浆，底槽与饰面层不得一次成型。

7.3.3 填充墙的质量要求

7.3.3.1 一般规定

① 蒸压加气混凝土砌块、轻集料混凝土小型空心砌块砌筑时，其产品龄期应超过28d。

② 在烧结空心砖、蒸压加气混凝土砌块、轻集料混凝土小型空心砌块等的运输、装卸过程中，严禁抛掷和倾倒。进场后应按品种、规格分别堆放整齐，堆置高度不宜超过2m。加气混凝土砌块应防止雨淋。

③ 填充墙砌体砌筑前，块材应提前2d浇水湿润。蒸压加气混凝土砌块砌筑时，应向砌筑面适量浇水。

④ 用轻集料混凝土小型空心砌块或蒸压加气混凝土砌块砌筑墙体时，墙底部应砌烧结普通砖、多孔砖或普通混凝土小型空心砌块、现浇混凝土坎台等，其高度不宜小于200mm。

7.3.3.2 主控项目

烧结空心砖、小砌块和砌筑砂浆的强度等级应符合设计要求。

7.3.3.3 一般项目

① 填充墙砌体一般尺寸的允许偏差应符合表7.1的规定。

表7.1 填充墙砌体一般尺寸的允许偏差

项次	项目		允许偏差/mm	检验方法
1	轴线位移		10	用尺检查
2	垂直度(每层)	≤3m	5	用2m托线板或吊线、尺检查
		>3m	10	
3	表面平整度		8	用2m靠尺和楔形尺检查
4	门窗洞口高、宽(后塞口)		±10	用尺检查
5	外墙上、下窗口偏移		20	用经纬仪或吊线检查

② 蒸压加气混凝土砌块砌体和轻集料混凝土小型空心砌块砌体不应与其他块材混砌。

③ 填充墙砌体的砂浆饱满度及检验方法应符合规定，如表7.2所示。

表7.2 填充墙砌体的砂浆饱满度及检验方法

砌体分类	灰缝	饱满度及要求	检验方法
空心砖砌体	水平	≥80%	采用百格网检查块体底面或侧面砂浆的黏结痕迹面积
	垂直	填满砂浆，不得有透明缝、瞎缝、假缝	
蒸压加气混凝土砌块和轻集料混凝土小型空心砌块砌体	水平	≥80%	
	垂直	≥80%	

④ 填充墙留置的拉结钢筋或网片的位置应与块体皮数符合。拉结钢筋或网片应置于灰缝中，埋置长度应符合设计要求，竖向位置偏差不应超过一皮高度。

⑤ 填充墙砌筑时，应错缝搭砌，蒸压加气混凝土砌块的搭砌长度不应小于砌块长度的1/3；轻集料混凝土小型空心砌块的搭砌长度不应小于90mm；竖向通缝不应大于两皮。

⑥ 填充墙砌体的水平灰缝厚度和竖向灰缝宽度应正确。烧结空心砖、轻集料混凝土小型空心砌块砌体的灰缝应为8~12mm；蒸压加气混凝土砌块砌体的水平灰缝厚度及竖向灰缝宽度不应超过15mm。

⑦ 填充墙砌至接近梁、板底时，应留一定空隙，待填充墙砌完并应至少间隔7d后，再将其补砌、挤紧。

第 8 章　钢筋混凝土工程施工

钢筋混凝土工程包括现浇钢筋混凝土结构施工和装配式钢筋混凝土构件制作两个方面，由模板、钢筋和混凝土等多个工种工程组成。

模板工程方面，不断开发新型模板，以满足清水混凝土的施工要求，同时因地制宜地发展多种支模方法，采用工具式支模方式与组合式钢模板，继续推广工具式大模板、滑升模板、爬模、提模、台模、隧道模等支模方法和专用工具；不断开发钢框胶合板模板、中型钢模板、钢或胶合板可拆卸式大模板、塑料或玻璃钢模壳等工具式模板及支撑体系，进一步提高模板制作质量和施工技术水平。

钢筋工程方面，大力推广应用 HRB400 钢筋、冷轧带肋钢筋等高效钢筋，低松弛高强度钢绞线及钢筋网焊接技术；采用数控调直剪切机、光电控制点焊机、钢筋冷拉联动线等；大力推广粗直径钢筋的机械连接与焊接，在电渣压力焊、气压焊、套筒挤压连接技术，锥螺纹及直螺纹连接技术和线性规划用于钢筋下料等方面取得了不少成绩。

混凝土工程方面，大力发展预拌混凝土应用技术，加强搅拌站的改造，实现上料机械化、计量计算机控制和管理、混凝土搅拌自动化或半自动化，进一步扩大商品混凝土的应用范围；应用当地材料，配制满足多种性能要求的高强度混凝土，继续提高 C50、C55、C60 级高强混凝土的应用；开发超塑化剂、超细活性掺合料及高性能混凝土的应用；还推广了混凝土强制搅拌、高频振动、混凝土搅拌运输车和混凝土泵等新工艺。

8.1　模板施工

模板系统包括模板、支架和紧固件三个部分。模板又称模型板，是新浇混凝土成型用的模型。支承模板及承受作用在模板上的荷载的结构(如支柱、桁架等)均称为支架。模板及其支架应根据工程结构形式、荷载大小、地基土类别、施工设备和材料供应等条件进行设计。模板及其支架应有足够的承载力、刚度和稳定性，能可靠地承受浇筑混凝土的重力、侧压力以及施工荷载。

同时必须符合下列规定：保证工程结构和构件各部位形状尺寸和相互位置的正确；构造简单，装拆方便，便于钢筋的绑扎与安装、混凝土的浇筑与养护等；接缝严密，不得漏浆。

8.1.1　木模板

木模板及其支架系统一般在加工厂或现场木工棚制成元件，然后再在现场拼装。如图 8.1 所示为基本元件之拼板的构造。下文将介绍基础模板、柱子模板、梁模板、楼板模板和楼梯模板的施工内容。

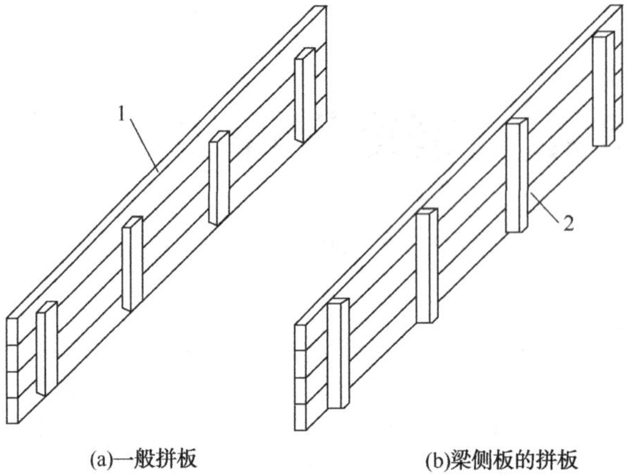

图 8.1　拼板的构造

1—板条；2—拼条

8.1.1.1　基础模板

基础的特点是高度不大但体积较大。基础模板一般利用地基或基槽(坑)进行支撑。如土质良好，基础的最下一级可不用模板，直接原槽浇筑。安装时，要保证上下模板不发生相对位移，若为杯形基础，则还要在其中放入杯口模板。如图 8.2 所示为阶梯形基础模板。

8.1.1.2　柱子模板

柱子的特点是断面尺寸不大但高度较大。如图 8.3 所示，柱子模板由内拼板夹在两块外拼板之内组成，亦可用短横板代替外拼板钉在内拼板上。

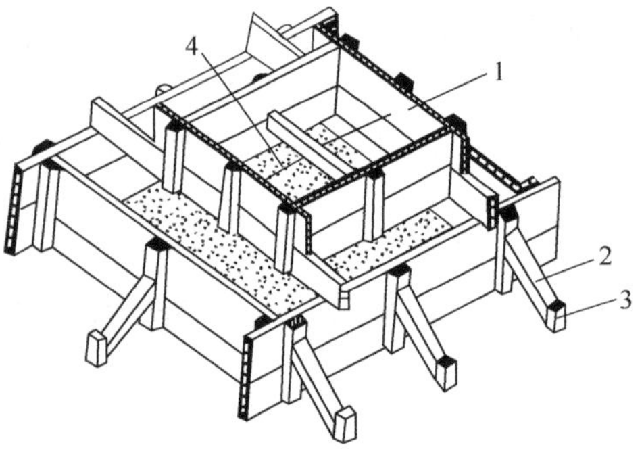

图 8.2　阶梯形基础模板

1—拼板；2—斜撑；

3—木桩；4—铁丝

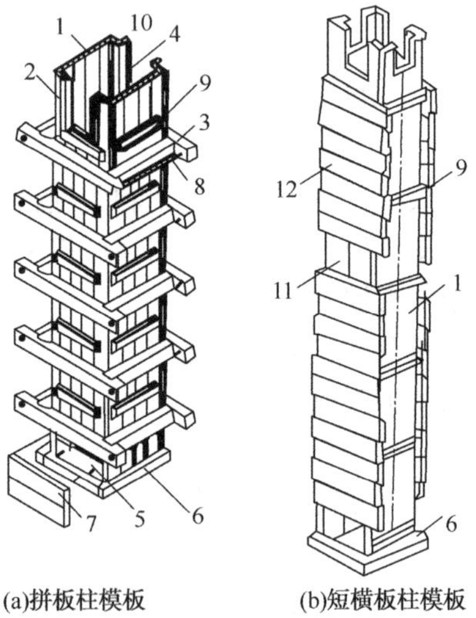

图 8.3　柱模板

1—内拼板；2—外拼板；3—柱箍；

4—梁缺口；5—清理孔；6—木框；

7—盖板；8—拉紧螺栓；9—拼条；

10—三角木条；11—浇筑孔；12—短横板

在安装柱模板前，应先绑扎好钢筋，测出标高并标注在钢筋上，同时在已浇筑的基础顶面或楼面上固定好柱模板底部的木框，在内外拼板上弹出中心线，根据柱边线及木框竖立模板，并用临时斜撑固定，然后由顶部用锤球校正，使其垂直。检查无误后，即用斜撑钉牢固定。同在一条轴线上的柱，应先校正两端的柱模板，再从柱模板上口中心线拉一铁丝来校正中间的柱模。柱模之间，要用水平撑及剪刀撑相互拉结。

8.1.1.3 梁模板

梁的特点是跨度大而宽度不大，梁底一般是架空的。梁模板主要由底模、侧模、夹木及支架系统组成。底模用长条模板加拼条拼成，或用整块板条。

梁模板安装时，沿梁模板下方地面上铺垫板，在柱模板缺口处钉衬口挡，把底板搁置在衬口挡上；接着，立起靠近柱或墙的顶撑，再将梁按长度等分，立中间部分顶撑，顶撑底下打入木楔，并检查调整标高；然后，把侧模板放上，两头钉于衬口挡上，在侧板底外侧铺钉夹木，再钉上斜撑和水平拉条。有主次梁模板时，要待主梁模板安装并校正后才能进行次梁模板安装。梁模板安装后再拉中线检查、复核各梁模板中心线位置是否正确。

8.1.1.4 楼板模板

楼板的特点是面积大而厚度比较薄，侧向压力小。楼板模板及其支架系统，主要承受钢筋、混凝土的自重及其施工荷载，保证模板不变形，如图 8.4 所示。

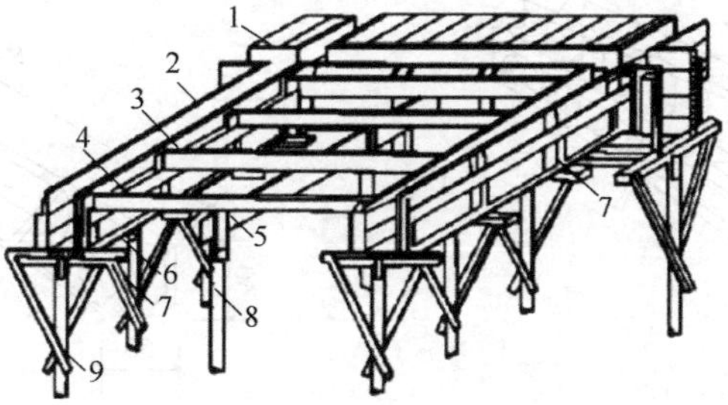

图 8.4 梁及楼板的模板

1—楼板模板；2—梁侧模板；3—楞木；4—托木；5—杠木；6—夹木；7—短撑木；8—杠木撑；9—顶撑

8.1.1.5 楼梯模板

楼梯模板的构造与楼板相似，不同点是楼梯模板要倾斜支设，且要能形成踏步。踏步模板分为底板及梯步两部分。

将梯步放到板上，锯下多余部分成齿形，再把梯步模板钉上，安装固定在绑完钢筋的楼梯斜面上即可。平台、平台梁的模板施工同前。

8.1.2 定型组合钢模板

定型组合钢模板是一种工具式定型模板，由钢模板和配件组成。配件包括连接件和支承件。钢模板通过各种连接件和支承件可组合成多种尺寸、结构和几何形状的模板，以适应各种类型建筑物的梁、柱、板、墙、基础和设备等施工的需要，也可用其拼装成大模板、滑模、隧道模和台模等。

定型组合钢模板组装灵活，通用性强，拆装方便；每套钢模可重复使用50~100 次；加工精度高，浇筑混凝土的质量好，成型后的混凝土尺寸准确、棱角整齐、表面光滑，可以节省装修用工。

8.1.2.1 钢模板

钢模板包括平面模板、阴角模板、阳角模板和连接角模，如图 8.5 所示。

钢模板采用模数制设计，宽度模数以 50mm 进级，长度模数以 150mm 进级，可以适应横竖拼装成以 50mm 进级的任何尺寸的模板。

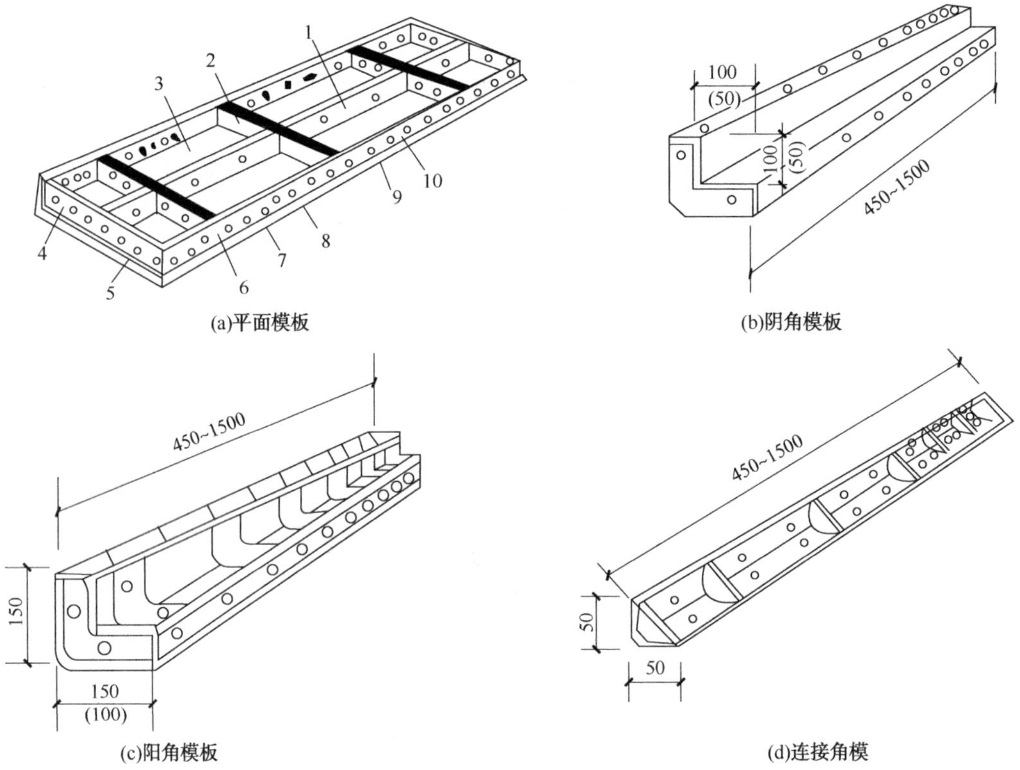

图 8.5 钢模板(单位：mm)

1—中纵肋；2—中横肋；3—面板；4—横肋；5—插销孔；6—纵肋；7—凸棱；8—凸鼓；9—U 形卡孔；10—钉子孔

(1) 平面模板

平面模板用于基础、墙体、梁、板、柱等各种结构的平面部位。它由面板和肋组成，肋上设有 U 形卡孔和插销孔，利用 U 形卡和 L 形插销等拼装成大块板。

(2) 阴角模板

阴角模板用于混凝土构件的阴角，如内墙角、水池内角及梁板交接处的阴角等。

(3) 阳角模板

阳角模板主要用于混凝土构件的阳角。

(4) 连接角模

连接角模用于平面模板做垂直连接构成阳角。

8.1.2.2 连接件

定型组合钢模板的连接件包括 U 形卡、L 形插销、钩头螺栓、紧固螺栓、对拉螺栓和扣件等，如图 8.6 所示。

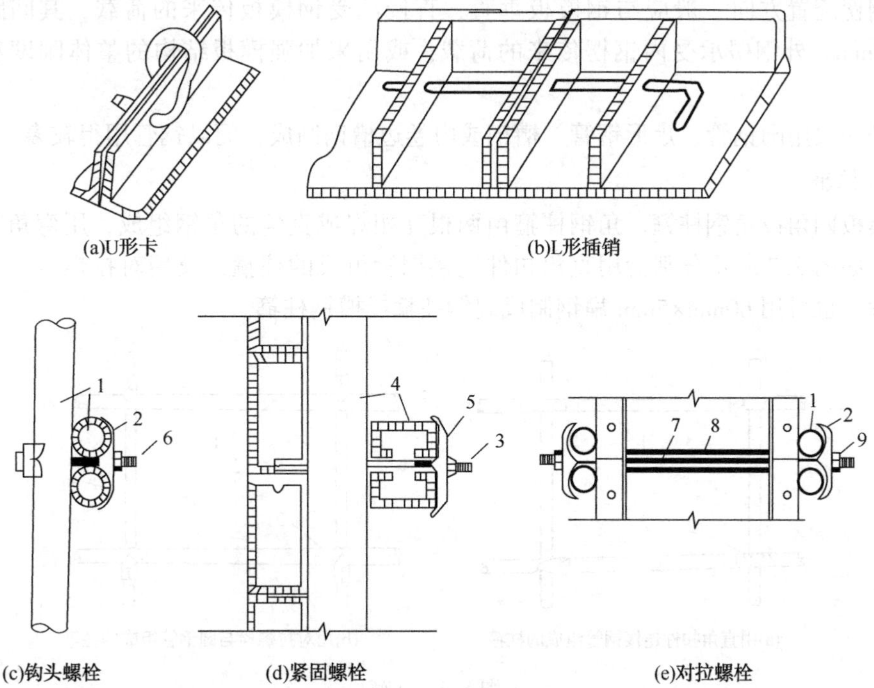

图 8.6 钢模板连接件

1—圆钢管钢楞；2—"3"形扣件；3—钩头螺栓；4—内卷边槽钢钢楞；5—蝶形扣件；6—紧固螺栓；7—对拉螺栓；8—塑料套管；9—螺母

(1) U 形卡

U 形卡是模板的主要连接件，用于相邻模板的拼装。

(2) L 形插销

L 形插销用于插入两块模板纵向连接处的插销孔内，以增强模板纵向接头处的刚度。

(3) 钩头螺栓

钩头螺栓是连接模板与支撑系统的连接件。

(4) 紧固螺栓

紧固螺栓是用于内、外钢楞之间的连接件。

(5) 对拉螺栓

又称穿墙螺栓，用于连接墙壁两侧模板，保持墙壁厚度，承受混凝土侧压力及水平荷载，使模板不致变形。

(6) 扣件

扣件用于钢楞之间或钢楞与模板之间的扣紧，按钢楞的不同形状，可分别采用蝶形扣件和"3"形扣件。

8.1.2.3 支承件

(1) 钢楞

钢楞即模板的横挡和竖挡，分内钢楞与外钢楞两种。

内钢楞配置方向一般应与钢模板垂直，直接承受钢模板传来的荷载，其间距一般为700~900mm。外钢楞承受内钢楞传来的荷载，或用来加强模板结构的整体刚度和调整平直度。

钢楞一般用圆钢管、矩形钢管、槽钢或内卷边槽钢制成，而以钢管用得较多。

(2) 柱箍

柱模板四角设角钢柱箍。角钢柱箍由两根互相焊成直角的角钢组成，用弯角螺栓及螺母拉紧。如图 8.7 所示分别为用直角扣件连接钢管组成的柱箍，及用对拉螺栓与圆钢管组成的柱箍。也可用 60mm×5mm 扁钢制成扁钢柱箍或槽钢柱箍。

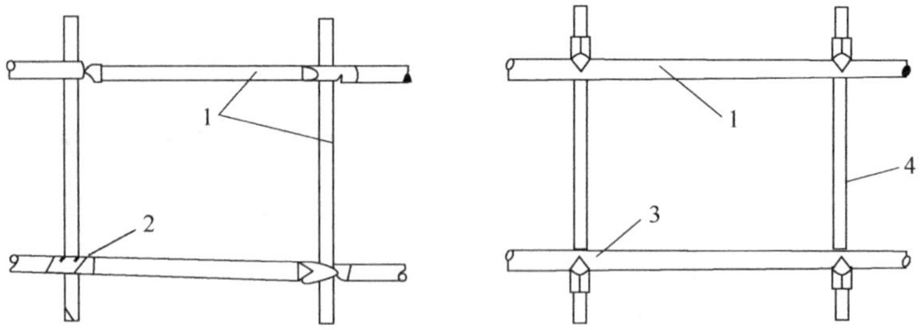

(a)用直角扣件连接钢管组成的柱箍　(b)用对拉螺栓与圆钢管组成的柱箍

图 8.7　柱箍

1—圆钢管；2—直角扣件；3—“3”形扣件；4—对拉螺栓

(3) 钢管支架

钢管支架由内外两节钢管制成，其高低调节距模数为 100mm；支架底部除垫板外，均用木楔调整标高，以利于拆卸。另一种钢管支架本身装有调节螺杆，能调节一个孔距的高度，使用方便，但成本略高。

当荷载较大、单根支架承载力不足时，可采用组合钢支架或钢管井架。还可采用扣件式钢管脚手架、门型脚手架做支架。

(4) 斜撑

斜撑是由组合钢模板拼装成的整片墙模或柱模，在吊装就位后，应由斜撑调整和固定其垂直位置。

(5) 钢桁架

钢桁架两端可支承在钢筋托具，墙、梁侧模板的横挡以及柱顶梁底横挡上，以支承梁或板的模板。整榀式：一榀桁架的承载能力约为 30kN(均匀放置)。组合式：一榀桁架的承载能力约为 20kN(均匀放置)。

(6) 梁卡具

又称梁托架，用于固定矩形梁、圈梁等模板的侧模板，可节约斜撑等材料，也可用于侧模板上口的卡固定位，如图 8.8 所示。

8.1.2.4 钢框胶合板模板

钢框胶合板模板是指钢框与木胶合板或竹胶合板结合使用的一种模板。这种模板采用模数制设计，横竖都可以拼装，使用灵活、使用范围广，并有完整的支撑体系，可适用于墙体、楼板、梁、柱等多种结构的施工，是国外应用广泛的模板形式之一。钢框胶合板模板由防水木、竹胶合板平铺在钢框上，用沉头螺栓与钢框连牢。

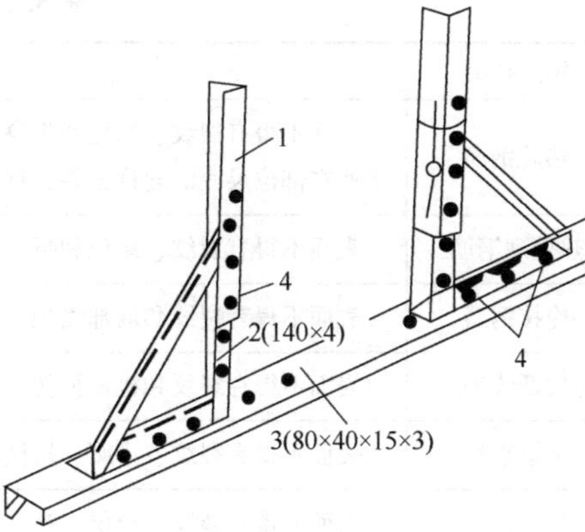

图 8.8 梁卡具(单位：mm)
1—调节杆；2—三脚架；
3—底座；4—螺栓

8.1.3 模板的拆除

模板的拆除日期取决于混凝土的强度、各个模板的用途、结构的性质、混凝土硬化时的气温等。

(1) 侧模板

侧模板拆除时的混凝土强度应能保证其表面及棱角不因拆除模板而受损坏。

(2) 底模板及支架

底模板及支架拆除时的混凝土强度应符合设计要求；当设计无具体要求时，混凝土强度应符合规定。检查数量：全数检查。检查方法：同条件养护试件强度试验。

(3) 拆模顺序

一般是先支后拆，后支先拆，先拆除侧模板，后拆除底模板。重大复杂模板的拆除，事前应制定拆模方案。对于肋形楼板的拆模，首先拆除柱模板，然后拆除楼板底模板、梁侧模板，最后拆除梁底模板。

多层楼板模板支架的拆除，应按下列要求进行：上层楼板正在浇筑混凝土时，下一层楼板的模板支架不得拆除，再下一层楼板模板的支架仅可拆除一部分；跨度≥4m 的梁均应保留支架，其间距不得大于 3m。

8.2 钢筋施工

8.2.1 钢筋的验收、贮存、配料与代换

8.2.1.1 钢筋的验收、贮存

(1) 钢筋的验收

钢筋混凝土结构中所用的钢筋都应有出厂质量证明或试验报告单，每捆(盘)钢筋均应有标牌。进场时应按批号及直径分批验收。验收的内容包括查对标牌、外观检查等。外观检查应满足表 8.1 的要求。

表 8.1 钢筋外观检查要求

钢筋种类	外观要求
热轧钢筋	表面不得有裂纹、结疤和折叠，如有凸块，不得超过横肋的高度，其他缺陷的高度和深度不得大于所在部位尺寸的允许偏差，钢筋外形尺寸等应符合国家标准
热处理钢筋	表面不得有裂纹、结疤和折叠，如有局部凸块不得超过横肋的高度，钢筋外形尺应符合国家标准
冷拉钢筋	表面不得有裂纹和局部缩颈
冷拔低碳钢丝	表面不得有裂纹和机械损伤
碳素钢丝	表面不得有裂纹、小刺、机械损伤、锈皮和油漆
刻痕钢丝	表面不得有裂纹、分层、锈皮、结疤
钢绞线	不得有折断、横裂和相互交叉的钢丝，表面不得有润滑剂、油渍

钢筋、钢丝、钢绞线应成批验收，应按有关标准的规定抽取试样做力学性能试验和冷弯试验，试验合格后方可使用。做试验时的抽样方法应按相应标准所规定的规则抽取。若有一个试样一项试验指标不合格，则另取双倍数量试样进行复检，若仍有一个试样不合格，则该批钢筋不予验收。

(2) 钢筋的贮存

钢筋进场后，必须严格按批，分等级、牌号、直径、长度挂牌存放，不得混淆。钢筋应尽量堆入仓库或料棚内。条件不具备时，应选择地势较高、土质坚硬的场地存放，存放时，钢筋下部应垫高，离地至少 20cm 高，以防钢筋锈蚀。在堆场周围应挖排水沟，以利泄水。

8.2.1.2 钢筋的配料

钢筋配料是钢筋工程施工的重要一环，应由识图能力强，同时熟悉钢筋加工工艺的人员进行。钢筋加工前应根据设计图纸和会审记录按不同构件编制配料单，然后进行备料加工。

(1) 钢筋下料长度

钢筋下料长度计算是钢筋配料的关键。钢筋因弯曲或弯钩其长度会变化。必须了解混凝土保护层、钢筋弯曲、钢筋弯钩等规定，再根据图中尺寸计算其下料长度。

① 弯曲调整值。钢筋弯曲后的特点：在弯曲处内皮收缩、外皮延伸、轴线长度不变，钢筋弯曲段的外包尺寸大于轴线长度，二者之间存在一个差值，称量度差值。

② 弯钩增加长度。钢筋的弯钩形式有三种：半圆弯钩、直弯钩及斜弯钩。半圆弯钩是最常用的一种弯钩，直弯钩只用在柱钢筋的下部、箍筋和附加钢筋中，斜弯钩只用在直径较小的钢筋中。光圆钢筋的弯钩增加长度：半圆弯钩为 $6.25d$(d 为钢筋直径)，直弯钩为 $3.5d$，斜弯钩为 $4.9d$。

③ 箍筋调整值。箍筋调整值，即为弯钩增加长度和弯曲调整值两项之差或和，根据箍筋量外包尺寸或内皮尺寸确定，如表 8.2 所示。

表 8.2 箍筋调整值

箍筋量度方法	箍筋直径/mm			
	4~5	6	8	10~12
量外包尺寸/mm	40	50	60	70
量内皮尺寸/mm	80	100	120	150~170

(2) 钢筋配料要点

钢筋配料是钢筋加工中的一项重要工作，合理的配料能使钢筋得到最大限度的利用，并使钢筋的安装和绑扎工作简单化。应合理安排同规格、同品种的下料，使钢筋的出厂规格长度能够得到充分利用，或库存各种规格和长度的钢筋得到充分利用。

钢筋配料应注意：在设计图纸中，钢筋配置的细节问题没有注明时，一般可按构造要求处理；配料计算时，在考虑使钢筋的形状和尺寸满足设计要求的前提下，要有利于加工安装；配料时要考虑施工需要的附加钢筋。如板双层钢筋中保证上层钢筋位置的撑脚、墩墙双层钢筋中固定钢筋间距的撑铁、柱钢筋骨架增加四面斜撑等。

根据钢筋下料长度计算结果和配料选择后，汇总编制钢筋配料单。钢筋配料单必须反映出工程部位、构件名称、钢筋编号、钢筋简图及尺寸、钢筋直径、钢号、数量、下料长度、钢筋重量等。

8.2.1.3 钢筋代换

(1) 代换原则

钢筋的级别、钢号和直径应按设计要求采用，若施工中缺乏设计图中所要求的钢筋，在征得设计单位的同意并办理设计变更文件后，可按下述原则进行代换：

① 等强度代换：当构件受强度控制时，钢筋可按强度相等的原则进行代换。

② 等面积代换：当构件按最小配筋率配筋时，钢筋可按面积相等的原则进行代换。当构件受裂缝宽度或挠度控制时，代换后应进行裂缝宽度或挠度验算。

(2) 等强度代换方法

设计中所用钢筋强度为f_{y1}，钢筋总面积为A_{S1}；代换后钢筋强度为f_{y2}，钢筋总面积为A_{S2}。应使代换前后钢筋的总强度相等，计算如式(8.1)所示。

$$A_{S2} \geqslant \left(\frac{f_{y1}}{f_{y2}}\right) A_{S1} \tag{8.1}$$

(3) 钢筋代换主要事项

① 对重要受力构件不宜用 HPB235 级光圆钢筋代替 HRB335 和 HRB400 级带肋钢筋。

② 钢筋代换后，应满足混凝土结构设计规范中配筋构造规定，如钢筋间距、锚固长度、最小直径、根数等要求。

③ 当构件受裂缝宽度或挠度控制时，钢筋代换后应进行刚度、裂缝验算。

④ 有抗震要求的梁、柱和框架，不宜以强度等级较高的钢筋代换原设计中的钢筋。

8.2.2 钢筋加工

8.2.2.1 钢筋的除锈

工程中的钢筋的表面应洁净，以保证钢筋与混凝土之间的握裹力。钢筋上的油漆、漆污和用锤敲击时能剥落的浮皮、铁锈等应在使用前清除干净。带有颗粒状或片状老锈的钢筋不得使用。钢筋除锈一般有以下几种方法：手工除锈，即用钢丝刷、砂轮等工具除锈；钢筋冷拉或钢丝调直除锈；机械方法除锈，如采用电动除锈机；喷砂或酸洗除锈等。

对大量的钢筋除锈，可通过钢筋冷拉或钢筋调直机调直完成；少量的钢筋除锈可采用电动除锈机或喷砂方法；钢筋局部除锈可采用人工用钢丝刷或砂轮等方法，亦可将钢筋通过砂箱往返搓动除锈。

电动除锈的圆盘钢丝刷有成品供应（也可用废钢丝绳头拆开编成），其直径为 20～30cm，厚度为 5～15cm，电动机功率为 1.0～1.5kW，转速为 1000r/min。

如除锈后钢筋表面有严重的麻坑、斑点等已锈蚀截面，应降级使用或剔除不用，带有蜂窝状锈迹的钢丝不得使用。

8.2.2.2 钢筋调直

建筑用热轧钢筋分盘圆和直条两类。直径在 12mm 以下的钢筋一般制成盘圆，以便于运输。盘圆钢筋在下料前，一般要经过放盘、冷拉工序，以达到调直的目的。直径在 12mm 以上的钢筋，一般轧制成 6～12m 长的直条。由于在运输过程中，几经装卸，会使直条钢筋造成局部弯折，为此在使用前应进行调直。

钢筋在混凝土构件中，除了规定的弯曲外，其直线段不允许有弯曲现象。有弯折的钢筋不但影响构件的受力性能，而且在下料时长度不准确，会直接影响到弯曲成型和绑扎安装等一连串工序的准确性。因此，钢筋在下料前必须经过调直工序。而钢筋调直可分为人工调直和机械调直两种。

（1）人工调直

① 粗钢筋人工调直。直径在 12mm 以上的粗钢筋，一般采用人工调直。其操作程序是：先将钢筋弯折处放到扳柱铁板的扳柱间，用平头横口扳子将弯折处基本扳直。然后放到工作台上，用大锤将钢筋小弯处锤平。操作时需要两人配合好，一人掌握钢筋，站在工作台一端，将钢筋反复转动和来回移动，另一人掌握大锤，站在工作台的侧面，见弯就锤。掌锤者应根据钢筋粗细和弯度大小来掌握落锤轻重。当钢筋在工作台上可以滚动时则认为调直合格。

② 细钢筋人工调直。直径在 12mm 以下的盘圆钢筋为细钢筋。细钢筋主要采用机械调直。但在工程量小或无冷拉设备的情况下，也可采用人工调直。人工调直又分小锤敲直和绞磨拉直两种。不管哪一种都需要先放盘。前者是按需要长度截成小段在工作台上用小锤平直。后者是按一定长度截断，分别将两端夹在地锚和绞磨的夹具上，然后人工推动绞磨将钢筋拉直。这种方法简单可行。但只宜拉直 Ⅰ 级钢筋中的 ϕ6mm 盘圆，且劳动强度较大，目前已不常使用。

③ 钢丝人工调直。冷拔低碳钢丝一般采用机械调直。但在设备困难的情况下，也可以

采用蛇形管人工调直。蛇形管是用长1m左右的厚壁钢管弯成蛇形，钢管内径稍大于钢丝，管两端连接喇叭状进出口，固定在支架上。需要调直的钢丝穿过固定的蛇形管，用人力牵引，即可将钢丝基本拉直。钢丝若有局部小弯再用小锤敲直。

(2) 机械调直

① 粗钢筋机械调直。目前粗钢筋一般还是采用人工平直。在有条件的地方，可采用大吨位冷拉设备。如采用卷扬机拉直法，不但可以减轻劳动强度，而且钢筋经过冷拉后，强度提高，长度增加，节约钢材。但在冷拉前，需将钢筋对焊接头，且大弯需要人工扳直，故很少采用。在没有冷拉设备的情况下，也可以采用平直锤平直，如皮带锤、弹簧锤等。但在平直前，需将钢筋的大弯用人工方法在扳柱铁板上扳直。然后在平直锤上将小弯逐个锤直。这种平直锤是利用电动机通过皮带轮变速，带动偏心轮旋转，使平直锤做上下往复运动。钢筋放在锤墩上，在锤的冲击下达到调直的目的。

② 细钢筋机械调直。Ⅰ级盘圆钢筋一般采用卷扬机拉直法。采用卷扬机拉直钢筋，可以建立一条机械化程度较高的生产自动线。如钢筋上盘、开盘、拉直、切断等工序连续作业，可减少操作人员，提高劳动生产效率，使调直、除锈、切断三道工序合并一道完成。所以，在钢筋加工中已被广泛采用。

采用卷扬机拉直钢筋的操作程序是：将装在转架上的盘圆钢筋一端夹入马架上电动牵引小车的夹具内，开动牵引小车。当牵引小车行进到马架端头限位开关时，停止牵引，将钢筋切断，分别将钢筋两端夹入地锚夹具和张拉小车夹具内。然后开动卷扬机将钢筋拉直，拉伸率控制在1%范围内。对直径6~9mm的Ⅰ级盘圆钢筋，也可利用调直机调直。在调直机前增设阻轮装置，由电动机带动滚筒强力冷拉钢筋，再接入调直机进行加工。这样，使冷拉、除锈、调直和切断四道工序联动化，提高劳动生产率。

③ 钢丝机械调直。直径在5.5mm以下的冷拔低碳钢丝，采用调直机进行加工。采用调直机加工冷拔钢丝，可使除锈、调直、切断三道工序一次完成。调直机由机座、调直装置、牵引装置、切断装置、定长机构、受料支架及电动传动机构等组成。其工作原理是：将放在盘架上的钢丝的一端穿过由电动机驱动的调直筒。筒内装五组调直块，其中三组调直块的中心孔偏离调直筒的旋转轴线。钢丝通过旋转的调直筒时，向不同方向弯曲而得以调直。牵引辊和齿轮刀具由另一电动机驱动，牵引辊拉动钢丝穿过齿轮刀具中的槽口。当其端头触及受料支架上的限位开关时，接通离合器电路，使齿轮刀具旋转120°下定长钢筋，被切断的钢丝落入托架内。受料支架上的限位开关可根据下料长度调至相应位置。

一般调直机齿轮刀具切断装置的实际下料长度误差较大。若在调直机上装一个电子控制仪，使之按给定长度将钢丝切断，并随时示出切断根数，这种调直机叫作数控电子调直切断机。电子调直切断机适用于冷拔钢丝的调直切断。它要求钢丝表面光洁，断面均匀，以免钢丝移动速度不均，影响切断长度的准确性。当切断长度在4000mm以内时，误差仅1~2mm，可直接用于构件中的配筋，不需做第二次切断，从而收到减少材料消耗、节省工序的效果。

8.2.2.3 钢筋冷拉

钢筋冷拉是在常温下对热轧钢筋进行强力拉伸。拉应力超过钢筋的屈服强度，使钢筋产生塑性变形，以达到调直钢筋、提高强度、节约钢材的目的，对焊接接长的钢筋亦检验了焊接接头的质量。冷拉 HPB235 级钢筋多用于结构中的受拉钢筋，冷拉 HRB335、HRB400、RRB400 级钢筋多用作预应力构件中的预应力筋。

(1) 钢筋冷拉工艺

常见的一种钢筋冷拉工艺是采用卷扬机带动滑轮组作为冷拉动力的机械式冷拉工艺。

机械式冷拉工艺的冷拉设备，主要由拉力设备、承力结构、回程装置、测量设备和钢筋夹具组成。拉力设备为卷扬机和滑轮组，多用 30~50kN 的慢速卷扬机，通过滑轮组增大牵引力。设备的冷拉能力要大于所需的最大拉力，所需的最大拉力等于进行冷拉的最大拉力，同时还要考虑滑轮与地面的摩擦阻力及回程装置的阻力。承力结构可采用地锚，冷拉力大时宜采用钢筋混凝土冷拉槽。回程装置可用荷重架回程或卷扬机滑轮组回程。测力设备常用液压千斤顶或用装传感器和示力仪的电子秤。

(2) 冷拉控制

钢筋冷拉，可利用冷拉应力控制法或冷拉率控制法。对不能分清炉批号的热轧钢筋，不应采取冷拉率控制。

① 冷拉应力控制法。该控制法冷拉控制应力值如表 8.3 所示。对抗拉强度较低的热轧钢筋，如拉到符合标准的冷拉应力时，其冷拉率已超过限值，将对结构使用非常不利，故规定最大冷拉率限值。加工时按冷拉控制应力进行冷拉，冷拉后检查钢筋的冷拉率，如小于表中规定数值，则为合格；如超过表 8.3 中规定的数值，则应进行力学性能试验。

表 8.3 钢筋冷拉的冷拉控制应力和最大冷拉率

钢筋级别		冷拉控制应力/(N/mm^2)	最大冷拉率/%
Ⅰ级 $d\leqslant 12$ mm		280	10.0
Ⅱ级	$d\leqslant 25$mm	450	5.5
	$d=28\sim 40$mm	430	
Ⅲ级 $d=8\sim 40$mm		500	5.0
Ⅳ级 $d=10\sim 28$mm		700	4.0

注：d 为钢筋直径。

② 冷拉率控制法。钢筋冷拉以冷拉率控制时，其控制值由试验确定。对同炉批钢筋，测定的试件不宜少于 4 个，每个试件都按规定的冷拉应力值在万能试验机上测定相应的冷拉率，取其平均值作为该炉批钢筋的实际冷拉率。如钢筋强度偏高，平均冷拉率低于 1% 时，仍按 1%进行冷拉。

由于控制冷拉率为间接控制法，试验统计资料表明，同炉批钢筋按平均冷拉率冷拉后的抗拉强度的标准离差 σ 约为 $15\sim 20N/mm^2$，为满足 95%的保证率，应按冷拉控制应力增加 1.645σ，约 $30N/mm^2$。因此，用冷拉率控制方法冷拉钢筋时，钢筋的冷拉应力比冷拉应力控制法高。

不同炉批的钢筋，不宜用控制冷拉率的方法进行钢筋冷拉。多根连接的钢筋，用控制应力的方法进行冷拉时，其控制应力和每根的冷拉率均应符合规定；当用控制冷拉率的方法进行冷拉时，冷拉率可按总长计，但冷拉后每根钢筋的冷拉率不得超过规定。钢筋的冷拉速度不宜过快。

8.2.2.4　钢筋冷拔

冷拔是用热轧钢筋(直径8mm以下)通过钨合金的拔丝模进行强力冷拔。钢筋通过拔丝模时，受到轴向拉伸与径向压缩的作用，其内部晶格变形而产生塑性变形，因而抗拉强度提高(可提高50%~90%)，塑性降低，呈硬钢性质。光圆钢筋经冷拔后称“冷拔低碳钢丝”。

钢筋冷拔的工艺过程是：轧头→剥壳→通过润滑剂进入拔丝模冷拔。钢筋表面常有一硬渣层，易损坏拔丝模，并使钢筋表面产生沟纹，因而冷拔前要进行剥壳。方法是使钢筋通过3~6个上下排列的辊子以剥除渣壳。润滑剂常用石灰、动植物油、肥皂、白蜡和水按一定配比制成。冷拔用的拔丝机有立式(如图8.9所示)和卧式两种。其鼓筒直径一般为500mm。冷拔速度约为0.2~0.3m/s，速度过大易断丝。

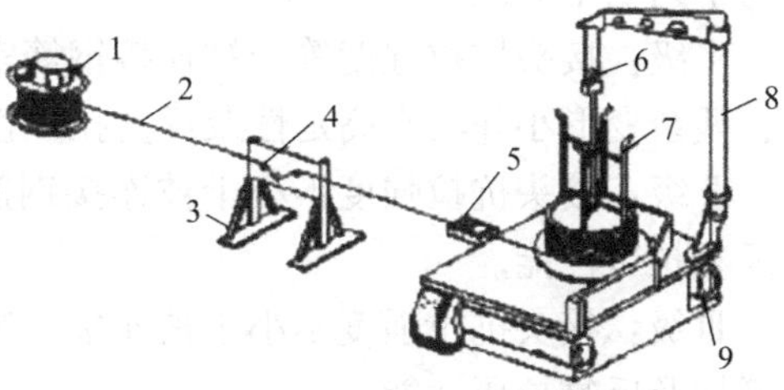

图8.9　立式单鼓筒冷拔机

1—盘圆架；2—钢筋；3—剥壳装置；4—槽轮；5—拔丝模；6—滑轮；7—绕丝筒；8—支架；9—电动机

影响冷拔低碳钢丝质量的主要因素，是原材料的质量和冷拔总压缩率。冷拔低碳钢丝都是用普通低碳热轧光圆钢筋拔制的，按《低碳钢热轧圆盘条》(GB/T 701—2008)的规定，光圆钢筋都是用1~3号乙类钢轧制的，因而强度变化较大，直接影响冷拔低碳钢丝的质量。为此应严格控制原材料。冷拔低碳钢丝分甲、乙两级。对主要用作预应力筋的甲级冷拔低碳钢丝，宜用符合Ⅰ级钢标准的3号钢圆盘条进行拔制。

冷拔总压缩率是光圆钢筋拔成钢丝时的横截面缩减率。若原材料光圆钢筋直径为d_0，冷拔后成品钢丝直径为d，则总压缩率β计算如式(8.2)所示。

$$\beta=\frac{d_0^2-d^2}{d_0^2} \tag{8.2}$$

总压缩率越大，则抗拉强度提高越多，而塑性下降越多，故β不宜过大。直径5mm的冷拔低碳钢丝，宜用直径8mm的圆盘条拔制；直径4mm和小于4mm者，宜用直径6.5mm的圆盘条拔制。

冷拔低碳钢丝有时是经过多次冷拔而成，一般不是一次冷拔就达到总压缩率。每次冷拔的压缩率也不宜太大，否则拔丝机的功率要大，拔丝模易损耗，且易断丝。一般前道钢丝和后道钢丝的直径之比以1∶0.87为宜。冷拔次数亦不宜过多，否则易使钢丝变脆。冷拔低碳钢丝经调直机调直后，抗拉强度约降低8%~10%，塑性有所改善，使用时应注意。

8.2.3　钢筋的机械连接

钢筋的机械连接是一种通过钢筋与连接件的机械咬合作用或钢筋端面的承压作用，将一根钢筋中的力传递至另一根钢筋的连接方法。接头抗拉强度是接头试件在拉伸试验过程中所达到的最大拉应力值。接头残余变形是接头试件按规定的加载制度加载并卸载后，在规定标距内所测得的变形。接头试件的最大力总伸长率是接头试件在最大力下在规定标距内测得的总伸长率。机械连接接头长度是接头连接件长度加连接件两端钢筋横截面变化区段的长度。丝头是钢筋端部的螺纹区段。

8.2.3.1　接头的设计原则和性能等级

① 接头的设计应满足强度及变形性能的要求。

② 接头连接件的屈服承载力和受拉承载力的标准值应不小于被连接钢筋的屈服承载力和受拉承载力标准值的1.10倍。

③ 接头应根据其等级和应用场合，对单向拉伸性能、高应力反复拉压、大变形反复拉压、抗疲劳、耐低温等各项性能确定相应的检验项目。

④ 接头应根据抗拉强度、残余变形以及高应力和大变形条件下反复拉压性能的差异，分为下列三个等级：

Ⅰ级：接头抗拉强度等于被连接钢筋实际抗拉强度或不小于1.10倍钢筋抗拉强度标准值，残余变形小并具有高延性及反复拉压性能。

Ⅱ级：接头抗拉强度不小于被连接钢筋抗拉强度标准值，残余变形较小并具有高延性及反复拉压性能。

Ⅲ级：接头抗拉强度不小于被连接钢筋屈服强度标准值的1.25倍，残余变形较小并具有延性及反复拉压性能。

8.2.3.2　接头的应用

结构设计图纸中应列出设计选用的钢筋接头等级和应用部位。接头等级的选定应符合下列规定：

① 混凝土结构中要求充分发挥钢筋强度或对延性要求高的部位，应优先选用Ⅱ级接头；当在同一连接区段内必须实施100%钢筋接头的连接时，应采用Ⅰ级接头。

② 混凝土结构中钢筋应力较高但对接头延性要求不高的部位，可采用Ⅲ级接头。

钢筋连接件的混凝土保护层厚度宜符合现行国家标准《混凝土结构设计标准(2024年版)》(GB/T 50010—2010)中受力钢筋的混凝土保护层最小厚度的规定，且不得少于15mm。连接件之间的横向净距不宜小于25mm。

结构构件中纵向受力钢筋的接头宜相互错开，钢筋机械连接的连接区段长度应按35d计算(d为被连接钢筋中的较大直径)。在同一连接区段内有接头的受力钢筋截面面积占受力钢筋总截面面积的百分率(以下简称接头百分率)，应符合下列规定：

① 接头宜设置在结构构件受拉钢筋应力较小部位，当需要在高应力部位设置接头时，在同一连接区段内Ⅲ级接头的接头百分率不应大于25%，Ⅱ级接头的接头百分率不应大于50%。

② 接头宜避开有抗震设防要求的框架的梁端、柱端箍筋加密区；当无法避开时，应采用Ⅱ级接头或Ⅰ级接头，且接头百分率不应大于50%。

③ 受拉钢筋应力较小部位或纵向受压钢筋，接头百分率可不受限制。

④ 对直接承受动力荷载的结构构件，接头百分率不应大于50%。

当对具有钢筋接头的构件进行试验并取得可靠数据时，接头的应用范围可根据工程实际情况进行调整。

8.2.3.3　接头的型式检验

在下列情况时应进行型式检验：

① 确定接头性能等级时。

② 材料、工艺、规格进行改动时。

③ 型式检验报告超过 4 年时。

用于型式检验的钢筋应符合有关标准的规定。

对每种型式、级别、规格、材料、工艺的钢筋机械连接接头，型式检验试件不应少于 9 个：其中单向拉伸试件不应少于 3 个，高应力反复拉压试件不应少于 3 个，大变形反复拉压试件不应少于 3 个。同时应另取 3 根钢筋试件做抗拉强度试验。全部试件均应在同一根钢筋上截取。

用于型式检验的直螺纹或锥螺纹接头试件应散件送达检验单位，由型式检验单位或在其监督下由接头技术提供单位按规定的拧紧扭矩进行装配，拧紧扭矩值应记录在检验报告中。型式检验试件必须采用未经过预拉的试件。

8.2.3.4 施工现场接头的加工与安装

(1) 接头的加工

在施工现场加工钢筋接头时，应符合规定：加工钢筋接头的操作工人，应经专业人员培训合格后才能上岗，人员应相对稳定；钢筋接头的加工应经工艺检验合格后方可进行。

直螺纹接头的现场加工应符合规定：钢筋端部应切平或镦平后再加工螺纹；墩粗头不得有与钢筋轴线相垂直的横向裂纹；钢筋丝头长度应满足企业标准中产品设计要求，公差应为 $0 \sim 2.0p$（p 为螺距）。

锥螺纹接头的现场加工应符合下规定：钢筋端部不得有影响螺纹加工的局部弯曲；钢筋丝头长度应满足设计要求，使拧紧后的钢筋丝头不得相互接触，丝头加工长度公差应为 $0.5p \sim 1.5p$；钢筋丝头的锥度和螺距应使用专用锥螺纹量规检验；抽检数量10%，检验合格率不应小于 95%。

(2) 接头的安装

直螺纹钢筋接头的安装质量应符合下列要求：安装接头时可用管钳扳手拧紧，应使钢筋丝头在套筒中央位置相互顶紧。标准型接头安装后的外露螺纹不宜超过 $2p$。安装后应用扭力扳手校核拧紧扭矩，拧紧扭矩值应符合规定；校核用扭力扳手的准确度级别可选用 10 级。

锥螺纹钢筋接头的安装质量应符合要求：接头安装时应严格保证钢筋与连接套筒的规格相一致；接头安装时应用扭力扳手拧紧，拧紧扭矩值应符合规定；校核用扭力扳手与安装用扭力扳手应区分使用，校核用扭力扳手应每年校核 1 次，准确度级别应选用 5 级。

套筒挤压钢筋接头的安装质量应符合要求：钢筋端部不得有局部弯曲，不得有严重锈蚀和附着物；钢筋端部应有检查插入套筒深度的明显标记，钢筋端头离套筒长度中心点不宜超过 10mm；挤压应从套筒中央开始，依次向两端挤压，压痕直径的波动范围应控制在供应商认定的允许波动范围内，并提供专用量规进行检查；挤压后的套筒不得有肉眼可见裂纹。

8.2.3.5 施工现场接头的检验与验收

工程中应用钢筋机械接头时，应由该技术提供单位提交有效的型式检验报告。

钢筋连接工程开始前，应对不同钢筋生产厂的进场钢筋进行接头工艺检验；施工过程中，更换钢筋生产厂时，应补充进行工艺检验。

接头安装前应检查连接件产品合格证及套筒表面生产批号标识；产品合格证应包括适用钢筋直径和接头性能等级、套筒类型、生产单位、生产日期以及可追溯产品原材料力学性能和加工质量的生产批号。

现场检验应按本规程进行接头的抗拉强度试验、加工和安装质量检验；对接头有特殊要求的结构，应在设计图纸中另行注明相应的检验项目。

接头的现场检验应按验收批进行，同一施工条件下采用同一批材料的同等级、同型式、同规格接头，应 500 个为一个验收批进行检验与验收，不足 500 个也应作为一个验收批。

螺纹接头安装后应按要求的验收批，抽取其中 10%的接头进行拧紧扭矩校核，拧紧扭矩值不合格数超过被校核接头数的 5%时，应重新拧紧全部接头，直到合格为止。

对接头的每一验收批，必须在工程结构中随机截取 3 个接头试件做抗拉强度试验，按设计要求的接头等级进行评定。

现场检验连续 10 个验收批抽样试件抗拉强度试验一次合格率为 100%时，验收批接头数量可扩大 1 倍。

现场截取抽样试件后，原接头位置的钢筋可采用同等规格的钢筋进行搭接连接，或采用焊接及机械连接方法补接。

对抽检不合格的接头验收批，应由建设方会同设计等有关方面研究后提出处理方案。

8.2.4 钢筋的绑扎与安装

钢筋的接长、钢筋骨架或钢筋网的成型应优先采用焊接或机械连接，若不能采用焊接或骨架过大、过重不便于运输安装，可采用绑扎的办法。

钢筋绑扎、安装前，应先熟悉图纸，核对钢筋配料单和钢筋加工牌，研究与有关工种的配合，确定施工方法。

8.2.4.1 准备工作

核对成品钢筋的钢号、直径、形状、尺寸和数量等是否与配料单牌相符。准备绑扎用的铁丝、绑扎工具等。钢筋绑扎用的铁丝可采用 20~22 号铁丝，其中 22 号铁丝只用于绑扎直径 12mm 以下的钢筋。准备控制混凝土保护层用的水泥砂浆垫块或塑料卡。划出钢筋位置线。

钢筋保护层应按设计或规范的要求正确确定。工地常用预制水泥垫块垫在钢筋与模板之间，以控制保护层厚度。垫块应布置成梅花形，其相互间距不大于 1m。上下双层钢筋之间的尺寸，可绑扎短钢筋或设置撑脚来控制。水泥砂浆垫块的厚度，应等于保护层厚度。垫块的平面尺寸：当保护层厚度等于或小于 20mm 时为 30mm×30mm，大于 20mm 时为 50mm×50mm。当在垂直方向使用垫块时，可在垫块中埋入 20 号铁丝。塑料卡的形状有塑料垫块和塑料环圈两种，塑料垫块用于水平构件（如梁、板），塑料环圈用于垂直构件（如柱、墙）。

平板或墙板的钢筋在模板上划线；柱的箍筋在两根对角线主筋上划点；梁的箍筋则在架立筋划点；基础的钢筋在两向各取一根划点或在垫层上划线。

8.2.4.2 钢筋绑扎要点

(1) 筏板基础钢筋绑扎

以筏板基础为例，筏板基础钢筋绑扎施工工艺流程：防水保护层混凝土拉毛处理→人工配合清理杂物→弹放轴线控制线及暗柱、底层钢筋位置线→摆放绑扎底层钢筋→支放垫块→自检→互检→交接检→电工配合→电自检、专检→绑扎地梁钢筋→绑扎马凳及上层钢筋→固定暗柱插筋→自检→互检→报监理隐检→交接检验。钢筋网的绑扎：四周两行钢筋交叉点应每点扎牢，中间部分交叉点可相隔交错扎牢，但必须保证受力钢筋不位移。双向主筋的钢筋网，则需将全部钢筋相交点扎牢。绑扎时应注意相邻绑扎点的钢丝扣要成八字形，以免网片歪斜变形。钢筋底板宜采用双层钢筋网，在上层钢筋网下面应设置钢筋马凳，双层钢筋网的上层钢筋弯钩应朝下。

暗柱与基础连接用的插筋，插筋末端弯折钢筋与底层钢筋一定要固定牢靠，同时，暗柱附加箍筋与附加插筋进行焊接，以免造成暗柱轴线偏移。

(2) 顶板钢筋绑扎

绑扎前的基本要求：

① 暗柱竖向主筋位置调整：根据上返墙体控制线调整墙体钢筋、洞口暗柱主筋间距及位置。

② 顶板及梁窝施工缝处理：检查顶板施工缝及梁窝是否剔凿到位，否则严禁绑扎。

③ 清理模板基层：清扫模板上刨花、碎木、电线管头等杂物。

④ 放线定位：放出轴线及上部结构定位边线，在模板上划好主筋，分布筋间距，依线绑筋。

顶板钢筋绑扎要点：

① 执行几个 5cm 标准：顶板钢筋起步筋距墙边 5cm 起步，阳台栏板竖向钢筋距墙边起步 5cm。

② 顶板保护层控制：板筋保护层垫块梅花形布置，间距 1000mm，保证保护层的厚度。

③ 顶板马凳铁设置：为确保上部钢筋的位置，在两层钢筋间加设马凳，马凳间距 1.5m 一道放置。顶板负弯矩筋处根据墙体走向两侧各放置一道马凳。马凳铁要求放置在顶板下铁最下层钢筋上侧。

④ 施工缝设置：顶板及楼梯间休息平台施工缝留置跨中 1/3 处。

⑤ 绑扎要求：绑扎板筋时每个相交点均要绑扎，可采用顺扣或八字扣。

成品保护要求：为防止顶板钢筋踩踏，绑扎完成后用废料做 30cm 高马凳(周转使用)，上铺设脚手板，便于验收和混凝土浇筑。

(3) 墙体钢筋绑扎

绑扎前的基本要求：

① 钢筋清理：在墙筋绑扎前，对顶板浇筑时受到浮浆污染的墙体立筋用钢丝刷清理干净。

② 顶板施工缝处理：在顶板上弹出墙边线，沿墙边线用云石机切缝，对施工缝剔凿清理。

③ 墙筋位置调整：对位移钢筋依照墙体位置线按 1∶6 比例在墙内进行调整，保证间距图纸要求一致。

墙筋绑扎要点：

① 暗柱钢筋绑扎：箍筋绑扎起步距地面 3cm；箍筋要与主筋绑扎到位；箍筋绑扎要求水平，绑扎前根据洞口两侧 50 线上返分档。

② 梯子筋绑扎，墙体竖向梯子筋要求按技术交底加工，绑扎间距不大于 1.8m。

③ 墙体立筋起步距暗柱边 5cm，接头甩茬要求在同一标高(通过后台下料调整)；水平筋起步距地面 5cm，水平筋绑扎成型后进墙体锚固弯钩要求水平，丁字墙要求向两侧水平。

④ 连梁绑扎：连梁绑扎高度要求按 50 线上返，要求连梁标高准确，两侧水平，连梁箍筋与主筋绑扎到位，要求进暗柱一根箍筋距柱边 5cm，暗柱箍筋起步距暗柱边 5cm。

⑤ 绑扣要求：所有搭接部位钢筋要求有三道绑扣，所有绑丝要求扎丝朝向混凝土内侧。

⑥ 梁窝留置：按照锚固长度，留设梁窝。梁窝处用钢板网固定牢固。

⑦ 垫块要求：外墙外侧(与保温板接触面)要求用砂浆垫块，所有垫块要求间距 600mm 梅花形布置。

8.3 混凝土施工

8.3.1 混凝土的制备

混凝土是由胶凝材料、粗骨料、细骨料及水，必要时掺入外加剂或矿物混合材料，按一定比例配合而得到的一种人工复合材料。由于原材料丰富易得、施工方便、可塑性好、适应性强、节约能源，所以混凝土在土建工程中应用很广泛。

要想制备优质的混凝土，就应选择性能良好的原材料、适宜的混凝土配合比；正确地进行混凝土的搅拌。

8.3.1.1 良好原材料的选择

(1) 混凝土胶凝材料的选择

混凝土中的胶凝材料通常指的是水泥，主要起胶结作用。目前土建工程中常用水泥，按其材料的品种和掺量可分为硅酸盐水泥、普通水泥、矿渣水泥、火山灰质水泥、粉煤灰水泥及复合硅酸盐水泥六种。其中，普通水泥可用于任何条件和环境下的所有工程，硅酸盐水泥在厚大体积混凝土中不得使用，其他几种水泥也都应合理选用。根据工程特点、所处环境、施工条件及设计强度等级要求，合理选择水泥品种和强度，以满足工程质量要求。适当考虑当地资源供给情况，以便降低工程造价。

此外，还应根据混凝土的不同用途，合理选择水泥品种。尽量选择富余系数大、需水量小的水泥，这样既可保证混凝土的强度，又能减少水泥用量，经济实用。

(2) 矿物混合材料的选用

为了改善混凝土的和易性，节约水泥，常在混凝土中掺加矿渣、粉煤灰、硅粉、石膏等废物资源化的生态胶凝材料。这些材料有调节混凝土黏度、强度，减少用水量的作用，还可以填充空隙，使混凝土更加密实。但对其细度要求很严格，一般都要经过超细粉磨，在掺量上也有一定的限制。

(3) 合理选择粗骨料

在混凝土中，粗骨料通常指的是碎石或卵石，起骨架作用。要求其表面洁净、粗糙、形状较圆、棱角少。碎石或卵石的最大粒径和级配对混凝土的单位用水量、砂率和拌和物的流动性影响很大，因此对其最大粒径要有所限制。如配制高强混凝土时，碎石的最大粒径应为19mm或25mm；采用泵送混凝土时碎石最大粒径应小于泵的出口管径的三分之一等。颗粒级配应良好，尽量采用人为的间断级配配制成连续级配的粗料，若采用单一级配，应提高砂率。

(4) 正确选择混凝土用砂

天然砂是混凝土中常用的细骨料，应级配良好，质地坚硬，洁净。配制混凝土用砂的级配和细度模数都应符合规定，否则会影响所配制混凝土的质量。砂子的颗粒级配合理、含泥量低时最有利于提高混凝土的强度和流动性。

混凝土用砂分为粗砂、中砂和细砂，粗砂适合于配制高强度混凝土，普通流态混凝土适宜用中砂。砂的粗细对混凝土中砂率和用水量的大小影响很大，砂率越大，用水量也越大，坍落度越大；砂率过小时混凝土流动性变小，易产生泌水和离析现象，因此要正确选择混凝土用砂。

(5) 水

混凝土中的水与水泥混合成水泥浆，起填充、黏结作用，并使拌和物具有流动性。凡符合国家标准的饮用水均可用于拌制混凝土。若使用地表水、地下水，均应进行检验，各项指标符合标准规定后才可使用。

(6) 外加剂

在混凝土中使用外加剂，可以有效减少水泥用量，降低工程成本。混凝土中常使用的外加剂主要有减水剂、缓凝剂、引气剂等。在使用时应根据所配制混凝土的类型、工程特点、气候条件等合理选择外加剂类型，然后根据外加剂类型、品牌及工程需要确定外加剂的适宜掺量，最后进行混凝土试配，选择性能满足要求又经济的外加剂品牌和适宜掺量。

8.3.1.2 选择适宜的混凝土配合比

选择混凝土的配合比时。应注意以下几点：

(1) 混凝土的强度、工作性、耐久性要符合工程要求

混凝土配合比设计中最主要的指标就是强度，它是在设计混凝土强度等级上增加了一定富余的混凝土强度，即试配强度。工作性是保证混凝土质量和便于施工的前提条件，一般应根据施工方法、建筑物截面积及钢筋的疏密程度来选择混凝土的工作性。耐久性是要求混凝土在设计使用年限内能够正常使用，且耐磨、耐蚀、抗冻、抗渗等。按照设计的配合比制备出的混凝土，通过试验测定其工作性、强度，结果要符合设计要求。

(2) 水灰比、单位用水量尽量小

混凝土强度主要取决于水灰比，其他条件不变时，水灰比越小，强度就越高。在混凝

土坍落度或维勃稠度指标一定时，碎石或卵石的最大粒径越大，单位用水量就越小。水灰比就越小。但要求其最大粒径不得大于构件截面最小边长的1/4；对于实心板，允许最大粒径等于板厚的1/2，但不得超过50mm，不得大于钢筋最小间距的3/4。

（3）选择最佳砂率

砂率是指混凝土中砂的质量占砂石总质量的百分率。在配制时，一般以砂的体积填满粗集料空隙并略有富余为准。最佳砂率要通过试验求得。一般是采用在满足流动性条件下水泥用量最小的砂率。

一般情况下，碎石或卵石的最大粒径越大，水灰比越小，砂率就越小。因此在混凝土配合比设计时，尽量使符合要求的碎石或卵石的最大粒径达到最大，采用最佳砂率，并且尽量小；充分振捣密实，以取得较小的坍落度。

目前，由于混凝土工程的大型化、机械化，对混凝土质量的要求越来越高，商品混凝土的使用也越来越多，因此可以采用全计算法确定的配合比设计，即以强度、耐久性及工作性为基础，推导出用水量和砂率。

（4）混凝土搅拌

混凝土拌和物应搅拌均匀，不得有泌水、离析现象。拌制混凝土时，要准确控制各种材料的用量，尤其是用水量和外加剂的质量。每天拌和前，都应测定现场砂、石材料的含水率，以便及时调整拌和实际用水量。每天都应在搅拌地点和浇筑地点分别取样检测混凝土拌和物的坍落度，同时还应观察和记录其黏聚性、保水性，不符合要求时要及时调整。对实际坍落度和原有设计坍落度进行比较，然后参照原有水灰比，重新调整加水量，以取得满足要求的水灰比，作为现场拌和用水灰比，再以此水灰比计算拌和时所需加水量。混凝土中外加剂的掺量较少，通常都不超过水泥用量的5%，添加时一定要控制准确。

通常情况下，混凝土搅拌时间越长均质性越好，相应的混凝土强度也有所提高，但时间过长，强度不但不增加还会使混凝土出现离析现象，影响混凝土质量。因此在搅拌混凝土时，要正确控制搅拌时间。混凝土搅拌的最短时间见表8.4。

表8.4　混凝土搅拌的最短时间

混凝土坍落度/mm	搅拌机	搅拌机出料容量/L		
		<250	250~500	>500
≤30	自落式	90	120	150
	强制式	60	90	120
>30	自落式	90	90	120
	强制式	60	60	90

注：掺有外加剂时，搅拌时间应适当延长。

为了满足各行各业对多样化、造型化的建筑结构物的需要，我们必须正确控制混凝土原材料质量、适宜的配合比设计、混凝土的搅拌和运输三个环节，确保能够生产和供给大量的优质混凝土，更好地满足各界对优质混凝土的需要，以适应经济建设的快速发展。

8.3.2 混凝土的运输

8.3.2.1 水平运输

混凝土的水平运输又称为供料运输。常用的运输方式有人工、窄轨斗车、机动翻斗车、混凝土搅拌运输车、自卸汽车、混凝土泵、皮带机、机车等几种。应根据工程规模、施工场地宽窄和设备供应情况选用。

人工运输混凝土常用手推车、架子车和斗车等。采用手推车和架子车时，要求运输道路路面平整，随时清扫干净，防止混凝土在运输过程中受到强烈振动。道路的纵坡，一般要求水平，局部不宜大于15%，一次爬高不宜超过2~3m，运输距离不宜超过200m。

用窄轨斗车运输混凝土时，窄轨(轨距610mm)车道的转弯半径以不小于10m为宜。轨道尽量为水平，局部纵坡不宜超过4%，尽可能敷设双线，以便轻、重车道分开。若为单线，则要设避车岔道。容量为0.60m^{3}的斗车一般用人力推运，局部地段可用卷扬机牵引。

机动翻斗车是混凝土工程中使用较多的水平运输机械。它轻便灵活、转弯半径小、速度快且能自动卸料，适用于短途运输混凝土或砂石料。

混凝土搅拌运输车(如图8.10所示)是运送混凝土的专用设备。它的特点是在运量大，运距远的情况下，能保证混凝土的质量。一般在混凝土制备点(商品混凝土站)与浇筑点距离较远时使用。

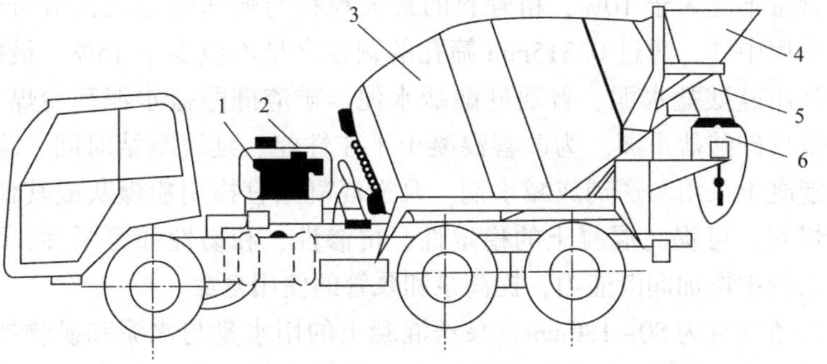

图8.10 混凝土搅拌运输车

1—水箱；2—外加剂箱；3—搅拌筒；4—进料斗；5—固定卸料溜槽；6—活动卸料溜槽

混凝土搅拌运输车的运送方式有两种：一种是在10km范围内做短距离运送时，只作为运输工具使用，即将拌和好的混凝土运送至浇筑点。在运输途中，为防止混凝土分离，让搅拌筒只做低速搅动，使混凝土拌和物不致分离、凝结。另一种是在运距较长时，搅拌、运输两者兼用，即先在混凝土拌和站将砂、石、水泥按配比装入搅拌鼓筒内，并将水注入配水箱，开始只做干料运送，然后在到达目的地10~15min路程时，启动搅拌筒回转，并向搅拌筒注入定量的水，这样在运输途中边运输边搅拌成混凝土拌和物，送至浇筑点使用。

8.3.2.2 垂直运输

目前，混凝土的垂直运输多用塔式起重机、井架，也可采用混凝土泵。

(1) 塔式起重机运输

塔式起重机又称塔机或塔吊，是在门架上装置高达数十米的钢塔，用于增加起重高度。其起重臂多是水平的，起重小车(带有吊钩)可沿起重臂水平移动，用以改变起重幅度。塔机可靠近建筑物布置，沿着轨道移动，利用起重小车变幅，所以控制范围是一个长方形的空间。塔式超重机运输的优点是地面运输、垂直运输和楼面运输都可以用。混凝土在地面由水平运输工具或搅拌机直接卸入吊斗吊起运至浇筑部位进行浇筑。

(2) 井架运输

混凝土在地面用双轮手推车运至井架的升降平台上，井架将双轮手推车提升到楼层上，再将手推车沿铺在楼面上的跳板推到浇筑地点。另外，井架可以兼运其他材料，利用率较高。由于在浇筑混凝土时，楼面上已立好模板、扎好钢筋，因此需敷设手推车行走用的跳板。为了避免压坏钢筋，跳板可以用马凳垫起。手推车的运输道路应形成回路，避免交叉和运输堵塞。

(3) 混凝土泵运输

混凝土泵运输可以同时完成水平运输和垂直运输。它以泵为动力，沿管道输送混凝土，将混凝土直接运送至浇筑地点。

泵送混凝土除应满足结构设计强度外，还要满足可泵性的要求，即混凝土在泵管内易于流动，有足够的黏聚性，不泌水、不离析。要求泵送混凝土所采用的粗骨料为连续级配，其针片状颗粒含量不宜大于10%，粗骨料的最大粒径与输送管径之比应符合规范的规定，泵送混凝土宜采用中砂，通过0.315mm筛孔的颗粒含量不应少于15%，最好能达到20%。泵送混凝土应选用硅酸盐水泥、普通硅酸盐水泥、矿渣硅酸盐水泥和粉煤灰硅酸盐水泥，不宜采用火山灰质硅酸盐水泥。为改善混凝土工作性能、延缓凝结时间、增大坍落度和节约水泥，泵送混凝土采用泵送剂或减水剂，泵送混凝土宜掺用粉煤灰或其他活性矿物掺和料。掺磨细粉煤灰，可提高混凝土的稳定性、抗渗性、和易性和可泵性，既能节约水泥，又使混凝土在泵管中增加润滑能力，提高泵和泵管的使用寿命。

混凝土的坍落度宜为80~180mm，泵送混凝土的用水量与水泥和矿物掺和料的总量之比不宜大于0.6。泵送混凝土的水泥和矿物掺和料的总量不宜小于300kg/m^3。为防止泵送混凝土经过泵管时产生阻塞，要求泵送混凝土比普通混凝土的砂率要高，其砂率宜为35%~45%。

8.3.2.3 混凝土辅助运输设备

运输混凝土的辅助设备有溜槽、溜管、吊罐等。用于混凝土装料、卸料和转运入仓，对于保证混凝土质量和运输工作顺利进行起着相当大的作用。

(1) 溜槽

溜槽为钢制槽子(钢模)，可从皮带机、自卸汽车、斗车等受料，将混凝土转送入仓。其坡度可由试验确定，常采用45°左右。当卸料高度过大时，可采用振动溜槽。振动溜槽装有振动器，单节长4~6m，拼装总长可达30m，其输送坡度由于振动器的作用可放缓至15°~20°。采用溜槽时，应在溜槽末端加设1~2节溜管或挡板，以防止混凝土料在下滑过程中分离。利用溜槽转运入仓，是大型机械设备难以控制部位的有效入仓手段。

(2) 溜管

溜管(溜筒)由多节铁皮管串挂而成。每节长0.8~1m,上大下小,相邻管节铰挂在一起,可以拖动,如图8.11所示。采用溜管卸料可起到缓冲作用,以防止混凝土料分离和破碎。

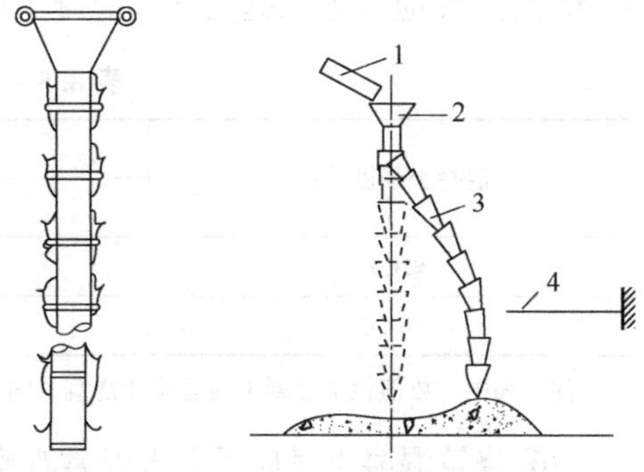

(a)垂直位置 (b)拉向一侧卸料

图8.11 溜筒

1—运料工具;2—受料斗;3—溜管;4—拉索

溜管卸料时,其出口离浇筑面的高差应不大于1.5m,并利用拉索拖动均匀卸料,但应使溜管出口段约2m长与浇筑面保持垂直,以避免混凝土料分离。随着混凝土浇筑面的上升,可逐节拆卸溜管下端的管节。溜管卸料多用于断面小、钢筋密的浇筑部位,其卸料半径为1~1.5m,卸料高度不大于10m。振动溜管与普通溜管相似,但每隔4~8m的距离装有一个振动器,以防止混凝土料中途堵塞,其卸料高度可达10~20m。

(3) 吊罐

吊罐有卧罐和立罐之分。卧罐通过自卸汽车受料;立罐置于平台列车,直接在搅拌楼出料口受料。

8.3.3 混凝土的浇筑

混凝土浇筑要保证混凝土的均匀性和密实性,保证结构的整体性,尺寸准确和钢筋、预埋件的位置正确,拆模后混凝土表面要平整、光洁。

8.3.3.1 浇筑前的检查

浇筑前应检查模板、支架、钢筋和预埋件的位置是否正确,并进行验收。由于混凝土工程属于隐蔽工程,因而对混凝土用量大的工程、重要工程或重点部位的浇筑,以及施工中的其他重大问题均应随时填写施工记录。

8.3.3.2 混凝土浇筑的一般要求

① 混凝土自吊斗下落的自由倾落高度不得超过2m,如超过2m必须采取措施。

② 浇筑竖向结构混凝土时,如浇筑高度超过3m,应采用串筒、导管、溜槽或在模板侧面开门子洞(生口)。

③ 浇筑混凝土时应分段分层进行,每层并行筑高度应根据结构特点、钢筋疏密决定。一般分层高度为插入式振动器作用部分长度的1.25倍,最大不超过500mm。平板振动器的分层厚度为200mm。

④ 使用插入式振动器应快插慢拔,插点要均匀排列,逐点移动,按顺序进行,不得遗漏,做到均匀振实。移动间距不大于振动棒作用半径的1.5倍(一般为300~400mm)。振捣上一层时应插入下层混凝土面50mm,以消除两层间的接缝。平板振动器的移动间距应能保证振动器的平板覆盖已振实部分边缘。

⑤ 浇筑混凝土应连续进行。如必须间歇,时间应尽量缩短,并应在前层混凝土初凝之前,将次层混凝土浇筑完毕。间歇的最长时间应按所有水泥品种及混凝土初凝条件确定,

一般超过 2h 应按施工缝处理。混凝土浇筑允许间歇时间见表 8.5。

表 8.5 混凝土浇筑允许间歇时间 min

混凝土强度等级	施工气温	
	≤25℃	≥25℃
≤C30	210	180
>C30	180	150

注：表中的数值包括混凝土的运输和浇筑时间，当混凝土中掺入促凝剂或缓凝剂时，其允许间歇时间由试验确定。

⑥ 浇筑混凝土时应派专人经常观察模板钢筋、预留孔洞、预埋件、插筋等有无位移变形或堵塞情况，发现问题应立即浇灌并应在已浇筑的混凝土初凝前修整完毕。

⑦ 混凝土浇筑时应符合所规定的坍落度要求，见表 8.6。

表 8.6 混凝土浇筑时的坍落度

项次	结构种类	坍落度/mm
1	基础或地面等的垫层、无配筋的厚大结构(挡土墙、基础或厚大的块体)或钢筋稀疏的结构	10~30
2	板、梁和大型及中型截面的柱子等	30~50
3	配筋密列的结构(薄壁、斗仓、筒仓、细柱等)	50~70
4	配筋特密的结构	70~90

注：①本表是指采用机械振捣的坍落度，采用人工振实时可适当增大；②需要配置大坍落度混凝土时，应掺用外加剂；③曲面或斜面结构的混凝土、自密实混凝土，其坍落度值应根据实际需要另行选定；④轻骨料混凝土坍落度宜比表中数值减少 10~20mm。

⑧ 混凝土必须分层浇筑。为了使混凝土上下层结合良好并振捣密实，混凝土必须分层浇筑，其浇筑厚度应符合规定。

8.3.3.3 正确留置施工缝

混凝土结构大多要求整体浇筑。若因技术或组织上的原因不能连续浇筑，且停顿时间有可能超过混凝土的初凝时间，则应事先确定在适当位置留置施工缝。施工缝是结构中的薄弱环节，宜留在结构剪力较小的部位。柱应留置水平缝，梁、板应留置垂直缝。在施工缝处继续浇筑混凝土时，应除掉水泥浮浆和松动石子，并用水冲洗干净，待已浇筑的混凝土的强度不低于 1.2MPa 时才允许继续浇筑，在结合面应先铺抹一层水泥浆或与混凝土砂浆成分相同的砂浆。

8.3.3.4 浇筑方法

基础工程多为大体积混凝土结构，整体性要求较高，往往不允许留施工缝，应一次连续浇筑完毕。根据结构特点不同，可分为全面分层、分段分层、斜面分层等浇筑方案(见图 8.12)。

(1) 全面分层浇筑方案

当结构平面面积不大时，可将整个结构分为若干层进行浇筑，即第一层全部浇筑完毕后，再浇筑第二层，如此逐层连续浇筑，直到结束。为保证结构的整体性，要求第二层混

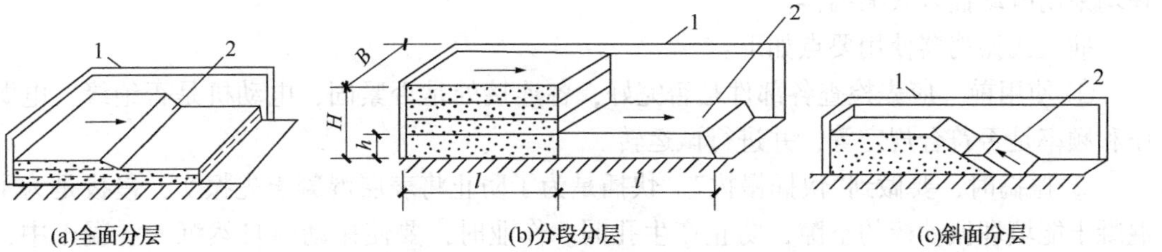

图 8.12 大体积混凝土浇筑方案

1—模板；2—新浇筑的混凝土；h—浇筑分层厚；H—结构的厚度；B—宽度

凝土在前层混凝土初凝前浇筑完毕。若结构平面面积为$A(\mathrm{m}^2)$，浇筑分层厚为$h(\mathrm{m})$，每小时浇筑量为$Q(\mathrm{m}^2/\mathrm{h})$，混凝土从开始浇筑到初凝的延续时间为$T$(一般等于混凝土初凝时间减掉混凝土运输时间，以小时计)，为保证结构的整体性，则应满足式(8.3)的条件。

$$A \leqslant \frac{QT}{h} \tag{8.3}$$

(2) 分段分层浇筑方案

当结构平面面积较大时，全面分层已经不适合，这时可采用分段分层浇筑方案。即将结构分为若干段，每段又分为若干层，先浇筑第一段各层，然后浇筑第二段各层，如此逐段逐层连续浇筑，直至结束。为保证结构的整体性，要求第二段混凝土应在前段混凝土初凝前浇筑并与之捣实成整体。若结构的厚度为$H(\mathrm{m})$、宽度为$B(\mathrm{m})$、分段长度为$L(\mathrm{m})$，为保证结构的整体性，则应满足式(8.4)的条件。

$$L \leqslant \frac{QT}{B(H-h)} \tag{8.4}$$

(3) 斜面分层浇筑方案

当结构的长度超过厚度的三倍时，可采用斜面分层的浇筑方案。混凝土从结构一端满足其高度浇筑一定长度，并留设坡度为 1 ∶ 3 的浇筑斜面，从斜面下端向上浇筑，逐层进行，振动器应与斜面垂直。

8.3.3.5 混凝土振捣

混凝土浇入模板以后是较疏松的，里面含有空气与气泡，而混凝土的强度、抗冻性、抗渗性以及耐久性等都与混凝土的密实程度有关。

目前，主要是用人工或机械捣实混凝土。人工捣实混凝土只有在缺乏机械、工程量不大或机械不便工作的部位采用。混凝土振捣主要采用振捣器进行。振捣器产生小振幅、高频率的振动，使混凝土在其振动的作用下，内摩擦力和黏结力大大降低，使干稠的混凝土获得了流动性，在重力的作用下骨料互相滑动而紧密排列，空隙由砂浆所填满，空气被排出，从而使混凝土密实，并填满模板内部空间，且与钢筋紧密结合。

常用的振捣机械按照振捣方式的不同，分为插入式振捣器、外部式振捣器、表面式振捣器和振动台等。其中表面式振捣器只适用于薄层混凝土的捣实(如道路、薄板等)；振动台多用于实验室，在此不多加介绍。

(1) 插入式振捣器

插入式振捣器按驱动方式不同，分为电动、风动、液压和内燃机驱动等形式，一般工程均采用电动插入式振捣器。

插入式振捣器使用要点如下：

① 使用前，应先检查各部件是否完好，各连接处是否紧固，电动机是否绝缘，电源电压和频率是否符合规定等，并进行试运转。

② 振捣时，要做到“快插慢拔”。快插是为了防止将表层混凝土先振实，慢拔是为了使混凝土能填埋振动棒的空隙，防止产生孔洞。作业时，要使振动棒自然沉入混凝土中，不可用力过猛，一般应垂直插入，并插至尚未初凝的下层混凝土中50~100mm，以利于上下混凝土层相互结合。

③ 振动棒插点要均匀排列。可采用“行列式”或“交错式”的次序移动。当“行列式”排列时，$S \leqslant 1.5R$（S为两个插点的间距，R为振动棒的有效作用半径，一般为30~50cm）；当“交错式”排列时，$S \leqslant 1.75R$，以防漏振。振动棒与模板的距离不得大于$0.5R$，并且要避免触及钢筋、模板、心管、预埋件等，更不能采取通过振动钢筋的方法来促使混凝土振实。

④ 振动棒在混凝土内的振捣时间，一般每个插点为20~30s，到混凝土不再显著下沉、不再出现气泡、表面泛出的水泥浆均匀为止。振捣时应将振动棒上下抽动5~10cm，每插点抽动3~4次。

（2）外部式振捣器

外部式振捣器包括附着式、平板（梁）式及振动台三种类型。平板（梁）式振捣器有两种形式，一种是在附着式振捣器底座上用螺栓紧固一块木板或钢板（梁），通过附着式振捣器所产生的激振力传递给振板，迫使振板振动而振实混凝土；另一种是定型的平板（梁）式振捣器，振板为钢制槽形（梁形）振板，上有把手，便于边振捣、边拖行，更适用于大面积的振捣作业。

外部式振捣器使用要点如下：

① 振捣的混凝土厚度不宜过大，一般为150~250mm，振捣时，平板必须与混凝土充分接触，以保证主振动力的有效传递。

② 在一个位置连续振动的时间不宜过长，在正常情况下为25~40s，并以混凝土表面均匀出现浆液为准。

③ 平板（梁）式振捣器的移动要有一定的路线，并保证前后左右相互搭接30~50mm，以防止产生漏振。振动倾斜混凝土表面时，振动路线应由低处向高处推进。

④ 振捣器在作业中应经常检查轴承和电动机的温度。若温升超过60℃或有异声，应立即停机查明原因。振捣器外壳应保持清洁，以保证电机散热良好，作业完毕后应按照规定进行清洁和保养工作。

8.3.4 混凝土的养护

混凝土浇筑完毕后，在一个相当长的时间内，应保持适当的温度和足够的湿度，以形成混凝土良好的硬化条件，这就是混凝土的养护工作。混凝土表面水分不断蒸发，若不设法防止水分损失，水化作用未能充分进行，混凝土的强度将受到影响，还可能产生干缩裂缝。

因此，混凝土养护的目的，一是创造有利条件，使水泥充分水化，加速混凝土的硬化；

二是防止混凝土成型后因暴晒、风吹、干燥等自然因素影响，出现不正常的收缩、裂缝等现象。

混凝土养护分自然养护和人工养护。

自然养护是指在自然气温条件(大于5℃)下，对混凝土采取覆盖、浇水湿润、挡风、保温等养护措施，使混凝土在规定的时间内有适宜的温湿条件进行硬化。自然养护又可分为覆盖浇水养护、薄膜布养护及薄膜养生液养护等。覆盖浇水养护是用吸水保温能力较强的材料(如草帘、芦席、麻袋、锯末等)将混凝土覆盖，经常洒水使其保持湿润。养护时间长短取决于水泥品种，普通硅酸盐水泥和矿渣硅酸盐水泥拌制的混凝土不少于7d，火山灰质硅酸盐水泥和粉煤灰硅酸盐水泥拌制的混凝土或有抗渗要求的混凝土不少于14d。浇水次数以能保持混凝土具有足够的湿润状态为宜。薄膜布养护是构件成型后用不透气、不透水的薄膜布把混凝土全部严密地覆盖起来，保证混凝土在不失水的条件下得以充分养护。薄膜布养护方法的优点是不必浇水，能有效提高混凝土早期强度。薄膜养生液养护是构件表面喷涂或涂刷养生液后，自然形成薄膜，形成的薄膜能保证混凝土在不失水的条件下充分养护。薄膜养生液养护适用于不便浇水或不便覆盖的构件。自然养护的基本要求是保持混凝土的温度和湿润。

人工养护是指人工控制混凝土的温度和湿度，使混凝土强度增长，如蒸汽养护等。

混凝土养护期间，混凝土强度未达到1.2N/mm^{2}前，不允许在上面走动。

8.3.4.1 混凝土质量检查

混凝土质量检查包括施工过程中的质量检查和养护后的质量检查。施工过程中的质量检查，即在混凝土制备和浇筑过程中对原材料的质量、配合比、坍落度等的检查，每一工作班至少检查两次，如遇特殊情况还应及时进行抽查。混凝土的搅拌时间应随时检查。混凝土养护后的质量检查，主要指混凝土的立方体抗压强度检查。

结构混凝土的强度等级必须符合设计要求。用于检查结构混凝土强度的试件，应在浇筑地点随机抽样留设，不得挑选。

取样与试件留置应符合下列规定：

每拌制100盘且不超过100m^{3}的同配合比的混凝土，取样不少于1次；每工作班拌制的同配合比混凝土不足100盘时，取样不少于1次；当一次连续浇筑超过1000m^{3}时，同一配合比的混凝土每200m^{3}取样不得少于1次；每一楼层、同一配合比的混凝土，取样不得少于1次；每次取样应留置不少于1组标准养护试件，同条件养护试件的留置组数，应根据实际需要确定。

每组(3块)试件应在同盘混凝土中取样制作，其强度代表值按下述规定确定：

取3个试件试验结果的平均值作为该组试件强度代表值；当3个试件中的最大或最小的强度值与中间值之差超过10%时，以中间值代表该组试件强度；当3个试件中的最大和最小的强度值与中间值之差均超过15%时，该组试件不应作为强度评定的依据。

8.3.4.2 强度评定要求

混凝土的强度应分批进行验收。一个验收批的混凝土应由相同强度等级、相同龄期及生产工艺和配合比基本相同的混凝土组成。对现浇混凝土结构构件，尚应按单位工程的验收项目划分验收批，每个验收项目应按现行国家标准确定。同一验收批的混凝土强度，应以同批内标准试件的全部强度代表值来评定。

8.3.5 混凝土外观质量缺陷、产生原因与防治措施

在工程施工中钢筋混凝土现浇结构普遍存在大量的外观质量缺陷，而工程建设、监理、施工等各方主体，主观意识上都认为这是一种质量通病，无法完全避免。诚然，因为混凝土是一种多相(体积比气相2%~5%、液相13%~18%、固相77%~85%)，多孔(凝胶孔、层间孔、毛细孔、气泡粗孔和裂缝等)，存在内部原生缺陷的不均匀不连续体，由于所用原材料质量的波动、计量的误差、搅拌不充分而易使新拌混凝土出现分层离析、泌水、干涩、板结等和易性不良的特征；又由于施工过程中模板和钢筋制作的偏差，以及浇筑、振捣、成型、养护等施工操作的不当，都可以引起现浇结构的外观质量缺陷。但是，只要工程参与各方主体从思想上高度重视，严格按国家和行业技术标准操作，精心组织，精心施工，是完全可以将混凝土各种质量通病最大限度地降低，甚至基本消除的。

8.3.5.1 露筋

(1) 缺陷表现

露筋是指钢筋混凝土结构内部的主筋、架立筋、分布筋、箍筋等没有被混凝土包裹而外露的缺陷。在混凝土梁和柱的结构上，任何一根主筋的单处露筋长度不大于10cm、累计不大于20cm的，可以进行修复，但梁端主筋锚固区不允许有露筋。在混凝土墙和板的结构上，任何一处露筋长度不大于20cm、累计不大于40cm的，同样可以进行修复。露筋缺陷超过上述范围时，应做结构检测和结构鉴定。

(2) 原因分析

① 钢筋骨架放偏，没有钢筋垫块或垫块数量放置不够，位置不正确，致使钢筋紧贴模板而外露。

② 粗骨料粒径大于钢筋间距，或者杂物在钢筋骨架中被搁住，同时又混凝土漏振，形成严重蜂窝和孔洞而使钢筋外露。

③ 手推车行走和泵管、布料机等机械的反复冲击，工人踩踏或振动器碰触钢筋，引起钢筋变形位移而外露。

(3) 预防措施

① 严格按照设计图纸和标准规范进行钢筋安装，确保钢筋安装位置准确。加强现场检查，发现钢筋绑扎松动时立即加固、偏位时立即调整。

② 推广使用塑胶垫块，严格控制钢筋保护层。目前部分工地仍在使用小石子垫块、砂浆垫块或大理石下脚料垫块，因其易裂易碎易滑动，很难准确固定钢筋的位置，而塑胶垫块价格便宜、使用方便、品种较多，可适用于不同结构，具有良好的稳固性能。

③ 清除混凝土中的杂物和控制粗骨料粒径，加强振捣作业，防止露振，避免出现严重蜂窝和孔洞。

(4) 修补措施

拆模后发现部位较浅的露筋缺陷，须尽快进行修补。先用钢丝刷洗基层，充分湿润后

用1∶2~1∶2.5水泥砂浆抹灰，抹灰厚度为1.5~2.5cm，并注意结构表面的平整度。如果是严重蜂窝、孔洞等原因形成的露筋，按其修补措施进行。

8.3.5.2 蜂窝(含麻面)

(1) 缺陷表现

混凝土拆模之后，表面局部漏浆、粗糙、存在许多小凹坑的现象，称之为麻面；若麻面现象严重，混凝土局部酥松、砂浆少、大小石子分层堆积，石子之间出现状如蜜蜂窝的窟窿，称之为蜂窝缺陷。

从工程实践中总结出麻面蜂窝与混凝土强度的下降级别如下：

A级：混凝土表面有轻微麻面，浇筑层间存在少量间断空隙，敲击时粗骨料不下落，此时相当于强度比率为80%。

B级：混凝土表面有粗骨料，凸凹不平，粗骨料之间存在空隙，但内部没有大的空隙，粗骨料之间相互结合较牢，敲击时没有连续下落的现象，此时相当于强度比率为60%~80%。

C级：混凝土内部有很多空隙，粗骨料多外露，粗骨料周围及粗骨之间灰浆黏结很少，敲击时卵石连续下落，存在空洞，有少量钢筋直接与大气接触，此时相当于强度比率在30%以下。

(2) 原因分析

① 模板安装不密实，局部漏浆严重。或模板表现不光滑、漏刷隔离剂、未浇水湿润而引起模板吸水、黏结砂浆等。

② 混凝土拌和物配合比设计不当，水泥、水、砂、石子等计量不准，造成砂浆少、石子多。实际中，许多工地均以在手推车上画线来计量砂、石，殊不知干砂和湿砂的容重相差可达20%以上。

③ 新拌混凝土和易性差，严重离析，砂浆石子分离，或新拌混凝土流动度太小，粗骨料太大，配筋间距过密，加之又漏振、振捣不实、振捣时间不够等。

④ 混凝土下料不当(未分层下料、分层振捣)或下料过高，未设串筒、溜槽而使石子集中，造成石子砂浆离析。

⑤ 输送到施工层面的混凝土料偏干时，工人直接向混凝土料随意大量冲水，将砂石洗得干干净净，水泥浆大量流走。

(3) 预防措施

① 加强模板验收，防止漏浆，重复使用模板须仔细清理干净，均匀涂刷隔离剂，不得漏刷。浇混凝土时安排专人浇水湿润模板。

② 严格控制混凝土配合比，精确计量，充分搅拌，保证混凝土拌和物的和易性。禁止在施工现场任意加水。

③ 选择合适的混凝土坍落度和粗骨料粒径，加强振捣，振捣时间(15~30s)以混凝土不再明显沉落表面出现浮浆为限。

④ 当混凝土自由倾落高度大于3m时，须采用串筒和溜槽等工具，或在柱、墙的模板上，沿其高度方向留出“门子板”，将混凝土改为侧向入模，以此缩短倾落高度，浇灌时应分层下料，分层振捣，防止漏振。

⑤ 混凝土和易性不符合要求的不进行浇筑，商品混凝土连续式搅拌机在生产时存在下料不同步的现象，尾料 1.0~2.0m^3全是石子，此时应退料。

⑥ 实际中，泵送混凝土浇筑框架柱和剪力墙时，一般是两支或三支振动棒插入柱(墙)中，一支振动棒留在上面加速下料，边浇边振边提，一气呵成。此时混凝土明显欠振，容易出现蜂窝麻面。正确的做法是，"打五泵停十秒"，即混凝土泵运行五个活塞行程后，停一会儿，待上面振捣密实后，再继续泵送浇筑。

(4) 修补措施

① 面积较小且数量不多的麻面与蜂窝的混凝土表面，可用 1∶2~1∶2.5 水泥砂浆抹平，在抹砂浆之前，必须用钢丝刷或加压水洗刷基层。

② 较大面积或较严重的麻面蜂窝，应按其全部深度凿去薄弱的混凝土层和个别突出的骨料颗粒，然后用钢丝刷或加压水洗刷表面，再用比原混凝土强度等级提高一级的细石混凝土填塞，并仔细捣实。

8.3.5.3 孔洞

(1) 缺陷表现

混凝土结构的孔洞，是指结构构件表面和内部有空腔、局部没有混凝土或者是蜂窝缺陷过多过于严重。一般工程上常见的孔洞，是指超过钢筋保护层厚度，但不超过构件截面尺寸 1/3 的缺陷。

混凝土梁或柱上的孔洞面积，单处不大于 40cm^2，累计不大于 80cm^2，可以进行修补。混凝土基础、墙、板的面积较大，但任何一处孔洞面积不得大于 100cm^2，累计不大于 200cm^2时同样可以采取修补的方法将混凝土修补整齐。超过上述范围的孔洞，应做结构检测和结构鉴定。

(2) 原因分析

① 在钢筋较密的部位或预留孔洞和预埋件处，混凝土下料被搁住，未振捣就继续浇筑上层混凝土。

② 混凝土离析、砂浆分离、石子成堆、严重跑浆，又未进行振捣，或者竖向结构干硬性混凝土一次下料过多、过厚，下料过高，振捣器振动不到，形成松散孔洞。

③ 薄壁结构及钢筋密集部位的混凝土内掉入工具、模板、木方等杂物，混凝土被搁住。

(3) 预防措施

① 漏振是孔洞形成的重要原因，只要振捣到位，引起孔洞缺陷的其他因素就能减弱或消除。

② 在钢筋密集处及复杂部位，有条件时采用细石混凝土浇灌，并认真分层振捣密实。

③ 剪力墙应分层连续浇筑，每层厚度 300~500mm，层高大于 3.0m 的柱子应侧面加开浇灌门，以保证振捣到位。

④ 薄壁结构更要注意清理卡在钢筋中的杂物，浇筑振捣成型后，可在模板外侧敲击，检查是否存在孔洞。

(4) 修补措施

将孔洞周围的松散混凝土和软弱浆膜凿除，用钢丝刷和压力水冲刷，湿润后用高一个强度等级的细石混凝土仔细浇灌、捣实。

8.3.5.4　夹渣

(1) 缺陷表现

混凝土内部夹有杂物且深度超过保护层厚度，称之为夹渣。杂物的来源有两种情况：一是原材料中的杂物；另一个是施工现场遗留下来的杂物。面积较大的夹渣相当于削弱了钢筋保护层厚度，深度较深的夹渣与孔洞无异。施工缝部位(特别是柱头和梯板脚)更易出现夹渣。

(2) 原因分析

① 砂、石等原材料中局部含有较多的泥团泥块、砖头、塑料、木块、树根、棉纱、小动物尸体等杂物，并未及时清除。

② 模板安装完毕后，现场遗留大量的垃圾杂物如锯末、木屑、小木方、木块等，工人用水冲洗时不仔细，大量的垃圾杂物聚积在梁底、柱头、柱跟、梯板脚及变截面等部位，最后未及时清理。

③ 现场工人掉落工具、打火机、烟盒、水杯和矿泉水瓶等杂物及丢弃的小模板等卡在钢筋中未做处理。

(3) 预防措施

① 混凝土泵机的受料斗上有一个钢栅栏网格，混凝土料较干及卸料过快时混凝土溢出泵机而撒落在地上，有的工人图方便而将此钢栅栏网格取下，致使混凝土中的杂物直接泵送到结构中。此种行为应严厉禁止。

② 商品混凝土站和现场搅拌工地应加强砂、石等原材料的收货管理，发现砂、石中杂物过多应坚决退货。平时遇到砂石中带有杂物应及时拣除。

③ 模板安装完毕后，派专人将较大块的杂物拣出，对小而轻的杂物可使用大功率的吸尘器吸出，用水冲洗时注意将汇集起来的杂物一一清理干净。

(4) 修补措施

① 如果夹渣面积较大而深度较浅，可将夹渣部位表面全部凿除，刷洗干净后，在表面抹1∶2~1∶2.5水泥砂浆。

② 如果夹渣部位较深，超过构件截面尺寸的三分之一，应先做必要的支撑，分担各种荷载，将该部位夹渣全部凿除，安装好模板，用钢丝刷刷洗或压力水冲刷，湿润后用高一个强度等级的细石混凝土仔细浇灌、捣实。

8.3.5.5　疏松

(1) 缺陷表现

前述的蜂窝麻面、孔洞、夹渣等质量缺陷都同时不同程度地存在疏松现象，而单独存在的疏松现象，混凝土外观颜色、光泽度、黏结性能甚至凝结时间等均与正常混凝土差异明显，混凝土结构内部不密实，强度很低，危害性极大。

(2) 原因分析

① 混凝土漏振。

② 水泥强度很低而又计量不准，或商品混凝土站因设备故障造成矿物掺和料掺量达到

65%以上，此时混凝土砂浆黏结性能极差，强度很低。

③ 严寒天气，新浇混凝土未做保温措施，造成混凝土早期冻害，出现松散，强度极低。

④ 实际工作中，有的工地在泵送混凝土时，不预拌润泵砂浆，现场工人图省事，直接向泵机料斗内铲两斗车砂子和一包水泥，加水后未充分搅拌就开启泵机。有的工地在浇筑面上未将润泵砂浆分散铲开而堆积在一处，拆模后构件表面起皮掉落，内部疏松。

(3) 预防措施

① 严格操作规程，加强振捣，避免漏振。

② 使用优质水泥，严格砂石等原材料进场验收，经常检查计量设备，严格控制水灰比，商品混凝土站防止将矿物掺和料注入水泥储罐内。

③ 防止严寒天气混凝土早期冻害，加强保温保湿养护。

④ 严格润泵砂浆配合比，润泵砂浆应用模板接住，然后铲向各个柱头或柱根。

(4) 修补措施

① 因胶凝材料和冻害原因而引起的大面积混凝土疏松，强度较大幅度降低，必须完全撤除，重新建造。

② 与蜂窝、孔洞等缺陷同时存在的疏松现象，按其修补措施进行修补。

③ 局部混凝土疏松，可采用水泥净降或环氧树脂及其他混凝土补强固化剂进行压力注浆，实行补强加固。

8.3.5.6 裂缝

(1) 缺陷表现

混凝土出现表面裂缝或贯通性裂缝，影响结构性能和使用功能。可以说，实际中所有混凝土结构不同程度地存在各种裂缝，混凝土原生的微细裂纹有时是允许存在的，对结构和使用影响不大。我们所要做的是防止产生宽度大于0.5mm的表面裂缝和大于0.3mm的贯通性裂缝(一般环境下的工业与民用建筑)。以下简要论述工程结构中常见的各种类型的裂缝。

(2) 原因分析

① 早期塑性收缩裂缝。混凝土在终凝前后由于早期养护不当，水分大量蒸发而产生的表面裂缝。裂缝上宽下窄，纵横交错，一般短而弯曲。

② 干缩裂缝。混凝土由于阳光高温暴晒又缺少水养护，发生干燥而在1~7d内出现的裂缝，板面板底干缩裂缝长而稍直，十字形交叉或机根裂缝放射状交叉。梁侧干缩裂缝间距1~1.5m平行出现，裂缝中部宽而深，两头细而浅，此时一般梁底部并无裂缝出现。

③ 温度裂缝。一般是大体积混凝土快速降温而在侧面出现的长而直、宽而深的裂缝。

④ 自收缩裂缝。水泥发生化学反应后，体积有一定量的减小，处理不好(如未留置适当的施工缝、后浇带等)会产生如龟背样的细小弯曲的裂缝。

⑤ 应力裂缝。由于设计上应力过于集中或钢筋(温度筋、分布筋)分布不合理而使混凝土产生裂缝。裂缝深而宽，可出现贯通性。

⑤ 载荷裂缝。混凝土未产生足够强度即拆除底模，或新浇筑楼面承受过大的集中载

荷，如钢管、模板、钢筋的集中堆放，使混凝土受到冲击、震动、扰动等破坏而产生的裂缝。裂缝深而宽，从受破坏部位向外延伸。

⑥ 沉缩裂缝。地基(模板)下沉或垂直距离较大的部位与水平结构之间因为混凝土沉降而产生的裂缝。

⑦ 冷缝裂缝。大面积混凝土分区分片浇筑(未设施工缝)时，接槎部位老混凝土已凝结硬化，出现冷缝，极易产生裂缝。

(3) 预防措施

① 早期塑性收缩裂缝。表面混凝土特别是大面积混凝土加强二次抹面或多次抹面，特别是初凝后终凝前的抹面，能有效消除早期塑性收缩裂缝。并注意混凝土的早期养护。

② 干缩裂缝。根据规范要求，加强混凝土早期养护，一般采取人工浇水自然养生，浇水时间7~14d，浇水频率以混凝土表面保持湿润状态为准。如能采取覆盖塑料薄膜、湿麻袋、湿草袋、喷洒养护剂等方法养护，则可基本消除干缩裂缝。

③ 湿度裂缝。大体积混凝土降低内部湿度，采用混合材料掺量大的水泥或在混凝土配合比设计时外掺一定比例的S95级矿粉和Ⅱ级粉煤灰，炎热天气采用加冰工艺，预埋冷却水管，寒冷天气延长拆模时间，拆模后在大体积混凝土外表采取保温措施，控制内外温差不超过25℃。

④ 自收缩裂缝。正确选择水泥品种和矿物掺和料的品种与掺加量，按设计要求留置施工缝、后浇带，道路混凝土终凝后及时切缝。

⑤ 应力裂缝。设计上避免应力过于集中，钢筋工程中加强箍筋、温度筋、分布筋、加力筋等正确安装。

⑥ 载荷裂缝。梁板底模拆除时间必须严格按照同条件试块强度要求，适当控制施工进度，待新浇混凝土强度达到1.5MPa以上方可上人进行施工作业，新浇楼面上钢筋、钢管、模板等分散堆放。

⑦ 沉缩裂缝。基础沉降须按设计要求设置沉降缝，模板确保刚度、牢固支撑，不允许下垂和沉降，整体浇筑时先浇竖向结构构件，待1.0~1.5h混凝土充分沉实后再浇水平构件，并在混凝土终凝前两次振捣。

⑧ 冷缝裂缝。合理安排混凝土浇筑顺序，掌握混凝土浇筑速度和凝结时间，炎热季节增大缓凝剂的掺量，当混凝土设备或运输出现问题时，及时设置施工缝。

(4) 修补措施

① 细小裂缝修补。宽度小于0.5mm的细小裂缝，可用注射器将环氧树脂溶液黏结剂或早凝溶液黏结剂注入裂缝内。注射前须用喷灯或电吹风将裂缝内吹干，注射时，从裂缝的下端开始，针头应插入缝内深入，缓慢注入。使缝内空气向上逸出，黏结剂在缝内向上填充。

② 浅裂缝修补。深度小于10mm的浅裂缝，顺裂缝走向用小凿刀将裂缝外部扩凿成“V”形，宽约5~6mm，深度等于原裂缝，然后用毛刷将“V”槽内颗粒及粉尘清除，用喷灯或电吹风吹干，然后用漆工刮刀或抹灰工小抹刀将环氧树脂胶泥压填在“V”槽上，反复搓动，务使紧密黏结，缝面按需要做成与构件面齐平或稍微突出成弧形。对于较细较深的裂缝，可以将上述两种方法结合使用，先凿槽后注射，最后封槽。

③ 较宽较深裂缝修补。先沿裂缝以 10~30cm 的间距设置注浆管，然后将裂缝的其他部位用胶黏带予以密封，以防漏浆，接着将搅拌好的净浆以 2N/mm^{2}压力用电动泵注入，从第一个注浆管开始，至第二个注浆管流出浆时停止，接着即从第二个注浆管注浆，依次完成，直至最后。

④ 锚固法修补。以钢锚栓沿混凝土裂缝隔一定距离将裂缝锚紧，该法多用于混凝土及钢筋混凝土的补强加固，即以恢复结构承载为目的的修补工程。锚栓孔需用机构事先钻好，待锚栓锚固之后，再用水泥浆或树脂砂浆将栓孔密封。

8.3.5.7 连接部位缺陷

(1) 缺陷表现

竖向构件和水平构件的连接部位，容易出现外观质量缺陷。竖向构件主要有墙、柱，水平构件主要有梁、板、台等。在它们的连接部位出现质量缺陷危害最大的是前述的夹渣、缝隙，除此之外，常见的还有“烂跟”“烂脖子”“缩颈”等

(2) 原因分析

① “烂跟”一般指墙、柱与本层楼面板连接处混凝土出现露筋、蜂窝、孔洞、夹渣及疏松等症状，楼层层高较大时更容易出现此种情况。产生原因是，垃圾杂物聚集在柱跟或墙底，混凝土下料被卡住，柱墙较高振动器振捣不到，模板漏浆严重，浇筑前没有浇灌足够 50mm 厚水泥砂浆等。

② “烂脖子”一般指墙、柱与上层梁板连接处混凝土出现露筋、蜂窝、孔洞、夹渣及疏松等症状。产生原因是，节点部位钢筋较密混凝土被卡住，漏振，浇筑顺序错误，柱头堆积垃圾杂物等。

③ “缩颈”有两种情况，一种是柱头或柱跟模板严重偏位凹进，使得柱子与梁板连接处截面变小；另一种是柱头或柱跟预留钢筋偏位，钢筋保护层过大，混凝土承压面积减小。产生原因是，模板安装不牢固，模板刚度差，在预留钢筋上部未绑扎稳固环箍或钢筋绑扎不牢，保护层垫块漏放或破碎掉落等。

(3) 预防措施

① “烂跟”。在柱跟或剪力墙的模板跟部设置清理门，在浇筑混凝土前将底面杂物完全清理干净。在连接部位先浇筑 50mm 厚的同配合比砂浆，再浇上部混凝土。每次浇筑混凝土高度不超过 500mm 厚，仔细振捣密实后再继续浇筑上一层，防止模板底部和侧面漏浆。

② “烂脖子”。如果柱子是先期单独浇筑，则在浇筑梁板时先浇柱头同配合比砂浆 50mm 厚，如果墙柱梁板同时浇筑，先浇竖向结构，待充分沉实后再浇水平构件，连接部位加强二次振捣，消除沉降裂缝。防止模板漏浆。

③ “缩颈”。安装梁模板前，先安装梁柱接头模板，并检查其断面尺寸、垂直度、刚度，符合要求后才允许接驳梁模板。柱头箍筋按规定要求加密并绑扎牢固，在混凝土浇筑时发现柱纵筋偏位及时调整，钢筋保护层垫块安置数量和位置正确，尽量采用塑胶垫块。

(4) 修补措施

根据构件连接部位质量缺陷的种类和严重情况，按上述露筋、蜂窝、孔洞、夹渣、疏松和裂缝的有关措施进行修补加固。

8.3.5.8 外形缺陷

(1) 缺陷表现

外形缺陷及下文的外表缺陷主要是针对清水混凝土而言，清水混凝土是利用混凝土的可塑性和材料构成的特点，根据饰面的造型技术，进行建筑艺术加工的混凝土。它在墙体或其他构件成型时，采取适当措施，使其表面具有装饰性线条和纹理质感、庄重感，并改善其色彩效果，以达到建筑立面的外观装饰设计要求。

(2) 原因分析

① 拆模时间过早或折模时工人撬、扳、敲、击等造成缺棱掉角。

② 模板安装尺寸不准确，或模板刚度差、稳定性不够、紧固性不牢，造成棱角不直、翘曲不平、飞边凸肋等。

(3) 预防措施

① 确保清水混凝土达到规定强度后才拆除模板，拆模时从上到下、从内到外，严禁野蛮粗暴敲击、撬、扳等行动。

② 严格按设计要求制作和安装模板，确保轴线和尺寸准确，加强模板的刚度、稳定性和牢固性，不使模板变形和位移。

(4) 修补措施

① 清水混凝土的修补，必须采用与原混凝土完全相同的原材料，按原配合比适当增减各种成分(可掺加部分白水泥)，制成三种以上配合比的现场砂浆，然后分别制作实验样品(150mm×150mm)，2d 后对比颜色，采用外观颜色一致的一个配合比。

② 外形缺失和凹陷的部分，先用稀草酸溶液清除表面脱模剂的油脂，然后用清水冲洗干净，让其表面湿透。再用上述配合比砂浆抹灰补平。外形翘曲和凸出的部分，先凿除多余部分，清洗湿透后用砂浆抹灰补平。

8.3.5.9 外表缺陷

(1) 缺陷表现

清水混凝土的外表缺陷有表面麻面、掉皮、起砂、玷污等，表面麻面的原因如前所述，此处不再赘述。

(2) 原因分析

① 掉皮的原因。对于竖向构件，一个是水灰比偏大，混凝土料过稀，泌水严重，另一个是混凝土料过振，产生大量浮浆。下层混凝土振捣成型后继续浇筑上一层，此时若混凝土料过稀而又过振，浮浆往上浮及往外挤，然后再顺着模板慢慢往下流，此一层浮浆的水灰比很大，强度很低，与前一层成型好了的混凝土黏结性很差，拆模后容易掉落，出现掉皮现象。对于水平构件，则是已浇筑成型好了的构件再次受到震动和扰动(比如用手推车在楼面运输新拌混凝土)，引起表层混凝土起壳而出现掉皮。此外，混凝土中含气量大时，在构件表面形成大量砂眼，也容易出现掉皮。

② 起砂是由于清水混凝土浇筑时由于模板没有充分湿润，模板吸水，黏结砂浆，或者模板漏浆严重、漏刷隔离剂等，其特征是构件表面无浆，细砂堆积，黏结不牢，与麻面同时出现。

③ 玷污是未能保持清水混凝土构件表面清洁，出现钢模铁锈污染、脱模剂残迹；或重复使用模板，原混凝土未完全清理干净。

(3) 预防措施

① 浇筑清水混凝土必须保持相同的原材料、相同的配合比，新拌混凝土的坍落度与和易性必须一致，混凝土工人在振捣时做到均匀一致，不过振、不漏振。

② 正确选择脱模剂品种，不能用废机油直接做脱模剂，施工时涂抹量要适中。常用的皂化混合油，其主要成分是皂角(15.5%)、10 号机油(61.9%)、松香(9.7%)、酒精(4.3%)、石油磺酸(4.8%)、火碱(1.9%)、水(1.9%)。

③ 清水混凝土最好使用全新模板，一次性使用，如果要再次使用，必须仔细清除任何一点陈旧混凝土残渣，浇筑混凝土前模板应充分湿润。

(4) 修补措施

① 出现麻面、掉皮和起砂现象，在修饰前如前所述清洗干净，让其表面湿透。再将与上述颜色一致的砂浆拌和均匀，按漆工刮腻子的方法，将砂浆用刮刀大力压向清水混凝土外表缺陷内，即压即刮平，然后用干净的干布擦去表面污渍，养护 24h 后，用细砂纸打磨至表面颜色一致。

② 出现玷污则必须由人工用细砂纸仔细打磨，将污渍去除，使构件外表颜色一致。

8.4 预应力混凝土施工

预应力混凝土能充分发挥高强度钢材的作用，即在外荷载作用于构件之前，利用钢筋张拉后的弹性回缩，对构件受拉区的混凝土预先施加压力，产生预压应力，使混凝土结构在作用状态下充分发挥钢筋抗拉强度高和混凝土抗压能力强的特点，可以提高构件的承载能力。

当构件在荷载作用下产生拉应力时，首先抵消预应力，然后随着荷载不断增加，受拉区混凝土才受拉开裂，从而延迟了构件裂缝的出现和限制了裂缝的开展，提高了构件的抗裂度和刚度。这种利用钢筋对受拉区混凝土施加预压应力的钢筋混凝土，称为预应力混凝土。

预应力混凝土与钢筋混凝土结构相比，具有构件截面小、自重轻、刚度好、抗裂度高、耐久性好、材料省等优点，并能用于大跨度结构；与钢结构相比，可节约大量钢材，降低成本。预应力混凝土施工，需要专用张拉灌浆机具和锚固装置，施工技术比较复杂，操作要求高。为了达到较高的预应力值，宜优先采用高强度等级混凝土。

预应力混凝土施工主要是先张法和后张法两个施工方案。先张法是先张拉钢筋，后浇筑混凝土，预应力靠钢筋与混凝土之间的黏结力传递给混凝土。后张法是先浇筑混凝土并预留孔道，待混凝土达到一定强度后张拉钢筋，预应力靠锚具传递给混凝土。

8.4.1 先张法施工

8.4.1.1 施工准备

(1) 台座

台座由台面、横梁和承力结构等组成，是先张法生产的主要设备。预应力筋张拉、锚固，混凝土浇筑、振捣和养护及预应力筋放张等全部施工过程都在台座上完成。

台座按构造形式分为墩式台座和槽式台座，选用时应根据生产构件的类型、形式、张拉力的大小和施工条件而决定。

① 墩式台座。墩式台座由台墩、台面与横梁等组成。台墩和台面共同承受拉力。台座一般长 100m，宽 2m。在台座的两端应留出张拉、锚固预应力筋的操作场地和通道，两侧要有构件运输和堆放的场地。墩式台座用以生产各种形式的中小型构件。

台墩是承力结构，由钢筋混凝土浇筑而成。台座依靠其自重和土压力来平衡张拉力所产生的倾覆力矩，依靠土的反力和摩阻力来平衡张拉所产生的水平位移。承力台墩设计时，应进行稳定性和强度验算。稳定性验算一般包括抗倾覆验算与抗滑移验算。抗倾覆安全系数不得小于 1.5，抗滑移安全系数不得小于 1.3。

台面是预应力构件成型的胎模，它是在 150mm 厚夯实碎石垫层上浇筑 60～80mm 厚 C20 混凝土面层，原浆压实抹光而成，制作时要求地基坚实平整。台面要求坚硬、平整、光滑，沿其纵向有 3%的排水坡度。

横梁以墩座牛腿为支承点安装其上，是锚固夹具临时固定预应力筋的支承点，也是张拉机械张拉预应力筋的支座。横梁常采用型钢或钢筋混凝土制作。

② 槽式台座。槽式台座由端柱、传力柱、横梁和台面组成。台面长度要便于生产多种构件，一般长 45m 或 76m；宽度由构件外形和制作方式而定，一般不小于 1m。槽式台座构造如图 8.13 所示。

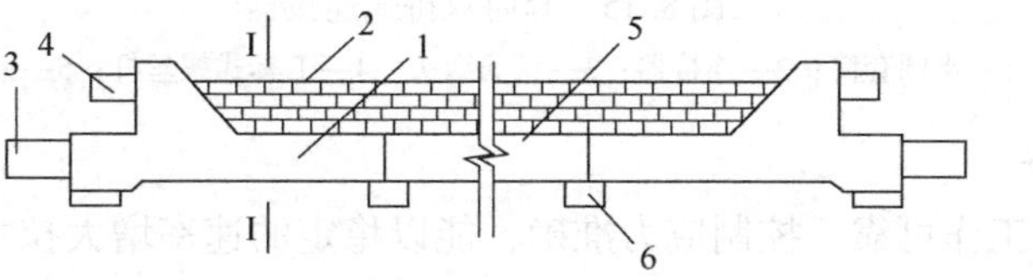

图 8.13 槽式台座

1—钢筋混凝土端柱；2—砖墙；3—下横梁；4—上横梁；5—传力柱；6—柱垫

槽式台座需进行强度和稳定性计算。端柱和传力柱的强度按钢筋混凝土偏心受压构件计算。槽式台座端柱抗倾覆力矩由端柱、横梁自重力矩及部分张拉力矩组成。

(2) 夹具

夹具是先张法构件施工时保持预应力筋拉力，并将其固定在张拉台座(或设备)上的临时性锚固装置。按其工作用途不同分为锚固夹具和张拉夹具。

对夹具的要求是具有可靠的锚固能力，要求不低于预应力筋抗拉强度的 90%；使用中不发生变形或滑移，且预应力损失较小；夹具应耐久，锚固与拆卸方便，能重复使用，且适应性好；构造简单，加工方便，成本低。

① 钢丝锚固夹具。钢丝锚固夹具可分为锥销夹具和镦头夹具。

a. 锥销夹具。锥销夹具可分为圆锥齿板式夹具和圆锥槽式夹具，由钢质圆柱形套筒和带有细齿(或凹槽)的锥销组成。锥销夹具既可用于固定端，也可用于张拉端，具有自锁和自锚能力。

b. 镦头夹具。如图 8.14 所示，采用镦头夹具时，将预应力筋端部热镦或冷镦，通过承

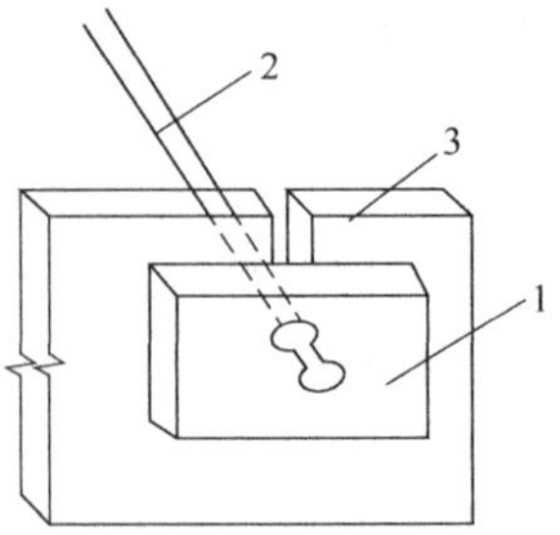

图 8.14 固定端镦头夹具
1—垫片；2—镦头钢丝；
3—承力板

力分孔板锚固。它用于预应力钢丝固定端的锚固。

② 钢筋锚固夹具。钢筋锚固常用圆套筒三片式夹具，由套筒和夹片组成。套筒的内孔呈圆锥形，三个夹片互成 120°，钢筋夹持在三个夹片中心，夹片内槽有齿痕，以保证钢筋的锚固。其型号有 YJ12、YJ14，适用于先张法；用 YC-18 型千斤顶张拉时，适用于锚固直径为 12mm、14mm 的单根冷拉 HRB335、HRB400、RRB400 钢筋。

③ 张拉夹具。张拉夹具是夹持住预应力筋后，与张拉机械连接起来进行预应力筋张拉的机具。常用的张拉夹具有月牙形夹具、偏心式夹具、楔形夹具等，适用于张拉钢丝和直径 16mm 以下的钢筋。

单根钢筋之间的连接或粗钢筋与螺丝杆的连接，可采用钢筋连接器，套筒双拼式连接器如图 8.15 所示。

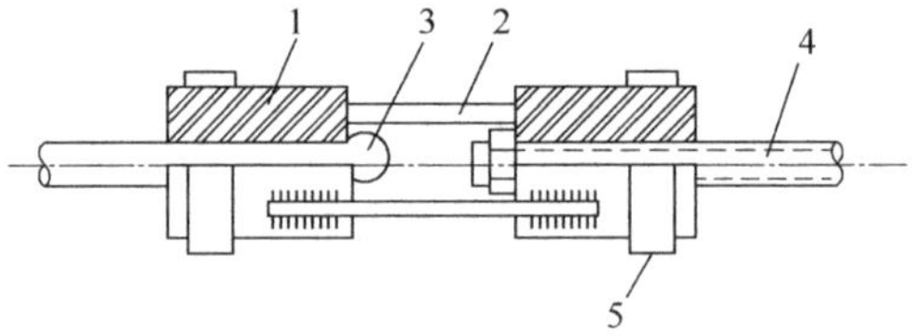

图 8.15 套筒双拼式连接器
1—半圆套筒；2—连接器；3—钢筋镦头；4—工具式螺丝杆；5—钢圈

(3) 张拉设备

张拉设备要求工作可靠，控制应力准确，能以稳定的速率增大拉力。

① 钢丝张拉设备。钢丝张拉分单根张拉和成组张拉。用钢模以机组流水法或传送带法生产构件时，常采用成组钢丝张拉。

在台座上生产构件时，一般采用单根钢丝张拉，可采用电动卷扬机、电动螺杆张拉机进行张拉。

② 钢筋张拉设备。穿心式千斤顶用于直径 12~20mm 的单根钢筋、钢绞线或钢丝束的张拉。用 YC20 型穿心式千斤顶张拉时，高压油泵启动，从后油嘴进油，前油嘴回油，被偏心式夹具夹紧的钢筋随液压缸的伸出而被拉伸。

油压千斤顶张拉时，用油压表读数直接控制张拉力大小。

8.4.1.2 先张法施工工艺

(1) 张拉控制应力和张拉程序

张拉控制应力是指在张拉预应力筋时所达到的规定应力，应按设计规定采用。控制应力的数值直接影响预应力的效果。控制应力稍高，预应力效果会更好些，不仅可以提高构件的抗裂性能和减少挠度，还可以节约钢材。

预应力筋的张拉控制应力应符合设计要求。施工中预应力筋需要超张拉时，可比设计要求提高 3%~5%，但其最大张拉控制应力不得超过表 8.7 的规定。

表 8.7 张拉控制应力限制

钢筋种类	张拉方法	
	先张法	后张法
消除应力钢丝、钢绞线	$0.75f_{ptk}$	$0.75f_{ptk}$
热处理钢筋	$0.70f_{ptk}$	$0.65f_{ptk}$
冷拉钢筋	$0.90f_{pyk}$	$0.85f_{pyk}$

注：f_{ptk}——预应力筋极限抗拉强度标准值；f_{pyk}——预应力筋屈服强度标准值。

预应力筋张拉程序：应按设计规定进行，若设计无规定，可采取下列程序之一：

① 0→105%σ_{con}持荷 2min→σ_{con}(锚固)(σ_{con}为预应力筋张拉控制应力)；

② 0→103%σ_{con}(锚固)。

预应力筋张拉操作要领：

① 冷轧带肋钢筋张拉时，可采用 10kN 电动螺杆张拉机或电动卷扬张拉机单根张拉，利用钢丝应力测力仪测力，锥销式夹具锚固。

② 刻痕钢丝可采用 20~30kN 电动卷扬张拉机单根张拉，优质锥销式夹具锚固。

③ 粗钢筋张拉时，可采用 YC60 型或 YL60 型千斤顶在双横梁式台座或钢模上单根张拉，螺杆夹具锚固。

(2) 预应力值校核

① 预应力钢筋的张拉力，一般采用油压表控制、伸长值校核。预应力筋张拉锚固后实际建立的预应力值与工程设计规定检验值的相对允许偏差为±5%。

② 预应力钢丝的张拉力，张拉锚固后采用钢丝应力测力仪检查钢丝的预应力值，伸长值只用作张拉操作中参考。其相对允许偏差为±5%。

③ 认真做好预应力筋张拉记录。

随后进行支模，检查非预应力筋数量、规格品种等符合设计要求后浇筑混凝土。

(3) 预应力筋放张

① 预应力筋放张时，混凝土强度应符合设计要求，当设计无具体要求时，不应低于设计的混凝土抗压强度标准值的 75%。

② 预应力筋放张顺序。对承受轴心预压的构件，所有预应力筋应同时放张；承受偏心预压的构件，应先放张预压力较小区域的预应力筋，再同时放张压力较大区域的预应力筋；当不能按上述规定放张时，应分阶段、对称、交错地放张。

③ 预应力筋放张方法。对张拉力大的多根冷拉钢筋或钢绞线，可采用氧炔焰预热，粗钢筋放张时，应在烘烤区轮换加热每根钢筋，使其同步升温，待钢筋出现颈缩时，即可切断钢筋，但应注意防止烧伤构件。对配筋不多的钢丝，放张时可直接用钢丝钳或氧炔焰切割。

放张单根预应力筋，一般采用千斤顶放张，如图 8.16(a)所示，即用千斤顶拉动单根钢筋的端部，松开螺母。多根预应力筋构件采用千斤顶放张时，应按对称、相互交错放张的原则进行，拟定合理的放张顺序，控制每一次循环放张的吨位，缓慢逐根多次循环放松。

构件预应力筋较多时，整批同时放张可采用砂箱、楔块等放张装置。

砂箱放张装置如图 8.16(b)所示，由钢板制作的缸套和活塞组成，内装石英砂或铁砂。预应力筋张拉时，砂箱中的砂被压实并承受横梁的反力；预应力筋放张时，将出砂口打开，砂缓慢地流出，活塞徐徐回退，钢筋则逐渐放松。砂箱中的砂应选用级配适宜的干燥砂。

楔块放张装置由固定楔块、活动楔块和螺杆组成，楔块放置在台座与横梁之间，如图 8.16(c)所示。预应力筋放张时，旋转螺母使螺杆向上运动，带动楔块向上移动，钢块间距变小，横梁向台座方向移动，从而同时放张预应力筋。楔块放张装置一般由施工单位自行设计，适用于张拉力不大于 300kN 的情况。

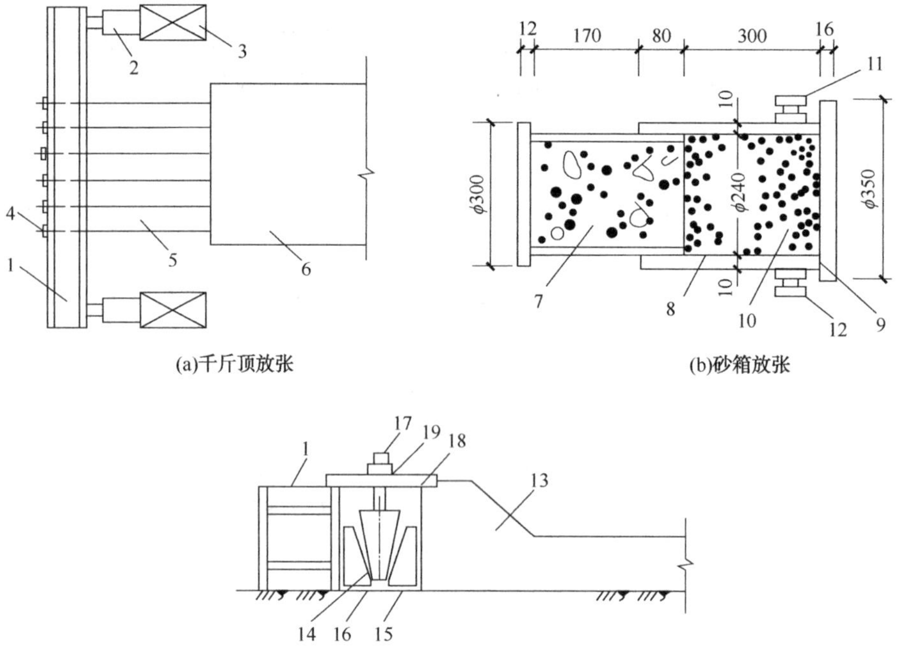

(a)千斤顶放张　(b)砂箱放张

(c)楔块放张

图 8.16　预应力筋放张装置(单位：mm)

1—横梁；2—千斤顶；3—承力架；4—夹具；5—钢丝；6—构件；7—活塞；8—套箱；9—套箱底板；10—砂；11—进砂口(M25 螺丝)；12—出砂口(M16 螺丝)；13—台座；14、15—钢固定楔块；16—钢滑动楔块；17—螺杆；18—承力板；19—螺母

8.4.1.3　质量标准

(1) 保证项目

① 预应力筋进场时，应按现行国家标准《预应力混凝土用钢绞线》(GB/T 5224—2023)等的规定抽取试件做力学性能检验，其质量必须符合有关标准的规定。主要检查其产品合格证、出厂检验报告和进场复验报告。

② 预应力筋用锚具、夹具和连接器应按设计要求采用，其性能应符合现行国家标准《预应力筋用锚具、夹具和连接器》(GB/T 14370—2015)等的规定。主要检查其产品合格证、出厂检验报告和进场复验报告。

③ 先张法预应力筋施工时应选用非油质类模板隔离剂，并应避免沾污预应力筋。主要通过观察检查。

④ 预应力筋的张拉力、放张顺序及张拉工艺应符合设计要求及施工技术方案的要求，并应符合下列规定：

a. 当施工需要超张拉时，最大张拉应力不应大于现行国家标准《混凝土结构设计标准（2024 年版）》（GB/T 50010—2010）的规定。

b. 先张法预应力筋放张时，宜缓慢放松锚固装置，使各种预应力筋同时缓慢放松。

c. 当采用应力控制方法张拉时，应校核预应力筋的伸长值，实际伸长值与设计计算理论伸长值的相对允许偏差为±6%。主要检查张拉记录。

⑤ 预应力筋张拉锚固后实际建立的预应力值与工程设计规定检验值的相对允许偏差为±5%。对先张法施工，应检查预应力筋应力检测记录。

⑥ 张拉过程中应避免预应力筋断裂或滑脱；当发生断裂或滑脱时，必须符合规范规定：对先张法预应力构件，在浇筑混凝土前发生断裂或滑脱的预应力筋必须予以更换。主要检查张拉记录。

（2）一般项目

① 预应力筋用锚具、夹具和连接器使用前应进行外观检查，其表面应无污物、锈蚀、机械损伤和裂纹。

② 先张法预应力筋张拉后与设计位置的偏差不得大于 5mm，且不得大于构件截面短边边长的 4%。主要用钢尺检查。

（3）质量记录

本工艺标准应具备相关质量记录：预应力筋的出厂质量证明书、进场复验报告单；预应力筋夹具和连接器合格证及检验报告；预应力筋的冷拉记录；冷拉预应力筋的机械性能试验报告；冷拉预应力筋焊接接头试验报告；预应力张拉设备校验记录；预应力张拉记录；混凝土构件试块强度试压报告。

（4）应注意的质量问题

① 预应力筋下料前，应根据设计要求计算下料长度。钢筋镦粗前，其端头 15~20cm 范围内的锈要除净，钢筋端头要磨平并不能有弯曲。

② 张拉设备应配套标定，并配套使用。张拉设备的标定期限不应超过半年。当在使用过程中出现反常现象时或在千斤顶检修后，应重新检验。

③ 预应力筋张拉端的设置，应符合设计要求，当设计无具体要求时，应符合下列规定：

a. 预应力张拉时最大张拉应力：冷拉Ⅱ、Ⅲ、Ⅳ级钢不得超过屈服强度的 90%，钢丝、钢绞线不得超过屈服强度的 75%，热处理钢筋不得超过标准强度的 70%。张拉后的实际预应力值的偏差不得超过规定值的 5%。

b. 当用冷拉粗钢筋作预应力筋时，必须先焊上端杆螺丝，然后再进行冷拉，使各对焊接头进行一次冷拉考验。

④ 张拉时，张拉机具与预应力筋应在一条直线上。

⑤ 顶紧锚塞时，用力不要过猛，以防钢丝折断，再拧紧螺母时，应注意压力表读数始终保持所需的张拉力。

⑥ 预应力钢丝内力的检测，一般应在张拉锚固后 1h 后进行，其检测值按设计规定值，

当设计无规定时，可按表 8.8 取用。

表 8.8　钢丝预应力值检测时的设计规定值

张拉方法		检测值
长线张拉		$0.94\sigma_{con}$
短线张拉	长 4m	$0.91\sigma_{con}$d
	长 6m	$0.93\sigma_{con}$

注：σ_{con}为预应力筋张拉控制应力。

⑦ 预应力筋放张时，应测定钢丝回缩值，如回缩值过大，则应分析和查找原因，检查构件的混凝土强度是否满足设计要求，采取纠正措施。

⑧ 放张前，应拆除模板。用氧炔焰或电弧切割时，应采取隔热措施，防止烧伤构件端部混凝土。

(6) 成品保护

构件起吊时不得发生扭曲和损坏。堆放场地应平整、坚实，构件叠放时垫块要上下对准。

8.4.2　后张法施工

后张法预应力施工工艺复杂、专业性强、技术含量高、操作要求严，故应由具有专项施工资质的施工单位承担。生产示意如图 8.17 所示。

8.4.2.1　施工准备

(1) 锚具

在后张法中，锚具是建立预应力值和保证结构安全的关键，是预应力构件的一个组成部分。要求锚具的尺寸形状准确，有足够的强度和刚度，受力后变形小，锚固可靠，不会产生预应力筋的滑移和断裂现象。使用前应进行外观检查，其表面应无污物、锈蚀、机械损伤和裂纹。

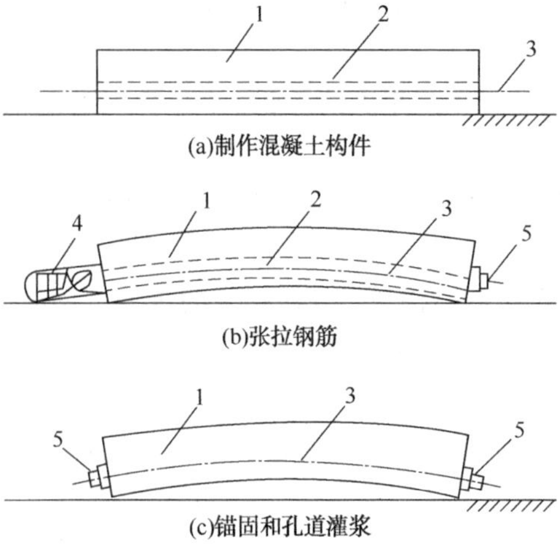

图 8.17　后张法生产示意

1—混凝土构件；2—预留孔道；3—预应力筋；4—千斤顶；5—锚具

(2) 张拉设备

与螺丝端杆锚具配套的张拉设备为拉杆式千斤顶。常用的有 YL20 型、YL60 型液压千斤顶。YL60 型千斤顶是一种通用型的拉杆式液压千斤顶。YL60 型千斤顶的最大张拉力为 600kN，张拉行程为 150mm，活塞面积为 16200mm^2，最大工作油压为 40N/mm^2，其配套油泵为 ZB4/500 型。适用于张拉采用螺丝端杆锚具的粗钢筋、锥形螺杆锚具的钢丝束及镦头锚具的钢筋束。

(3) 单根粗钢筋预应力筋的制作

单根粗钢筋预应力筋的制作，包括配料、对

焊、冷拉等工序。预应力筋的下料长度应根据计算确定，计算时要考虑结构构件的孔道长度、锚具厚度、千斤顶长度、焊接接头或镦头的预留量、冷拉伸长值、弹性回缩值等。单根粗钢筋常用的锚具为螺丝端杆和帮条锚具，张拉设备常用 YL-60 型拉杆式千斤顶，或 YC-60 型、YC-2 型。

(4) 钢筋束和钢绞线束

钢筋束、钢绞线采用的锚具有 JM 型、XM 型、QM 型和镦头锚具。

JM 型锚具由锚环与夹片组成，锚环分甲型和乙型两种。甲型锚环是具有锥形内孔的圆锥体，外形比较简单，使用时直接放置在构件端部的垫板上即可；乙型锚环是在圆柱体外部增加正方形肋板，使用时锚环直接预埋在构件的端部，不另设置垫板。JM 型锚具与 YL60 型千斤顶配套使用，适用于锚固 3~6 根直径为 12mm 的光面或螺纹钢筋束，也可用于锚固 5~6 根直径为 12mm 或 15mm 的钢绞线束。

XM 型和 QM 型锚具是一种新型锚具，利用楔形夹片将每根钢绞线独立地锚固在带有锥形的锚环上，形成一个独立的锚固单元。其特点是每根钢绞线都是分开锚固的，任何一根钢绞线的锚固失效(如钢绞线拉断、夹片碎裂)都不会引起整束钢绞线锚固失效。XM 型锚具由锚环和三块夹片组成，适用于锚固 1~12 根直径 15mm 的钢绞线，也可用于锚固钢丝束；QM 型锚具适用于锚固 4~31 根直径 12mm 或 3~19 根直径 15mm 的钢绞线。

钢筋束所用钢筋是成圆盘供应的，不需对焊连接。钢筋束或钢绞线束预应力筋的制作包括开盘冷拉、下料、编束等工序。预应力钢筋束下料应在冷拉后进行。当采用镦头锚具时，则应增加镦头工序。

(5) 钢丝束

钢丝束常用的锚具有镦头锚具、锥形螺杆锚具和钢质锥形锚具。

镦头锚具要求钢丝束下料长度精确，相对误差控制在 $L/5000$(L 为下料长度)以内，并不大于 5mm，为此要求钢丝束在应力状态下切断下料，下料的控制应力为 300N/mm^2。镦头锚具用 YC-60 型千斤顶张拉或拉杆式千斤顶张拉；锥形螺杆锚具用拉杆式千斤顶或穿心式千斤顶张拉；钢质锥形锚具用锥锚式双作用千斤顶张拉。

8.4.2.2 施工工艺

后张法工艺中，与预应力施工有关的是孔道留设、预应力筋张拉和孔道灌浆三部分。

(1) 孔道留设

孔道留设是后张法构件制作中的关键之一。孔道直径取决于预应力筋和锚具，如用螺丝端杆的粗钢筋，孔道直径应比螺丝端杆的螺纹直径大 10~15mm；用 JM12 型锚具的钢筋束或钢绞线束，对 JM12-3、4，孔道直径为 42mm，对 JM12-5、6 则为 50mm。孔道留设方法有钢管抽芯法、胶管抽芯法和预埋波纹管法。

① 钢管抽芯法。预先将钢管埋设在模板内孔道位置处，在混凝土浇筑过程中和浇筑之后，每间隔一定时间慢慢转动钢管，使之不与混凝土黏结，待混凝土初凝后、终凝前抽出钢管，即形成孔道。该法只用于留设直线孔道。

钢管要平直，表面要光滑，安放位置要准确。一般用间距不大于 1m 的钢筋井字架固定钢管位置。每根钢管的长度最好不超过 15m，以便于旋转和抽管，较长构件则用两根钢管，中间用套管连接。钢管的旋转方向两端要相反。

恰当掌握抽管时间很重要，过早会坍孔，太晚则抽管困难。一般在初凝后、终凝前，以手指按压混凝土不黏又无明显印痕时则可抽管。为保证顺利抽管，混凝土的浇筑顺序要密切配合。

抽管顺序宜先上后下，抽管可用人工或卷扬机，抽管要边抽边转，速度均匀，与孔道呈一直线。

在留设孔道的同时还要在设计规定位置留设灌浆孔。一般在构件两端和中间每隔 12m 留一个直径 20mm 的灌浆孔，并在构件两端各设一个排气孔。

② 胶管抽芯法。胶管有五层或七层夹布胶管和钢丝网胶管两种。前者质软，用间距不大于 0.5m 的钢筋井字架固定位置，浇筑混凝土前，胶管内充入压力为 0.6～0.8N/mm^{2}的压缩空气或压力水，此时胶管直径增大 3mm 左右，待浇筑的混凝土初凝后，放出压缩空气或压力水，管径缩小而与混凝土脱离，便于抽出。后者质硬，具有一定弹性，留孔方法与钢管一样，只是浇筑混凝土后不需转动，由于其有一定弹性，抽管时在拉力作用下断面缩小易于拔出。胶管抽芯留孔，不仅可留直线孔道，而且可留曲线孔道。

③ 预埋波纹管法。预埋波纹管法是用钢筋井字架将黑铁皮管、薄钢管或金属螺旋管固定在设计位置上，在混凝土构件中埋管成型的一种施工方法。预埋管具有质量轻、刚度好、弯折方便、连接简单等特点，可做成各种形状的孔道，并省去了抽管工序。适用于预应力筋密集或曲线预应力筋的孔道埋设，但在电热后张法施工中，不得采用波纹管或其他金属管埋设的管道。

金属螺旋管安装时，宜先在构件底模、侧模上弹安装线，并检查波纹管有无渗漏现象，避免漏浆堵塞管道。同时，尽量避免波纹管多次反复弯曲，并防止电火花烧伤管壁。

（2）预应力筋张拉

张拉预应力筋时，构件混凝土的强度应按设计规定，如设计无规定则不宜低于混凝土标准强度的 75%；用块体拼装的预应力构件，其拼装立缝处混凝土或砂浆的强度，如设计无规定，不应低于块体混凝土标准强度的 40%，且不得低于 15N/mm^2。

① 穿筋。螺丝端杆锚具预应力筋穿孔时，用塑料套或布片将螺纹端头包扎保护好，避免螺纹与混凝土孔道摩擦损坏。成束的预应力筋将一头对齐，按顺序编号套在穿束器上，一端用绳索牵引穿束器，钢丝束保持水平在另一端送入孔道，并注意防止钢丝束扭结和错向。

② 预应力筋的张拉顺序。预应力筋的张拉顺序应按设计规定进行；如设计无规定，应采取分批分阶段对称地进行，以免构件受过大的偏心压力而发生扭转和侧弯。

如图 8.18 所示是预应力混凝土屋架下弦预应力筋张拉顺序。如图 8.18(a)所示预应力筋为两束，能同时张拉，宜采用两台千斤顶分别设置在构件两端对称张拉。如图 8.18(b)所示预应力筋是对称的四束预应力筋，不能同时张拉，应采取分批对称张拉，用两台千斤顶分别在两端张拉对角线上的两束，然后张拉另两束。

如图 8.19 所示是预应力混凝土吊车梁预应力筋采用两台千斤顶的张拉顺序，对配有多根不对称预应力筋的构件，应采用分批分阶段对称张拉。采用两台千斤顶先张拉上部两束预应力筋，下部四束曲线预应力筋采用两端张拉方法分批进行。

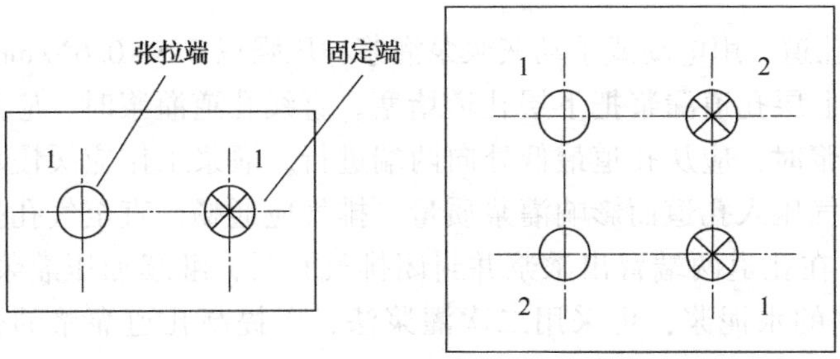

(a)两束　　(b)四束

图 8.18 屋架下弦杆预应力筋张拉顺序

1、2—预应力筋分批张拉顺序

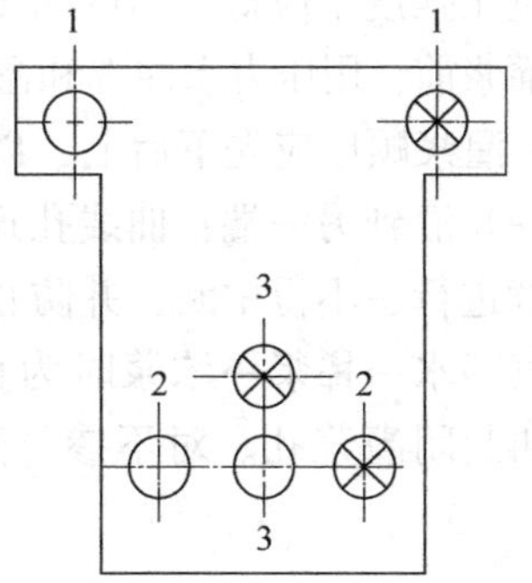

图 8.19 吊车梁预应力筋张拉顺序

1、2、3—预应力筋分批张拉顺序

平卧重叠浇筑的预应力混凝土构件，张拉预应力筋的顺序是先上后下，逐层进行。为了减少上下层之间因摩阻引起的预应力损失，可逐层加大张拉力，但底层张拉力不宜比顶层张拉力大 5%(钢丝、钢绞线和热处理钢筋)或 9%(冷拉 HRB335、HRB400 和 RRB400 钢筋)，且要注意加大张拉控制应力后不要超过最大张拉力的规定。

③ 预应力筋的张拉程序。预应力筋的张拉程序，主要根据构件类型、张锚体系、松弛损失取值等因素来确定。用超张拉方法减少预应力筋的松弛损失时，预应力筋的张拉程序宜为：$0 \rightarrow 105\%\sigma_{con}$持荷 $2min \rightarrow \sigma_{con}$($\sigma_{con}$为预应力筋的张拉控制应力)。

采用上述程序时，千斤顶应回油至稍低于 σ_{con}，再进油至 σ_{con}，以建立准确的预应力值。

如果预应力筋张拉吨位不大，根数很多，而设计中又要求采取超张拉方法以减少应力松弛损失时，其张拉程序可为：$0 \rightarrow 103\%\sigma_{con}$

④ 预应力筋的张拉方法。为了减少预应力筋与预留孔壁间的摩擦而引起的应力损失，对于曲线预应力筋和长度大于 24m 的直线预应力筋，应采用两端同时张拉的方法；长度小于或等于 24m 的直线预应力筋，可一端张拉，但张拉端宜分别设置在构件两端。

安装张拉设备时，对于直线预应力筋，应使张拉力的作用线与孔道中心线重合；对于曲线预应力筋，应使张拉力的作用线与孔道中心线末端的切线方向重合。

用应力控制方法张拉时，还应测定预应力筋实际伸长值，以对预应力值进行校核。预应力筋实际伸长值的测定方法与先张法相同。

⑤ 后张法预应力筋的张拉安全注意事项。预应力筋张拉过程中应特别注意安全。在张拉构件的两端应设置保护装置，如用麻袋、草包装土筑成土墙，以防止螺帽滑脱、钢筋断裂飞出伤人；在张拉操作中，预应力筋的两端严禁站人，操作人员应在侧面工作。

(3) 孔道灌浆

预应力筋张拉后，应尽快地用灰浆泵将水泥浆压灌到预应力孔道中去，目的是防止预应力筋锈蚀，同时可使预应力筋与混凝土有效黏结，提高结构的抗裂性、耐久性和承载能力。

灌浆用水泥浆应有足够的黏结力，且应有较大的流动性，较小的干缩性和泌水性。应采用普通的硅酸盐水泥，水胶比为 0.40~0.45，搅拌后 3h 泌水率宜控制在 2%以内，水泥浆的抗压强度不应低于 30N/mm^2。

灌浆前，用压力水冲洗和湿润孔道。用电动或手动灰浆泵灌浆，压强以 0.5~0.6N/mm^2 为宜。灌浆顺序应先下后上，以免上层孔道漏浆把下层孔道堵塞。直线孔道灌浆时，应从构件一端灌到另一端；曲线孔道灌浆时，应从孔道最低处向两端进行。灌浆工作应缓慢均匀连续进行，不得中断，并防止空气压入孔道而影响灌浆质量。排气应通畅，直至气孔排出空气→水→稀浆→浓浆时为止。在孔道两端冒出浓浆并封闭排气孔后，继续加压灌浆，稍后再封闭灌浆孔。对不掺外加剂的水泥浆，可采用二次灌浆法，以提高孔道灌浆的密实度。

第9章 装饰工程施工

建筑装饰装修是整个建筑工程中的重要组成部分。概括地说，建筑装饰装修的主要作用是：保护主体，延长其使用寿命；增强和改善建筑物的保温、隔热、防潮、隔音等使用功能；美化建筑物及周围环境，给人们创造一个良好的生活、生产空间。

装饰装修工程的特点是：工程量大，工期长，一般装饰装修工程占项目总工期的30%~50%；机械化施工的程度差，生产效率较低；工程资金投入大，民用建筑中可占土建部分总造价的35%~45%；施工质量对建筑物使用功能和整体建筑效果影响很大。装饰装修工程包括抹灰工程、饰面板(砖)工程、楼地面工程、涂料与刷浆工程、吊顶工程等，下文将逐一对其施工内容进行阐述。

9.1 抹灰工程施工

抹灰工程按工种部位可分为室内抹灰和室外抹灰，按抹灰的材料和装饰效果可分为一般抹灰和装饰抹灰。一般抹灰采用的是石灰砂浆、混合砂浆、水泥砂浆、麻刀(玻纤)灰、纸筋灰和石膏灰等材料。装饰抹灰按所使用的材料、施工方法和表面效果可分为拉条灰、拉毛灰、洒毛灰、水刷石、水磨石、干黏石、剁斧石及弹涂、滚涂、喷砂等。

9.1.1 一般抹灰施工

9.1.1.1 一般抹灰的组成和要求

一般抹灰按做法和质量要求分为普通抹灰和高级抹灰两级。

普通抹灰由一层底层、一层中层和一层面层(或一层底层、一层面层)构成。施工要求阳角找方，设置标筋，分层赶平、修整，表面压光。要求表面光滑洁净，分格缝清晰，接槎平整。

高级抹灰由一层底层、数层中层、一层面层构成。施工要求阴阳角找方，设置标筋，分层赶平、修整，表面压光。要求表面光滑洁净，颜色均匀，分格缝、线角清晰美观，无抹纹。

抹灰工程分层施工主要是为了保证抹灰质量，做到表面平整，避免裂缝，黏结牢固。一般由底层、中层和面层组成，当底层和中层并为一起操作时，则可只分为底层和面层。各层的作用及对材料的要求如下。

(1) 底层

底层主要起抹面层与基体黏结和初步找平的作用，采用的材料与基层有关。室内砖墙常用石灰砂浆或水泥砂浆；室外砖墙常采用水泥砂浆；混凝土基层常采用素水泥浆、混合砂浆或水泥砂浆；硅酸盐砌块基层应采用水泥混合砂浆或聚合物水泥砂浆；板条基层抹灰常采用麻刀灰和纸筋灰。因基层吸水性强，故砂浆稠度应较小，一般为 10~12cm。若有防潮、防水要求，则应采用水泥砂浆抹底层。

(2) 中层

中层主要起保护墙体和找平作用，采用的材料与基层相同，但稠度可大一些，一般为 7~9cm。

(3) 面层

面层主要起装饰作用。室内墙面及顶棚抹灰常采用麻刀(玻纤)灰、纸筋灰或石膏灰，也可采用大白腻子。室外抹灰可采用水泥砂浆、聚合物水泥砂浆或各种装饰砂浆。砂浆稠度为 10cm 左右。

抹灰层的平均总厚度要求为：内墙普通抹灰不得大于 18~20mm，高级抹灰不得大于 25mm；外墙抹灰，墙面不得大于 20mm，勒脚及突出墙面部分不得大于 25mm；顶棚抹灰当基层为板条、空心砖或现浇混凝土时不得大于 15mm，预制混凝土不得大于 18mm，金属网顶棚抹灰不得大于 20mm。

9.1.1.2 一般抹灰的材料和抹灰砂浆的配制

(1) 抹灰砂浆的材料

① 胶凝材料。在抹灰工程中，胶凝材料主要有水泥、石灰、石膏等。

常用的水泥有硅酸盐水泥、普通硅酸盐水泥和矿渣硅酸盐水泥等，标号在 325 号以上。不同品种的水泥不得混用，不得采用未做处理的受潮、结块水泥，出厂已超过 3 个月的水泥应经试验后，方可使用。

在抹灰工程中采用的石灰为块状生石灰经熟化陈伏后淋制成的石灰膏。为保证过火生石灰的充分熟化，以避免后期熟化引起的抹灰层的起鼓和开裂，生石灰的熟化时间，一般应不少于 15d，如用于拌制罩面灰，则应不少于 30d。

② 砂。一般抹灰砂浆中采用的为普通中砂(细度模数为 3.0~2.6)，或与粗砂(细度模数为 3.7~3.1)混合掺用。抹灰用砂要求颗粒坚硬洁净，含黏土、淤泥不超过 3%，在使用前需过筛，去除粗大颗粒及杂质。应根据现场砂的含水率及时调整砂浆拌和用水量。

③ 纤维材料。麻刀、纸筋、玻璃纤维是抹灰砂浆中常掺加的纤维材料，在抹灰层中主要起拉结作用，以提高其抗裂能力和抗拉强度，同时可增加抹灰层的弹性和耐久性，使其不易脱落。麻刀应均匀、干燥、不含杂质，长度以 20~30mm 为宜，用时将其敲打松散。纸筋(即粗草纸)分干、湿两种，拌和纸筋灰用的干纸筋应用水浸透、捣烂，湿纸筋可直接掺用，罩面纸筋应机碾磨细。玻璃纤维丝配制抹面灰浆，耐热，耐久，耐腐蚀，其长度以 10mm 左右为宜，但使用时要采取保护措施，以防其刺激皮肤。

(2) 一般抹灰砂浆的配制

一般抹灰砂浆拌和时通常采用质量配合比，材料应称量搅拌。配料的误差，水泥应在±2%以内，砂子、石灰膏应控制在±5%以内。砂浆应搅拌均匀，一次搅拌量不宜过多，最好随拌随用。拌好的砂浆堆放时间不宜过久，应控制在水泥初凝前用完。

抹灰砂浆的拌制可采用人工拌制或机械拌制。一般中型以上工程均采用机械搅拌。机械搅拌可采用纸筋灰搅拌机和灰浆搅拌机。

(3) 抹灰工具

常用手工抹灰工具有以下几种。

① 抹子。抹子是将灰浆施于抹灰面上的主要工具，有铁抹子、钢皮抹子、压子、塑料抹子、木抹子、阴阳角抹子等若干种，分别用于抹制底层灰、面层灰、压光、搓平压实、阴阳角压光等抹灰操作。

② 木制工具。木制工具主要有木杠、刮尺、靠尺、靠尺板、方尺、托线板等，分别用于抹灰层的找平，做墙面棱角，测阴阳角的方正和靠吊墙面的垂直度。使用时将板的侧边靠紧墙面，根据中悬垂线偏离下端取中缺口的程度，即可确定墙面的垂直度及偏差。托线板也可用铝合金方通制作。

③ 其他工具。其他工具有毛刷、钢丝刷、茅草把、喷壶、水壶、弹线墨斗等，分别用于抹灰面的洒水，清刷基层，木抹子搓平时洒水及墙面洒水、浇水用。

(4) 一般抹灰的施工方法

① 内墙一般抹灰。内墙一般抹灰操作的工艺流程为：基体表面处理→浇水润墙→设置标筋→做护角→抹底层、中层灰→窗台板、踢脚板或墙裙→抹面层灰→清理。

下面重点介绍基体表面处理，设置标筋，做护角，抹底层、中层灰，抹面层灰的施工方法及技术要求。

a. 基体表面处理。为使抹灰砂浆与基体表面黏结牢固，防止抹灰层产生空鼓、脱落，抹灰前应对基体表面的灰尘、污垢、油渍、碱膜、跌落砂浆等进行清除。对墙面上的孔洞、剔槽等用水泥砂浆进行填嵌。门窗框与墙体交接处缝隙应用水泥砂浆或混合砂浆分层嵌堵。

不同材质的基体表面应做相应处理，以增强其与抹灰砂浆之间的黏结强度。光滑的混凝土基体表面，应凿毛或刷一道素水泥浆(水灰比为0.37~0.4)，如设计无要求，可不抹灰，用刮腻子处理；板条墙体的板条间缝不能过小，一般以8~10mm为宜，使抹灰砂浆能挤入板缝空隙，保证灰浆与板条的牢固嵌接；加气混凝土砌块表面应清扫干净，并刷一道107胶的1∶4的水溶液，以形成表面隔离层，缓解抹面砂浆的早期脱水，提高黏结强度；木结构与砌石砌体、混凝土结构等相接处，应先铺设金属网并绷紧牢固，金属网与各基体间的搭接宽度每侧不应小于100mm。

b. 设置标筋。为有效地控制抹灰厚度，特别是保证墙面垂直度和整体平整度，在抹底、中层灰前应设置标筋，作为抹灰的依据。

设置标筋亦为找规矩，分为做灰饼和做标筋两个步骤。

做灰饼前，应先确定灰饼的厚度。先用托线板和靠尺检查整个墙面的平整度和垂直度，根据检查结果确定灰饼的厚度，一般最薄处不应小于7mm。先在墙面距地1.5m左右的高度距两边阴角100~200mm处，按所确定的灰饼厚度用抹灰基层砂浆各做一个50mm×50mm见方的矩形灰饼，然后用托线板或线锤在此灰饼面吊挂垂直做对应上下的两个灰饼。

上方和下方的灰饼应距顶棚和地面150~200mm左右，其中下方的灰饼应在踢脚板上口以上。随后在墙面上方和下方的左右两个对应灰饼之间，用钉子钉在灰饼外侧的墙缝内，以灰饼为准，在钉子间拉水平横线，沿线每隔1.2~1.5m补做灰饼(如图9.1所示)。

标筋是以灰饼为准，在灰饼间所做的灰埂，作为抹灰平面的基准。具体做法是用于底层抹灰相同的砂浆在上下两个灰饼间先抹一层，再抹第二层，形成宽度为100mm左右，厚

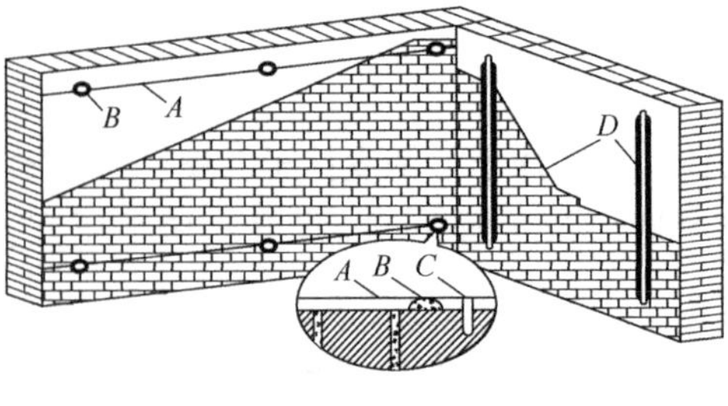

图 9.1 灰饼、标筋做法示意图

A—引线；B—灰饼(标志块)；C—钉子；D—冲筋

度比灰饼高出 10mm 左右的灰埂，然后用木杠紧贴灰饼搓动，直至把标筋搓得与灰饼齐平为止。最后要将标筋两边用刮尺修成斜面，以便与抹灰面接槎顺平。标筋的另一种做法是采用横向水平标筋。此种做法与垂直标筋相同，同一墙面的上下水平标筋应在同一垂直面内。标筋通过阴角时，可用带垂球的阴角尺上下错动，直至上下两条标筋形成相同且角顶在同一垂线上的阴角。阳角可用长阳角尺同样合在上下标筋的阳角处搓动，形成角顶在同一垂线上的标筋阳角。水平标筋的优点是可保证墙体在阴、阳转角处的交线顺直，并垂直于地面，避免出现阴、阳交线扭曲不直的弊病。同时水平标筋通过门窗框，由标筋控制，墙面与框面可接合平整。

c. 做护角。为保护墙面转角处不易遭碰撞损坏，在室内抹面的门窗洞口及墙角、柱面的阳角处应做水泥砂浆护角。如图 9.2 所示为护角示意图。护角高度一般不低于 2m，每侧宽度不小于 50mm。具体做法是先将阳角用方尺规方，靠门框一边以门框离墙的空隙为准，另一边以墙面灰饼厚度为依据。最好在地面上划好准线，按准线用砂浆粘好靠尺板，用托线板吊直，方尺找方。然后在靠尺板的另一边墙角分层抹 1∶2 水泥砂浆，与靠尺板的外口平齐。然后把靠尺板移动至已抹好护角的一边，用钢筋卡子卡住，用托线板吊直靠尺板，把护角的另一面分层抹好。取下靠尺板，待砂浆稍干时，用阳角抹子和水泥素浆捋出护角的小圆角，最后用靠尺板沿顺直方向留出预定宽度，将多余砂浆切出 40°斜面，以便抹面时与护角接槎。

d. 抹底层、中层灰。待标筋有一定强度后，即可在两标筋间用力抹上底层灰，用木抹子压实搓毛。待底层灰收水后，即可抹中层灰，抹灰厚度应略高于标筋。中层抹灰后，随即用木杠沿标筋刮平，不平处补抹砂浆，然后再刮，直至墙面平直为止。紧接着用木抹子搓压，使表面平整密实。阴角处先用方尺上下核对方正(水平横向标筋可免去此步)，然后用阴角器上下抽动扯平，使室内四角方正为止。

e. 抹面层灰。待中层灰有六七成干时，即可抹面层灰。操作一般从阴角或阳角处开始，自左向右进行。一人在前抹面灰，另一人其后找平整，并用铁抹子压实赶光。阴、阳角处用阴、阳角抹子捋光，并用毛刷蘸水将门窗圆角等处刷干净。高级抹灰的阳角必须用拐尺找方。

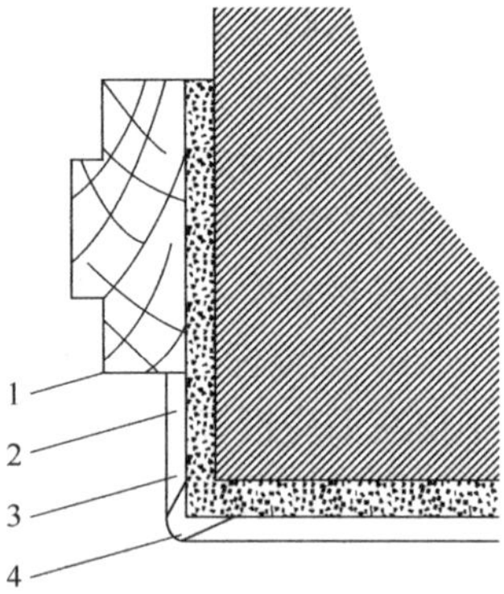

图 9.2 护角示意图

1—门框；2—底层灰；3—面层灰；4—护角

② 外墙一般抹灰。外墙一般抹灰的工艺流程为：基体表面处理→浇水润墙→设置标筋→抹底层、中层灰→弹分格线、嵌分格条→抹面层灰→起分格条→养护。

外墙抹灰的做法与内墙抹灰大部分相似，下面只介绍其特殊的几点。

a. 抹灰顺序。外墙抹灰应先上部后下部，先檐口再墙面。大面积的外墙可分块同时施工。高层建筑的外墙面可在垂直方向适当分段，如一次抹完有困难，可在阴、阳角交接处或分格线处间断施工。

b. 嵌分格条，抹面层灰及分格条的拆除。待中层灰六七成干后，按要求弹分格线。分格条为梯形截面，浸水湿润后两侧用黏稠的素水泥浆与墙面抹成45°角黏结，嵌分格条时，应注意横平竖直，接头平直。如当天不抹面层灰，分格条两边的素水泥浆应与墙面抹成60°角。

面层灰应抹得比分格条略高一些，然后用刮杠刮平，紧接着用木抹子搓平，待稍干后再用刮杠刮一遍，用木抹子搓磨出平整、粗糙、均匀的表面。

面层抹好后，才可拆除分格条，并用素水泥浆把分格缝勾平整。如果不是当即拆除分格条，则必须待面层达到适当强度后才可拆除。

c. 顶棚一般抹灰。顶棚抹灰一般不设置标筋，只需按抹灰层的厚度在墙面四周弹出水平线作为控制抹灰层厚度的基准线。若基层为混凝土，则需在抹灰前在基层上用掺10%107胶的水溶液或水灰比为0.4的素水泥浆刷一遍作为结合层。抹底灰的方向应与楼板及木模板木纹方向垂直。抹中层灰后，用木刮尺刮平，再用木抹子搓平。面层灰宜两遍成活，两道抹灰方向垂直，抹完后按同一方向抹压赶光。顶棚的高级抹灰，应加钉长350~450mm的麻束，间距为400mm，并交错布置，分别按放射状梳理抹进中层灰浆内。

(5) 一般抹灰的质量标准

一般抹灰面层的外观质量应符合下列规定。

普通抹灰：表面光滑、洁净，接槎平整。

中级抹灰：表面光滑、洁净，接槎平整，灰线清晰顺直。

高级抹灰：表面光滑、洁净，颜色均匀，无抹纹，灰线平直方正、清晰美观。

抹灰工程的面层不得有爆灰和裂缝。各抹灰层之间及抹灰层与基体间应黏结牢固，不得有脱层、空鼓等缺陷。一般抹灰工程质量的允许偏差应符合表9.1的规定。

表9.1　一般抹灰质量的允许偏差

项次	项目	允许偏差/mm			检验方法	
		普通抹灰	中级抹灰	高级抹灰		
1	表面平整	5	4	2		用2m直尺和楔形塞尺检查
2	阴、阳角垂直			4	2	用2 m托线板和尺检查
3	立面垂直			5	3	
4	阴、阳角方正			4	2	用200 mm方尺检查
5	分格条(缝)平直			3		拉5m线和尺检查

注：外墙一般抹灰，立面总高度的垂直偏差应符合现行规范的有关规定；中级抹灰，本表第4项阴角方正可不检查；顶棚抹灰，本表第1项表面平整可不检查，但应顺平。

9.1.2　装饰抹灰施工

装饰抹灰除具有与一般抹灰相同的功能外，主要是装饰艺术效果更加鲜明。装饰抹灰的底层和中层的做法与一般抹灰基本相同，只是面层的材料和做法有所不同。

9.1.2.1 水磨石

现制水磨石一般适用于地面施工，墙面水磨石通常采用水磨石预制贴面板镶贴。

地面现制水磨石的施工工艺流程为：基层处理→抹底、中层灰→弹线，贴镶嵌条→抹面层石子浆→水磨面层→涂草酸磨洗→打蜡上光。下面就部分工艺进行重点阐述。

(1) 弹线，贴镶嵌条

在中层灰验收合格相隔 24h 后，即可弹线并镶嵌条。嵌条可采用玻璃条或铜条。玻璃条规格为宽×厚=10mm×3mm，铜条规格为宽×厚=10mm×(1~1.2)mm。镶嵌条时，先用靠尺板与分格线对齐，将其压好，然后把嵌条与靠尺板贴紧，用素水泥浆在嵌条另一侧根部抹成八字形灰埂，其灰浆顶部比嵌条顶部低 3mm 左右，然后取下靠尺板，在嵌条另一侧抹上对称的灰埂。

(2) 抹面层石子浆

将嵌条稳定好，浇水养护 3~5d 后，抹水泥石子面层。具体操作为：清除地面积水和伏灰，接着刷素水泥浆一遍，然后铺设面层水泥石毛浆，铺设厚度高于嵌条 1~2mm。铺完后，在表面均匀撒一层石粒，拍实压平，用滚筒压实，待出浆后，用抹子抹平，24h 后开始养护。

(3) 水磨面层

开磨时间以石粒不松动为准。通常磨 4 遍，使全部嵌条外露。第一遍磨后将泥浆冲洗干净，稍干后擦同色水泥浆，养护 2~3d。第二遍用 100~150 号金刚砂洒水后将表面磨至平滑，用水冲洗后养护 2d。第三遍用 180~240 号金刚砂或油石洒水后磨至表面光亮，用水冲洗擦干。第四遍在表面涂擦草酸溶液[热水：草酸=1：0.35(质量比)，冷却后备用]，再用 280 号油石细磨，直至磨出白浆为止。冲洗后晾干，待地面干燥后进行打蜡。

水磨石的外观质量要求为：表面平整、光滑，石子显露均匀，不得有砂眼、磨纹和漏磨，嵌条位置准确，全部露出。水磨石质量的允许偏差见表 9.2。

表 9.2 装饰抹灰质量的允许偏差

项次	项目	允许偏差/mm													检验方法
		水刷石	水磨石	斩假石	干粘石	假面砖	拉条灰	拉毛灰	洒毛灰	喷砂	喷涂	滚涂	弹涂	仿石彩色抹灰	
1	表面平整	3	2	3	5	4	4	4	4	5	4	4	4	3	用 2m 直尺和楔形塞尺检查
2	阴阳角垂直	4	2	3	4		4	4	4	4	4	4	4	3	用 2m 托线板和尺检查
3	立面垂直	5	3	4	5	5	5	5	5	5	5	5	5	4	
4	阴阳角方正	3	2	3	4	4	4	4	4	3	4	4	4	3	用 200 mm 方尺检查
5	墙裙上口平直	3	3	3										3	拉 5m 线检查，不足
6	分格条(缝)平直	3	2	3	3	3				3	3	3	3	3	5m 拉通线检查

注：水刷石、斩假石、干黏石、假面砖、拉毛灰、洒毛灰等装饰抹灰，表中第 4 项阴角方正可不检查。

9.1.2.2 水刷石

水刷石是常用的一种外墙装饰抹灰。面层材料的水泥可采用彩色水泥、白水泥或普通水泥。颜料应选耐碱、耐光、分散性好的矿物颜料。骨料可选用中、小八厘石粒，玻璃碴，粒砂或蚵壳，骨料颗粒应坚硬、均匀、洁净，色泽一致。

水刷石的施工工艺流程：基层处理→抹底、中层灰→弹线，贴分格条→抹面层石子浆→冲刷面层→起分格条→浇水养护。下面就部分工艺进行重点阐述。

(1) 抹面层石子浆

待中层砂浆初凝后，酌情将中层抹灰层润湿，紧跟着用水灰比为 0.4 的素水泥浆满刮一遍，随即抹面层石子浆。石子浆面层稍收水后，用铁抹子把面层浆满压一遍，把露出的石子棱尖轻轻拍平，然后用刷子蘸水刷一遍，再通压一遍。如此反复刷压不少于三遍，最后用铁抹子拍平，使表面石子大面朝外，排列紧密均匀。

(2) 冲刷面层

冲刷面层是影响水刷石质量的关键环节。此工序应待面层石子浆刚开始初凝时进行(手指按上去不显指痕，用刷子刷表面而石粒不掉)。冲刷分两遍进行。第一遍用软毛刷蘸水刷掉面层水泥浆，露出石粒。第二遍紧跟着用喷雾器向四周相邻部位喷水，把表面水泥浆冲掉，石子外露约为 1/2 粒径，使石子清晰可见，均匀密布。喷水顺序应由上至下，喷水压力要合适，且应均匀喷洒。喷头离墙 10~20cm。前道工序完成后用清水(水管或水壶)从上到下冲净表面。冲刷的时间要严格掌握，过早或过度，则石子显露过多，易脱落；冲刷过晚则水泥浆冲刷不净，石子显露不够或饰面浑浊，影响美观。冲刷的顺序应由上而下分段进行，一般以每个分格线为界。为保护未喷刷的墙面面层，冲刷上段时，下段墙面可用牛皮纸或塑料布将下段贴盖，将冲刷的水泥浆外排。若墙面面积较大，则应先罩面先冲洗，后罩面后冲洗。罩面顺序也是先上后下，这样既可保证各部分的冲刷时间，又可保护下段墙面不受到损坏。

(3) 起分格条

冲刷面层后，适时起出分格条，用小线抹子顺线溜平，然后根据要求用素水泥浆做出凹缝并上色。

水刷石的外观质量要求是石粒清晰，分布均匀，紧密平整，色泽一致，不得有掉粒和接槎痕迹。

9.1.2.3 斩假石

斩假石是一种在硬化后的水泥石子浆面层上用斩斧等专用工具斩琢，形成有规律剁纹的一种装饰抹灰方法。其骨料宜采用小八厘或石屑，成品的色泽和纹理与细琢面花岗石或白云石相似。

斩假石的施工工艺流程：基层处理→抹底、中层灰→弹线，贴分格条→抹面层→养护→斩剁面层。下面就部分工艺进行重点阐述。

(1) 抹面层

在已硬化的水泥砂浆中层(1∶2 水泥砂浆)上，洒水湿润，弹线并贴好分格条，用素水泥浆刷一遍，随即抹面层。面层石粒浆的配比为 1∶1.25 或 1∶1.5，稠度为 5~6cm，骨料采用 2mm 粒径的米粒石，内掺 0.3mm 左右粒径的白云石屑。面层抹面厚度为 12mm，抹后用木抹子打磨拍平，不要压光，但要拍出浆，随势上下溜直，每分格区内一次抹完。抹完后，随即用软毛刷蘸水顺剁纹的方向把水泥浆轻刷掉露出石粒，但注意不要用力过重，以免石粒松动。抹完24h后浇水养护。

(2) 斩剁面层

在正常温度(15~30℃)下，面层养护2~3d后即可试剁，试剁时以石粒不脱掉，较易剁出斧迹为准。采用的斩剁工具有斩斧、多刃斧、花锤、扁凿、齿凿、尖锥等。斩剁的顺序一般为先上后下，由左至右，先剁转角和四周边缘，后剁大面。斩剁前，应先弹顺线，相距约10cm，按线斩剁，以免剁纹跑斜。剁纹深度一般以1/3石粒粒径为宜。为了美观，一般在分格缝和阴、阳角周边留出15~20mm的边框线不剁。斩剁完后，墙面应用清水冲刷干净，起出分格条，用钢丝刷刷净分格缝处，按设计要求，可在缝内做凹缝并上色。

斩假石的表观质量标准是：剁纹均匀顺直，深浅一致，不得有漏剁处。阳角处横剁或留出不剁的边条，应宽窄一致，棱角不得有损坏。

以上所介绍的3种装饰抹灰其共同特点是采用适当的施工方法，显露出面层中的石粒，以呈现天然石粒的质感和色泽，达到装饰目的。所以此类装饰抹灰又称为石碴类装饰抹灰。

9.2 饰面板(砖)工程施工

饰面板(砖)工程内容很广，按板面材料分类，主要有天然石板饰面、人造石板饰面、陶瓷面砖饰面和金属板饰面等。

9.2.1 饰面板施工

饰面板泛指天然大理石、花岗石饰面板和人造石饰面板，其施工工艺基本相同。

9.2.1.1 材质要求

(1) 天然大理石板材

建筑装饰工程上所指的大理石是广义的，除指大理岩外，还包括所有具有装饰功能的，可以磨平、抛光的各种碳酸盐类的沉积岩和与其有关的变质岩。大理石属中硬石材，其质地均匀，色彩多变，纹理美观，是良好的饰面材料。但大理石耐酸性差，在潮湿且含较多二氧化碳和二氧化硫的大气中，易受侵蚀，使其表面失去光泽，甚至遭到破坏，故大理石饰面板除某些特殊品种(如汉白玉、艾叶青等)，一般不宜用于室外或易受有害气体侵蚀的环境中。

对大理石板材的质量要求为：光洁度高，石质细密，色泽美观，棱角整齐，表面不得有隐伤、风化、腐蚀等缺陷。

(2) 天然花岗石板材

装饰工程上所指的花岗石除常见的花岗岩外还泛指各种以石英、长石为主要组成矿物，含有少量云母和暗色矿物的火成岩和与其有关的变质岩。天然花岗石板材材质坚硬、密实，强度高，耐酸性好，属硬石材。

品质优良的花岗石，结晶颗粒细而分布均匀，含云母少而石英多。其颜色有黑白、青麻、粉红、深青等，纹理呈斑点状，常用于室外墙地饰面，为高级饰面板材。粗磨和磨光板材的常用规格有 400mm×400mm，600mm×600mm，600mm×900mm，1070mm×750mm 等，厚度为 20mm。

对花岗石饰面板的质量要求为：棱角方正，规格尺寸符合设计要求，不得有隐伤(裂纹、砂眼)、风化等缺陷。

(3) 人造石饰面板材

人造石饰面板有聚酯型人造大理石饰面板、水磨石饰面板和水刷石饰面板等。聚酯型人造石饰面板是以不饱和聚酯为胶凝材料，以石英砂、碎大理石、方解石为骨料，经搅拌、入模成型、固化而成的人造石材。

水磨石饰面板材的质量要求为：棱角方正，表面平整，光滑洁净，石粒密实均匀，背面有粗糙面，几何尺寸准确。水刷石饰面板材的质量要求为石粒清晰，色泽一致，无掉粒缺陷，板背面有粗糙面，几何尺寸准确。

9.2.1.2 安装工艺

饰面板的安装工艺有传统湿作业法(灌浆法)、干挂法和直接粘贴法。

(1) 传统湿作业法(灌浆法)

传统湿作业法(灌浆法)的施工工艺流程：材料准备→基层处理，挂钢筋网→弹线→安装定位→灌浆→清理擦缝。

① 材料准备。饰面板材安装前，应分选检验并试拼，使板材的色调、花纹基本一致，试拼后按部位编号，以便施工时对号安装。对已选好的饰面板材进行钻孔剔槽，以系固铜丝或不锈钢丝。每块板材的上、下边钻孔数各不得少于 2 个，孔位宜在板宽两端 1/3~1/4 处，孔径 5mm 左右，孔深 15~20mm，直孔应钻在板厚度的中心位置。为使金属丝绕过板材穿孔时，不搁占板材水平接缝，应在金属丝绕过部位轻剔一槽，深约 5mm。

② 基层处理，挂钢筋网。把墙面清扫干净，剔出预埋件或预埋筋，也可在墙面钻孔固定金属膨胀螺栓。对于加气混凝土或陶粒混凝土等轻型砌块砌体，应在预埋件固定部位加砌黏土砖或局部用细石混凝土填实，然后用 ϕ6mm 钢筋纵横绑扎成网片与预埋件焊牢。纵向钢筋间距 500~1000mm。横向钢筋间距视板面尺寸而定，第一道钢筋应高于第一层板的下口 100mm 处，以后各道均应在每层板材的上口以下 10~20mm 处设置。

③ 弹线。弹线分为板面外轮廓线和分块线。外轮廓线弹在地面，距墙面 50mm(即板内面距墙 30mm)，如图 9.3 所示。分块线弹在墙面上，由水平线和垂直线构成，系每块板材的定位线。

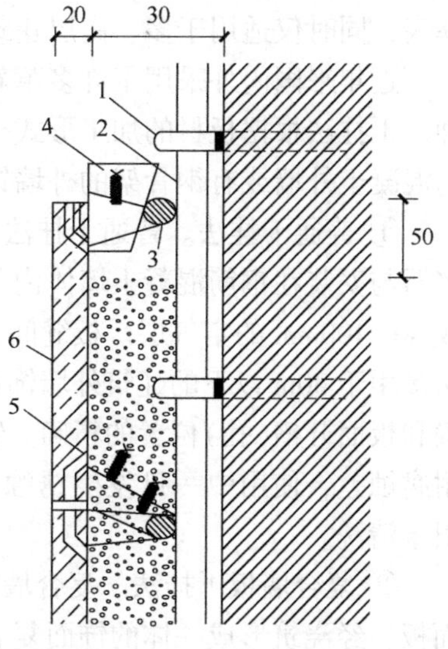

图 9.3 石材饰面板传统湿作业法安装固定示意图(单位：mm)

1—预埋筋；2—竖筋；3—横筋；4—定位木楔；5—铜丝；6—大理石饰面板

④ 安装定位。根据预排编号的饰面板材，对号入座进行安装。第一批饰面板材先在墙面两端以外皮弹线为准固定两块板材，找平找直，然后挂上横线，再从中间或一端开始安装。安装时先穿好钢丝，将板材就位，上

口略向后仰，将下口钢丝绑扎于横筋上（不宜过紧），将上口钢丝扎紧，并用木楔垫稳，随后用水平尺检查水平，用靠尺检查平整度，用线锤或托线板检查板面垂直度，并用铅皮加垫调整板缝，使板缝均匀一致。一般天然石材的光面、镜面板缝宽为1mm，凿琢面板缝宽为5mm。对于人造石饰面板的缝宽，水磨石为2mm，水刷石为10mm，聚酯型人造石材为1mm。调整好垂直、平整、方正后，在板材表面横竖接缝处每隔100~150mm用石膏浆板材碎块固定。为防止板材背面灌浆时板面移位，根据具体情况可加临时支撑，将板面撑牢。

⑤ 灌浆。灌注砂浆一般采用1：2.5的水泥砂浆，稠度为80~150mm。灌注前，应浇水将饰面板及基体表面润湿，然后用小桶将砂浆灌入板背面与基体间的缝隙。灌浆应分层灌入。第一层浇灌高度≤150mm，并应不大于1/3板高。第一层浇灌完1~2h后，再浇灌第二层砂浆，高度100mm左右，即板高的1/2左右。第三层灌浆应低于板材上口50mm处，作为施工缝，以保证与上层板材灌浆的整体性。浇灌时应随灌随插捣密实，并及时注意不得漏灌。板材不得外移。当块材为浅色大理石或其他浅色板材时，应采用白水泥、白石屑浆，以防透底，影响饰面效果。

⑥ 清理擦缝。一层面板灌浆完毕，待砂浆凝固后，清理上口余浆，隔日拔除上口木楔和有碍上层安装板材的石膏饼，然后按上述方法安装上一层板材，直至安装完毕。全部板材安装完毕后，洁净表面。室内光面、镜面板接缝应干接，接缝处用与板材同颜色水泥浆嵌擦接缝，缝隙嵌浆应密实，其颜色要一致。室外光面或镜面饰面板接缝可干接或在水平缝中垫硬塑料板条，待灌浆砂浆硬化后将板条剔出，用水泥细砂浆勾缝。干接应用与光面板相同的彩色水泥浆嵌缝。粗磨面、麻面、条纹面的天然石饰面板应用水泥砂浆接缝和勾缝，勾缝深度应符合设计要求。

(2) 干挂法

饰面板的传统湿作业法工序多，操作较复杂，而且易造成黏结不牢，表面接槎不平等弊病，同时仅适用于多、高层建筑外墙首层或内墙面的装饰，墙面高度不大于10m。

近年来国内外采用了许多革新的饰面板施工新工艺，其中干挂法是应用较为广泛的一种。干挂法根据板材的加工形式分为普通干挂法和复合墙板干挂法。干挂法一般适用于钢筋混凝土外墙或有钢骨架的外墙饰面，不能用于砖墙或加气混凝土墙的饰面。

① 普通干挂法。普通干挂法是直接在饰面板厚度面和反面开槽或孔，然后用不锈钢连接器与安装在钢筋混凝土墙体内的膨胀金属螺栓或钢骨架相连接。饰面板背面与墙面间形成80~100mm的空气层。板缝间加泡沫塑料阻水条，外用防水密封胶做嵌缝处理。该种方法多用于30m以下的建筑外墙饰面。普通干挂法的施工关键是不锈钢连接器安装尺寸的准确和板面开槽（孔）位置的精确。特别是金属连接器不能用普通的碳素角钢制作，因碳素钢耐腐蚀差，使用中一旦发生锈蚀，将严重污染板面，尤其是受潮或漏水后会产生锈流纹，很难清洗。

② 复合墙板干挂法。复合墙板干挂法是以钢筋细石混凝土作衬板，磨光花岗石薄板为面板，经浇筑形成一体的饰面复合板，并在浇筑前放入预埋件，安装时用连接器将板材与主体结构的钢架相连接。复合板可根据使用要求加工成不同的规格，常做成一开间一块的大型板材。加工时花岗石面板通过不锈钢连接环与钢筋混凝土衬板结牢，形成一个整体。为防止雨水的渗漏，上下板材的接缝处设两道密封防水层，第一道在上、下花岗石面板间，

第二道在上、下钢筋混凝土衬板间。复合墙板与主体结构间保持一空腔。

该种做法的特点是，施工方便，效率高，节约石材，但对连接件质量要求较高。连接件可用不锈钢制作，国内施工单位也有采用涂刷防腐防锈涂料后进行高温固化处理(400°C)的碳素钢连接件，效果良好。

(3) 直接粘贴法

直接粘贴法适用于厚度在10~12mm以下的石材薄板和碎大理石板的铺设。贴接剂可采用不低于325号的普通硅酸盐水泥砂浆或白水泥白石屑浆，也可采用专用的石材黏结剂(如AH-3型大理石专用黏结胶)。对于薄型石材的水泥砂浆粘贴施工，主要应注意在粘贴第一批时应沿水平基准线放一长板作为托底板，防止石板粘贴后下滑。粘贴顺序为由下至上逐层粘贴。粘贴初步定位后，应用橡皮锤轻敲表面，以取得板面的平整和与水泥砂浆接合的牢固。每层用水平尺靠平，每贴三层垂直方向用靠尺靠平。使用黏结剂粘贴饰面板时，特别要注意检查板材的厚度是否一致，如厚度不一致，应在施工前分类，粘贴时分不同墙面分贴不同厚度的板材。

9.2.2 陶瓷面砖的施工

陶瓷面砖包括内墙陶瓷面砖(釉面砖)、外墙陶瓷面砖(墙地砖)、陶瓷锦砖及玻璃锦砖。

9.2.2.1 材料及质量要求

(1) 釉面砖

釉面砖是采用瓷土或优质陶土烧制而成的表面上釉薄片状的精陶制品，有白色釉面砖、单色釉面砖、装饰釉面砖、图案釉面砖等多个品种。釉面砖表面光滑，易于清洗，色泽多样，美观耐用。其坯体为白色，有一定的吸水率(不大于21%)。由于釉面砖为多孔精陶，其坯体长期在空气中，特别是在潮湿环境中使用会产生吸湿膨胀，而釉面吸湿膨胀很小，故将釉面砖用于室外，有可能受干湿的作用而引起釉面开裂，以致剥落掉皮。因此釉面砖一般只用于室内而不用于室外。釉面砖有152mm×152mm×5mm，200mm×250mm×6mm，300mm×200mm×6mm等多种规格。釉面砖的质量要求为：表面光洁，色泽一致，边缘整齐，无脱釉、缺釉、凸凹扭曲、暗痕、裂纹等缺陷。

(2) 外墙面砖

外墙面砖是以陶土为原料，半干压法成型，经1100°C左右煅烧而成的粗炻类制品。表面可上釉或不上釉。其质地坚实，吸水率较小(不大于10%)，色调美观，耐水抗浆冻，经久耐用。外墙面砖有150mm×75mm×12mm，200mm×100mm×12mm，260mm×65mm×8mm等种规格。外墙面砖的质量要求为：表面光洁，质地坚固，尺寸、色泽一致，不得有暗痕和裂纹。

(3) 陶瓷锦砖和玻璃锦砖

陶瓷锦砖(俗称马赛克，亦称纸皮砖)是以优质瓷土烧制而成片状小瓷砖再拼成各种图案反贴在底纸上的饰面材料。其质地坚硬，经久耐用，耐酸、耐碱、耐磨，不渗水，吸水率小(不大于0.2%)，是优良的室内外墙面(或地面)饰面材料。陶瓷锦砖成联供应，每联的尺寸一般为 305.5mm×305.5mm。

玻璃锦砖是用玻璃烧制而成的小块贴于纸上而成的饰面材料，有乳白、珠光、蓝、紫、橘黄等多种花色。其特点是质地坚硬，性能稳定，表面光滑，耐大气腐蚀，耐热、耐冻、不龟裂。其背面呈凹形有棱线条，四周有八字形斜角，使其与基层砂浆结合牢固。玻璃锦砖每联的规格为 325mm×325mm。

陶瓷锦砖和玻璃锦砖的质量要求为：质地坚硬，边棱整齐，尺寸正确，脱纸时间不得大于 40min。

9.2.2.2 基层处理和准备工作

饰面砖应镶贴在湿润、干净的基层上，同时应保证基层的平整度、垂直度和阴、阳角方正。为此，在镶贴前应对基体进行表面处理。对于纸面石膏板基体，可将板缝用嵌缝腻子嵌填密实，并在其上粘贴玻璃丝网格布(或穿孔纸带)使之形成整体。对于砖墙、混凝土墙或加气混凝土墙可分别采用清扫湿润、刷聚合物水泥浆、喷甩水泥细砂浆或刷界面处理剂、铺钉金属网等方法对基体表面进行处理，然后贴灰饼，设置标筋，抹找平层灰，用木抹子搓平，隔天浇水养护。找平层灰浆对于砖墙、混凝土墙采用 1∶3 水泥砂浆，对于加气混凝土墙应采用 1∶1∶6 的混合砂浆。

釉面砖和外墙面砖镶贴前应按其颜色的深浅(色差)进行挑选分类，并用自制套模对面砖的几何尺寸进行分选，以保证镶贴质量。然后浸水润砖，时间 4h 以上，将其取出阴干至表面无水膜(以手摸无水感为宜)，再堆入备用。冬季施工，宜用掺入 2%盐的温水泡砖。

9.2.2.3 镶贴施工方法

(1) 内墙釉面砖镶贴

镶贴前，应在水泥砂浆基层上弹线分格，弹出水平、垂直控制线。在同一墙面上的横、竖排列中，不宜有一行以上的非整砖，非整砖行应安排在次要部位或阴角处。

在镶贴釉面砖的基层上用废面砖按镶贴厚度上下左右做灰饼，并上下用托线板校正垂直，横向用线绳拉平，按 1500mm 间距补做灰饼。阳角处做灰饼的面砖正面和侧边均应吊垂直，即所谓双面挂直。

镶贴用砂浆宜采用 1∶2 水泥砂浆，砂浆厚度 6~10mm。为改善砂浆的和易性，可掺不大于水泥质量 15%的石灰膏。釉面砖的镶贴也可采用专用胶黏剂或聚合物水泥浆，后者的配比(质量比)为水泥∶107 胶∶水=10∶0.5∶2.6。采用聚合物水泥浆不但可提高其黏结强度，而且可使水泥浆缓凝，利于镶贴时的压平和调整操作。

釉面砖镶贴前，先应湿润基层，然后以弹好的地面水平线为基准，从阳角开始逐一镶贴。镶贴时用铲刀在砖背面刮满砂浆，四边抹出坡口，再准确置于墙面，用铲刀木柄轻击面砖表面，使其落实贴牢，并随即将挤出的砂浆刮净。镶贴过程中，随时用靠尺以灰饼为准检查平整度和垂直度。如发现高出标准砖面，应立即压挤面砖；如低于标准砖面，应揭下重贴，严禁从砖侧边挤塞砂浆。接缝宽度应控制在 1~1.5mm 范围内，并保持宽窄一致。镶贴完毕后，应用棉纱净水及时擦净表面余浆，并用薄皮刮缝，然后用同色水泥浆嵌缝。

镶贴釉面砖的基层表面遇到突出的管线、灯具、卫生设备的支承等，应用整砖套割吻合，不得用非整砖拼凑镶贴。同时在墙裙、浴盆、水池的上口和阴、阳角处应使用配件砖，以便过渡圆滑、美观，同时不易碰损。

（2）外墙面砖镶贴

外墙底、中层灰抹完后，养护1～2d即可镶贴施工。镶贴前应在基层上弹基准线，方法是：在外墙阳角处用线锤吊垂线并经经纬仪校核，用花篮螺丝将钢丝绷紧作为基准线。以基准线为准，按预排大样先弹出顶面水平线，然后每隔约1000mm弹一垂线。在层高范围内按预排实际尺寸和面砖块数弹出水平分缝、分层皮数线。一般要求外墙面砖的水平缝与窗台面在同一水平线上，阳角到窗口都是整砖。外墙面砖一般都为离缝镶贴，可通过调整分格缝的尺寸(一个墙面分格缝尺寸应统一)来保证不出现非整砖。

（3）陶瓷锦砖和玻璃锦砖的镶贴

陶瓷锦砖镶贴前的准备工作，如基层处理、弹线分格与镶贴外墙面砖和内墙釉面砖基本相同。只是由于锦砖的粘贴砂浆层较薄，故对找平层抹灰的平整度要求更高一些。弹线一般根据锦砖联的尺寸和接缝宽度(与线路宽度同)进行，水平线每1联弹1道，垂直线可每2～3联弹1道。不是整联的应排在次要部位，同时要避免非整块锦砖的出现。当墙面有水平、垂直分格缝时，还应弹出有分格缝宽度的水平、垂直线。一般情况下，分格缝是用于大面颜色不同的锦砖非整联裁条，平贴嵌入大墙面，形成线条，以增加建筑物墙面的立体感。镶贴施工应由两人协同进行，一人先浇水润湿找平层，刷一道掺有7%～10%107胶的聚合物水泥浆，随即抹结合层的砂浆，厚度2～3mm，用刮尺赶平，再用木抹子搓平，抹灰面积不宜过大，应边抹灰边贴锦砖。

建筑装饰装修工程是建筑物能最终投入使用的不可缺少的一项分部工程，其施工质量的优劣直接影响建筑物的使用功能和其经济、社会价值，故应予以充分重视。

9.3　楼地面工程施工

楼地面是建筑底层地坪与楼层地坪的总称，主要由面层、垫层和基层构成。

9.3.1　整体面层施工

整体面层施工可分为水泥砂浆面层施工和水磨石面层施工。

9.3.1.1　水泥砂浆面层施工

（1）基层处理

扫灰尘，剔掉灰浆皮和灰渣层(钢刷子)，去油污(火碱水溶液)，去碱液(清水)。

（2）找标高、弹线

量测出面层标高，并在墙上弹线。

（3）洒水湿润

将地面基层均匀洒水一遍(喷壶)。

（4）抹灰饼和标筋(或称“冲筋”)

根据面层标高弹线，确定面层抹灰厚度，拉水平线抹灰饼(尺寸5cm×5cm，横竖间距为1.5～2m)，灰饼上平面即为地面面层标高；若房间较大，还需要抹标筋。

(5) 搅拌砂浆

水泥：砂≈1：2(体积比)，稠度≤35mm，强度等级≥M15。

(6) 刷水泥浆结合层

在铺设水泥砂浆之前，应涂刷水泥浆一层。

(7) 铺水泥砂浆面层

在灰饼之间(或标筋之间)将砂浆铺均匀，并用木刮杠按灰饼(或标筋)高度刮平，敲掉灰饼，并用砂浆填平。从内向外退着用木抹子搓平。

(8) 木抹子搓平

2m靠尺检查其平整度。

(9) 铁抹子压第一遍

铁抹子压第一遍，直到出浆为止(砂浆过稀，表面有泌水现象时，可均匀撒一遍干水泥和砂的拌和料，再用木抹子用力抹压，结合为一体后用铁抹子压平)。

(10) 第二遍压光

面层砂浆初凝后(人踩上去有脚印但不下陷时)用铁抹子压第二遍，边抹压边把坑凹处填平。

(11) 第三遍压光

面层砂浆终凝前(人踩上去稍有脚印)用铁抹子压第三遍，把第二遍抹压时留下的全部抹纹压平、压实、压光。

(12) 养护

压光后24h，用锯末或其他材料覆盖，洒水养护，当抗压强度达5MPa才能上人。

9.3.1.2 水磨石面层施工

(1) 基层处理

将混凝土基层上的杂物清理干净，不得有油污、浮土。用钢錾子和钢丝刷将沾在基层上的水泥浆皮錾掉铲净。

(2) 找标高，弹水平线

根据墙面上的+50cm标高线，往下量测出水磨石面层的标高，弹在四周墙上，并考虑其他房间和通道面层的标高要相互一致。

(3) 抹找平层砂浆

① 根据墙上弹出的水平线，留出面层厚度(10~15mm厚)，抹1：3水泥砂浆找平层，为了保证找平层的平整度，先抹灰饼(纵横方向间距1.5m左右)，大小8~10cm。

② 灰饼砂浆硬结后，以灰饼高度为标准，抹宽度为8~10cm的纵横标筋。

③ 在基层上洒水湿润，刷一道水灰比为0.4~0.5的水泥浆，面积不得过大，随刷浆随抹1：3找平层砂浆，并用2m长刮杠以标筋为标准刮平，再用木抹子搓平。

(4) 养护

抹好找平层砂浆后养护24h，待抗压强度达到1.2MPa，方可进行下道工序施工。

(5) 弹分格线

根据设计要求的分格尺寸(一般采用1m×1m)，在房间中部弹十字线，计算好周边的镶边宽度后，以十字线为准弹分格线。如果设计有图案要求，应按设计要求弹出清晰的线条。

（6）镶分格条

用小铁抹子抹稠水泥浆将分格条固定住(分格条安在分格线上)，抹成30°八字形，高度应低于分格条条顶3mm。分格条应平直、牢固、接头严密，不得有缝隙，作为铺设面层的标志。另外在粘贴分格条时，在分格条十字交叉接头处，为了使拌和料填塞饱满，在距交点40~50mm内不抹水泥浆。采用铜条时，应预先在两端头下部1/3处打眼，穿入22号铁丝，锚固于下口八字角水泥浆内。镶条12h后开始浇水养护，最少2d，一般洒水养护3~4d，在此期间房间应封闭，禁止各工序施工。

（7）拌制水磨石拌和料(或称石渣浆)

① 拌和料的体积比宜采用1∶1.5~1∶2.5(水泥∶石粒)，要求配合比准确，拌和均匀。

② 彩色水磨石拌和料，除彩色石粒外，还加入耐光耐碱的矿物颜料，其掺入量为水泥质量的3%~6%，普通水泥与颜料配合比、彩色石子与普通石子配合比，在施工前都需经实验室试验后确定。同一彩色水磨石面层应使用同厂、同批颜料。在拌制前应根据整个面层所需的用量，将水泥和颜料一次统一配好、配足。配料时不仅要用铁铲拌和，还要用筛子筛匀后，用包装袋装起来存放在干燥的室内，避免受潮。彩色石粒与普通石粒拌和均匀后，集中贮存待用。

③ 各种拌和料在使用前加水拌和均匀，稠度约6cm。

（8）涂刷水泥浆结合层

先用清水将找平层洒水湿润，涂刷与面层颜色相同的水泥浆结合层，其水灰比宜为0.4~0.5，要刷均匀，亦可在水泥浆内掺加胶黏剂，要随刷随铺拌和料，不得刷的面积过大，防止浆层风干导致面层空鼓。

（9）铺水磨石拌和料

① 水磨石拌和料的面层厚度，除有特殊要求以外，宜为12~18mm，并应按石料粒径确定。铺设时将搅拌均匀的拌和料先铺抹分格条边，后铺入分格条方框中间，用铁抹子由中间向边角推进，在分格条两边及交角处特别注意压实抹平，随抹随用直尺进行平整度检查。如局部地面铺设过高，应用铁抹子将其挖去一部分，再将周围的水泥石子浆抹平(不得用刮杠刮平)。

② 几种颜色的水磨石拌和料不可同时铺抹，要先铺抹深色的，后铺抹浅色的，待前一种凝固后，再铺后一种(因为深色的掺矿物颜料多，强度增长慢，影响机磨效果)。

（10）滚压、抹平

用滚筒滚压前，先用铁抹子或木抹子在分格条两边宽约10cm范围内轻轻拍实(避免将分格条挤移位)。滚压时用力要均匀(要随时清理掉粘在滚筒上的石渣)，应从横、竖两个方向轮换进行，直到表面平整密实、出浆石粒均匀为止。待石粒浆稍收水后，再用铁抹子抹平、压实，如发现石粒浆不均匀之处，应补石粒浆，后用铁抹子抹平、压实。24h后浇水养护。

(11) 试磨

一般根据气温情况确定养护天数，气温在20~30℃时2~3d即可开始机磨，过早石粒易松动，过迟磨光困难。所以需进行试磨，以面层不掉石粒为准。

(12) 粗磨

第一遍用60~90号粗金刚石磨，使磨石机机头在地面上走横“8”字形，边磨边加水(如水磨石面层养护时间太长，可加细砂，加快机磨速度)，随时清扫水泥浆，并用靠尺检查平整度，直至表面磨平、磨匀，分格条和石粒全部露出(边角处人工磨成同样效果)，用水清洗晾干，然后用较稠的水泥浆(掺有颜料的面层料的水泥浆)擦一遍，特别是面层的洞眼、小孔隙要填实抹平，脱落的石粒应补齐。浇水养护2~3d。

(13) 细磨

第二遍用90~120号金刚石磨，要求磨至表面光滑为止，然后用清水冲净，满擦第二遍水泥浆，仍注意小孔隙要填实抹平。养护2~3d。

(14) 磨光

第三遍用200号细金刚石磨，磨至表面石子显露均匀，无缺石粒现象，平整、光滑，无孔隙。

普通水磨石面层磨光遍数不应少于三遍，高级水磨石面层的厚度、磨光遍数及油石规格应根据设计确定。

(15) 草酸擦洗

为了取得打蜡后显著的效果，在打蜡前水磨石面层要进行一次适量限度的酸洗，一般用草酸擦洗。使用时，先将水和草酸混合成约10%浓度的溶液，用扫帚蘸后洒在地面上，再用油石轻轻磨一遍；磨出水泥及石粒本色后，用水冲洗，软布擦干。此道工序必须在各工种完工后才能进行，经酸洗后的面层不得再受污染。

(16) 打蜡上光

将蜡包在薄布内，在面层上薄薄涂一层，待干后用钉有帆布或麻布的木块代替油石，装在磨石机上研磨，用同样方法打第二遍蜡，直到光滑洁亮为止。

(17) 现制水磨石面层

冬期施工时，环境温度应保持在5℃以上。

(18) 水磨石踢脚板

① 抹底灰。与墙面抹灰厚度一致，在阴阳角处套方、量尺、拉线按底层灰的厚度冲筋，间距1~1.5m。然后装挡用短杠刮平，用木抹子搓成麻面并划毛。

② 抹踢脚板拌和料。将底灰用水湿润，在阴阳角及上口用靠尺按水平线找好规矩，贴好靠尺板，先涂刷一层薄水泥浆，紧跟着将拌和料抹平、压实。刷水两遍将水泥浆轻轻刷去，达到石子面上无浮浆。常温下养护24h后，开始人工磨面。

第一遍用粗油石，先竖磨再横磨，要求把石渣磨平，阴阳角倒圆，擦第一遍素灰，将孔隙填抹密实，养护1~2d，再用细油石磨第二遍，用同样方法磨完第三遍，用油石出光打草酸，用清水擦洗干净。

③ 人工涂蜡。擦两遍，直到光亮为止。

9.3.2 板块面层施工

9.3.2.1 大理石、花岗石及碎拼大理石地面施工

(1) 准备工作

熟悉了解各部位尺寸和做法；基层处理(清除杂物，刷掉黏结在垫层上的砂浆)。

(2) 试拼

应按图案、颜色、纹理试拼，试拼后按两个方向编号排列，然后按编号码放整齐。

(3) 弹线

在房间内拉十字控制线，并弹线于垫层上，依据墙面+50cm标高线找出面层标高，在墙上弹出水平标高线。

(4) 试排

在两个相互垂直的方向铺两条干砂(宽度大于板块宽度，厚度不小于3cm)，排板块，以便检查板块之间的缝隙，核对板块与墙面、柱、洞口等部位的相对位置。

(5) 刷水泥浆及铺砂浆结合层

试铺后清扫干净，用喷壶洒水湿润，随铺砂浆随刷；根据板面水平线确定结合层砂浆厚度，拉十字控制线，铺结合层干硬性水泥砂浆。

(6) 铺砌板块

板块应先用水浸湿，待擦干或表面晾干后方可铺设；根据房间拉的十字控制线，纵横各铺一行，用于大面积铺砌标筋。

(7) 灌缝、擦缝

在板块铺砌后1~2昼夜进行灌浆擦缝。用浆壶将水泥浆徐徐灌入板块之间的缝隙中，并用长刮板把流出的水泥浆刮向缝隙内，灌浆1~2h后用棉纱团擦缝使之与板面平齐，同时将板面上的水泥浆擦净。

(8) 养护后打蜡

水泥砂浆结合层达到强度后方可打蜡，使面层光滑洁亮。测踢脚板上口水平线并弹在墙上，用线坠吊线确定踢脚板的出墙厚度。水泥砂浆打底找平，并在面层划纹。拉踢脚板上口的水平线，往底灰上粘贴踢脚板(板背面抹素水泥砂浆)，并用木榧敲实，根据水平线找直，最后进行擦缝与打蜡。

9.3.2.2 陶瓷锦砖地面施工

施工流程：铺贴→拍实→揭纸→灌缝→养护。

9.3.2.3 陶瓷地砖与墙地砖面层施工

施工流程：铺结合层砂浆→弹线定位→铺贴地砖→擦缝。

9.3.2.4 地毯面层施工

地毯的铺设方法分为活动式与固定式两种。活动式是将地毯浮搁在地面基层上，不需将地毯同基层固定。固定式则相反，一般是用倒刺板条或胶黏剂将地毯固定在基层上。

9.4 涂料与刷浆工程施工

涂料工程是指涂料或油漆涂敷在木材、金属、抹灰层或混凝土等基层表面上粘结成完整而坚韧的保护膜的涂饰施工。其主要包括室内各种水性涂料、乳液型涂料、溶剂型涂料、油漆等涂料施工项目。刷浆工程是指用水质浆料刷涂或喷涂在建筑物的内外墙、顶棚的抹灰层等表面上，保护墙体、美化建筑物的施工工程。

9.4.1 涂料工程

9.4.1.1 涂料的种类

涂料是指涂覆于基层表面，在一定条件下形成与基体牢固结合的连续、完整的固体膜层材料，涂料的品种繁多，一般有以下几种分类方法。

(1) 按照成膜物质分类

按照涂料成膜物质的不同，可以将涂料分为有机涂料、无机涂料和有机-无机复合涂料。

① 有机涂料。有机涂料根据成膜物质的特点分为溶剂型、水溶型和乳液型涂料。溶剂型涂料是以合成树脂为成膜物质，以有机溶剂为稀释剂，加入适量的颜料、填料、助剂，经研磨、分散而制成的涂料，传统的油漆可归入这一类涂料。水溶型涂料是以水溶性合成树脂为成膜物质，加入水、颜料、填料、助剂，经研磨、分散而制成的涂料。乳液型涂料又称乳胶漆，是以合成树脂乳液为成膜物质，加入颜料、填料、助剂等辅助材料，经研磨、分散而制成的涂料。水溶型涂料和乳液型涂料又称为水性涂料。

② 无机涂料。无机涂料是以金属硅酸盐或硅溶胶为成膜物质并加入相应的固化剂或有机合成乳液及辅助材料所制成的涂料，是一种水性涂料。其耐热性、表面硬度、耐老化性方面优于有机涂料，但光泽度、耐水性及柔性方面不及有机涂料。常见的无机建筑涂料有硅酸钾无机外墙涂料 JH801 型和硅溶胶类外墙涂料 JH802 型。

③ 有机-无机复合涂料。有机-无机复合涂料是含有机高分成膜物质，又有无机高分子成膜物质的一种复合型涂料，兼有有机涂料和无机涂料的特点。其常用的品种有聚乙烯醇水玻璃内墙涂料(106 涂料)和多彩内墙涂料等，聚合物改性水泥厚浆涂料。

(2) 按照使用部位分类

按照在建筑物上使用部位的不同，可以将涂料分为外墙涂料、内墙涂料和地面涂料等。

(3) 按照涂料的特殊使用功能分类

按照涂料的特殊使用功能，可以将涂料分为防火涂料、防水涂料、防腐涂料和弹性涂料等。

9.4.1.2 建筑涂料的施工

(1) 基层处理

基层表面需清理干净、修补平整，不同基层表面应当采取不同处理方法。

① 混凝土及抹灰基层处理。混凝土及抹灰(水泥砂浆、混合砂浆、石灰砂浆、石灰纸

筋砂浆)基层要求表面平整，阴阳角密实；基层的pH值应在10以下；含水率对于使用溶剂型涂料的基层应不大于8%，对使用水溶型涂料的基层应不大于10%；抹灰表面应坚固、结实，表面油污、灰尘、溅沫及砂浆流痕等杂物应彻底清除干净。

② 木质基层处理。木质基层要求含水率不大于12%；表面平整，无尘土、油污等脏物；基层表面的缝隙、毛刺应进行处理，然后用腻子刮平、打光。

③ 金属基层处理。金属基层要求表面平整，无尘土、油污、锈面、焊渣、毛刺和旧涂层。对于金属表面的锈层，可用人工打磨、机械喷砂、喷丸或化学除锈等方法清除。

(2) 建筑涂料的施工方法

建筑涂料的基本施工方法有刷涂、滚涂、喷涂、弹涂等。

① 刷涂。刷涂是用毛刷、排笔在基层表面进行人工涂料覆涂施工的一种方法。工具设备简单，适用性广。除少数流平性差或干燥太快的涂料不宜采用刷涂外，大部分薄质涂料和厚质涂料均可采用。刷涂顺序宜先上后下，先难后易，先边后面。一般是二道成活，中高级装饰可增加1~2道刷涂。刷涂质量要求薄厚均匀、颜色一致。

② 滚涂。滚涂是用软毛辊(羊毛或人造毛)、花样辊进行施工。其设备简单、操作方便、工效高、涂饰效果好。滚涂顺序基本与刷涂相同。先将蘸有涂料的毛辊按倒W形滚动，把涂料大致滚到墙面上，接着按软毛辊在墙的上下左右平稳来回滚动，使涂料均匀滚开，最后用软毛辊按一定的方向滚动一遍。阴角及上、下口需先用刷子刷涂。滚花时，花样辊应从左至右，从下向上进行操作。滚涂的质量要求是涂膜厚薄均匀、平整光滑、不流淌、不漏底；花纹图案完整清晰、匀称一致、颜色一致。

③ 喷涂。喷涂是用喷枪或喷斗将涂料喷于基层上的机械施涂方法。其特点是外观质量好、工效高，适用于大面积施工，可通过调整涂料黏度、喷嘴口径大小及喷涂压力获得平壁状、颗粒状或凹凸花纹的涂层，喷涂压力一般控制为0.3~0.8MPa。喷涂时，出料口应与被喷涂面保持垂直，速度应均匀一致，距离适宜，喷涂线路可视施工条件，按横向、竖向或S形往返进行。喷涂质量要求厚度均匀、平整光滑，不出现露底、皱纹、流挂、气泡和失光现象。

④ 弹涂。弹涂是借用专用的电动或手动的弹涂器，将各种颜色的涂料弹到饰面基层上，形成直径为2~8mm、大小近似、颜色不同、互相交错的圆粒状色点或深浅色点相间的彩色涂层。需要压平或轧花的，可以待色点两成干后轧压，然后罩面处理。弹涂首先要进行封底处理，面干后弹涂色点浆，色点浆可采用外墙厚质涂料，也可以用外料涂料与颜料现场调制。弹色点可进行1~3遍，特别是第二、三道色点直接关系到饰面的立体质感效果。弹涂器内的涂料量不宜超过料斗体积的1/3。弹涂方向为自上而下呈圆环状进行，不得出现接槎现象。

9.4.2 刷浆工程

刷浆工程是指用水质或乳液涂料涂刷在物件表面的施工工艺。可用于建筑物的内、外墙和顶棚的饰面。其操作简单、工期短、工效高、维护方便。刷浆工程与涂料工程的主要区别是其材料采用的是不含成膜物质的水性浆料，施工方法主要是用排笔、毛刷刷涂或用喷泵喷涂。

9.4.2.1 刷浆工程的主要材料

(1) 浆料

① 石灰浆。用石灰调制石灰浆涂刷墙面，材料来源方便、造价低、工效高。调制石灰浆宜采用不含散灰的生石灰块在水中充分消化，或采用淋灰池尾端细腻的石灰膏。可掺入108胶或聚醋酸乙烯乳液，增强石灰浆与基层的黏结能力。

② 大白浆。大白粉也称白恶粉、老粉或白土粉，是具有一定细度的碳酸钙粉末，本身没有强度和黏结性，调制浆料时须加入胶黏剂，目前采用108胶或聚醋酸乙烯乳胶液。大白浆的遮盖力强，涂层外观较石灰浆细腻、洁白。

③ 可赛银浆。又称酪素浆，以碳酸钙、滑石粉为填料，以酪素为黏结料，掺入颜料混合而成的粉末状材料。使用时，用温水隔夜充分浸泡，使酪素充分溶解，然后用水调制成适宜施工的稠度。

(2) 腻子

在室内外刷浆前，墙体表面的缝隙、砂眼应根据浆料和基层材质不同，采用相应腻子进行填补。待腻子干后，打磨平滑才可刷浆。刷浆工程涂抹腻子应坚实牢固，不得有起皮、裂纹等缺陷。

9.4.2.2 刷浆工程的施工工艺

刷浆工程的施工工序主要有基层处理、刮腻子和刷浆等。相关要点如下。

(1) 基层处理

基层表面必须干净、平整，所有污垢、油渍、砂浆流痕，以及其他杂物等要清除干净。

(2) 刮腻子

表面缝隙、孔眼应当用腻子填平，并用砂纸磨平、磨光。

(3) 刷浆

刷浆前基层表面应当干燥，局部湿度过大的部位，应当采取措施烘干，浆液的稠度在涂刷时宜小些，喷涂时宜大些。

小面积刷浆采用扁刷、圆刷或排笔工具刷涂；大面积刷浆宜用手压或电动喷浆机进行喷涂。刷浆次序为先顶棚、后由上而下四面墙壁，每间房屋要一次完成，刷色浆一次配足，以保证颜色一致。室外刷浆，如分段进行时，应当以分格缝、墙面的阳角处或水落管等为分界线。同一墙面应用相同的材料和配合比，涂料必须搅拌均匀，做到颜色均匀、分色整齐、不漏刷、不透底，最后一遍刷浆或喷浆完毕后，应当加以保护，不得损伤。

刷浆工程的质量要求表面颜色一致，无掉粉、起泡、漏刷、透底；在1~2m正视，喷点均匀，刷纹通顺；高级刷浆不允许出现反碱、咬色、流附、疙瘩、溅沫等现象；中级和普通刷浆只允许轻微或少量出现上述现象。

9.5 吊顶工程施工

吊顶是指悬吊式装饰顶棚，采用龙骨杆做骨架同时配以吊挂和紧固措施，在骨架上安装吊顶材料，是现代建筑物所必须具备的室内上部空间的构造装饰手法，影响整个建筑空间的装饰风格与效果。同时，还具有保湿、隔热、隔声、防火及照明、通风等功能。

9.5.1 吊顶组成

吊顶主要由吊筋、龙骨、罩面板三部分组成。

(1) 吊筋

吊筋有吊杆、吊头等，由预埋 ϕ9mm 钢筋或 8 号镀锌钢丝作吊筋，也可采用金属膨胀螺栓、射钉固定钢筋作为吊筋。吊筋的间距为 1.2~1.5m。

(2) 龙骨

吊顶龙骨由木质、轻钢和铝合金等材料制作。木质龙骨由大龙骨、小龙骨、横撑龙骨和吊木等组成；轻钢龙骨和铝合金龙骨的断面为 U 形、TL 形等不同形式，每根长 2~3m，可以在现场用拼接件拼接加长。U 形龙骨吊顶安装如图 9.4 所示；TL 形铝合金龙骨安装如图 9.5 所示。

(3) 罩面板

罩面板多采用人造板，应按设计要求切成方形、长方形等。

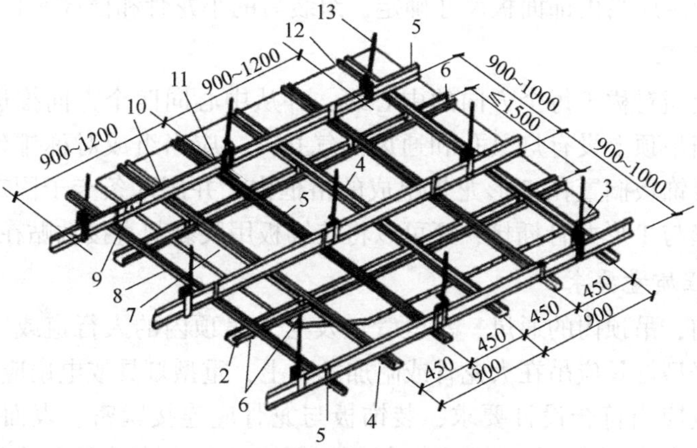

图 9.4 U 形龙骨吊顶安装示意图(单位：mm)

1—BD 大龙骨；2—UZ 横撑龙骨；3—吊顶板；4—UZ 龙骨；5—UX 龙骨；6—UZ3 支托连接；7—UZ2 连接件；8—UX2 连接件；9—BD2 连接件；10—UZ1 吊挂；11—UX1 吊挂；12—BD1 吊件；13—吊杆

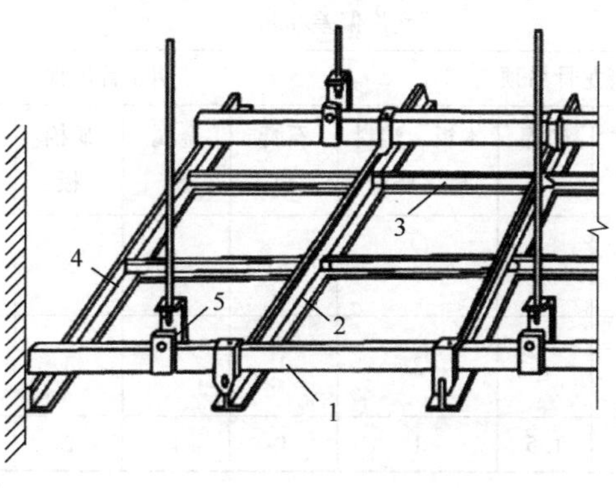

图 9.5 TL 形铝合金龙骨安装示意图

1—大龙骨；2—大 T 形龙骨；3—小 T 形龙骨；4—角条；5—大吊挂件

9.5.2 轻钢龙骨与铝合金龙骨吊顶施工

(1) 弹水平线

将楼地面基准线弹在墙上，并以此为起点，弹出吊顶高度水平线，并在墙上画好龙骨分档位置线。

(2) 安装大龙骨

将吊杆固定在顶板预埋件上，安装大龙骨，将大龙骨吊挂件穿入相应的吊杆螺栓上，打紧螺母，连接大龙骨，装边接件，并以房线为单元，拉线调整高度成平直，中间起拱高度不小于房间短跨的1/200，四周墙边的龙骨用射钉(间距1m)固定在墙上。

(3) 安装小龙骨

小龙骨通过吊挂件垂直吊挂在大龙骨上，小龙骨间距应当按照饰面板的接缝计算确定。

(4) 安装横撑龙骨

横撑龙骨(由小龙骨截取)的端头插入支托，扣在小骨龙上，并用钳子将挂搭弯入小龙骨内。横撑龙骨间距应当由饰面板尺寸确定，组装后的小龙骨和横撑龙骨底面应当平齐。

(5) 饰面板安装

饰面板安装应当对称于每个方向的中心线，并从中心向四个方向推进，不可由一边推向另一边分格。当吊顶上设有灯具孔和通风排气孔时，应当组成对称排列图案。装饰板的安装可以直接将装饰板搁置在T形龙骨组成的格框内，并用木条卡子固定；也可以采用嵌入法，用企口暗缝与T形龙骨插接；还可以将装饰板用胶黏剂直接粘贴在龙骨上。

(6) 吊顶工程质量要求

装饰板安装前，吊顶内的通风、水电管道及上人吊顶内的人行道或安装通道、消防管道应安装完毕。轻型灯具应吊在大龙骨或附加龙骨上，重型灯具或电扇应当另设吊钩。

吊顶工程质量应当符合设计要求，装饰板与龙骨应连接紧密、表面平整、接缝均匀；搁置在罩面板不得有漏、透、翘角现象。吊顶工程安装的允许偏差和检验方法，应当符合表9.3的规定。

表9.3 吊顶工程安装的允许偏差和检验方法

项次	项目	允许偏差/mm								检验方法
		暗龙骨吊顶				明龙骨吊顶				
		纸面石膏板	金属板	矿棉板	木板、塑料板、格栅	石膏板	金属板	矿棉板	塑料板玻璃板	
1	表面平整度	3	2	2	2	3	2	3	2	用2 m靠尺和塞尺检查
2	接缝直线度	3	1.5	3	3	3	7	3	3	拉5m线，不足5m拉通线，用钢直尺检查
3	接缝高低差	1	1	1.5	1	1	1	2	1	用钢直尺和塞尺检查

参 考 文 献

[1] 常建立，尹素花．建筑施工技术[M]．北京：北京理工大学出版社，2019.

[2] 陈文建，汪静然．建筑施工技术 第2版[M]．北京：北京理工大学出版社，2018.

[3] 陈小龙．基础土方施工技术在房屋建筑施工中的应用[J]．石材，2023(10)：127-129.

[4] 陈雄辉．建筑施工技术[M]．北京：北京大学出版社，2018.

[5] 崔钦淑．建筑结构与选型[M]．北京：化学工业出版社，2022.

[6] 窦如令，张洪忠，郭烽，等．建筑施工技术[M]．南京：东南大学出版社，2017.

[7] 段滨，唐露，李瑞鹏．建筑装饰装修施工质量控制要点及优化对策探析[J]．居舍，2024(08)：70-73.

[8] 冯川川．建筑基础设计中考虑风和地震荷载作用的设计方法探讨[J]．工程建设与设计，2017(03)：27-30.

[9] 高青松，徐波，张双龙，等．试论超高层建筑桩基础选型及承载力控制策略[J]．中国住宅设施，2024(01)：91-93.

[10] 管涛，李钢．建筑桩基础土建施工技术的应用[J]．江苏建材，2024(01)：116-117.

[11] 郭凤双，施凯．建筑施工技术[M]．成都：西南交通大学出版社，2019.

[12] 何子奇．建筑结构概念及体系[M]．重庆：重庆大学出版社，2022.

[13] 季建平．建筑结构设计中存在的问题与对策[J]．工程建设与设计，2018(02)：1-2.

[14] 李晗．房屋建筑装饰工程施工工艺创新[J]．中华建设，2024(01)：93-95.

[15] 李明艳．浅析高层建筑的基础设计[J]．工程建设与设计，2013(03)：72-74.

[16] 李树忱．地下建筑结构设计原理与方法[M]．北京：人民交通出版社，2021.

[17] 李章政．建筑结构设计原理 第2版[M]．北京：化学工业出版社，2014.

[18] 林拥军．建筑结构设计[M]．成都．西南交通大学出版社，2020.

[19] 刘胜德，李福占．建筑施工技术运用[M]．哈尔滨：东北林业大学出版社，2019.

[20] 娄茂源．建筑装饰工程施工技术管理研究[J]．工程建设与设计，2021(15)：176-178+187.

[21] 吕良平．建筑工程桩基础施工质量控制探讨[J]．城市建设理论研究(电子版)，2024(01)：44-46.

[22] 沈文军，周兵役．建筑施工技术[M]．北京：北京理工大学出版社，2017.

[23] 舒志乐，刘保县．基础工程[M]．重庆：重庆大学出版社，2017.

[24] 苏强，刘亚龙，刘永户．地基与基础 第3版[M]．北京：北京理工大学出版社，2020.

[25] 孙宁，徐巍，向梦华．工程建设理论与实践丛书 建筑设计与施工技术[M]．武汉：华中科技大学出版社，2023.

[26] 王铭辉．建筑装饰工程施工技术管理分析[J]．工程建设与设计，2022(18)：191-193.

[27] 王震辉．浅基础房屋建筑基坑工程设计及施工探析[J]．江西建材，2023(07)：296-297+300.

[28] 温玉财．房屋建筑混凝土施工存在问题的技术预防和处理探讨[J]．城市建设理论研究(电子版)，2024(04)：122-124.

[29] 吴磊．浅析建筑基础土方施工工艺[J]．智能城市，2018，4(24)：144-145.

[30] 吴志红，陈娟玲，张会．建筑施工技术[M]．南京：东南大学出版社，2020.

[31] 严绍军，时红莲，谢妮编著．基础工程学 第3版[M]．武汉：中国地质大学出版社，2018.

[32] 张建军．建筑工程地基基础及桩基础施工技术[J]．工程与建设，2023，37(06)：1724-1726.

[33] 张敬铭，钟玉标．建筑施工技术[M]．成都：电子科技大学出版社，2017.

[34] 张文昌．房屋建筑工程中混凝土施工技术探讨[J]．中国住宅设施，2023(09)：106-108.

[35] 张学昶．高层建筑混凝土施工质量管理研究[J]．建材发展导向，2023，21(24)：57-59.

[36] 中国华西企业股份有限公司，四川省建筑机械化工程公司 . GB 50201—2012 土方与爆破工程施工及验收规范[S]. 北京：中国建筑工业出版社，2012.

[37] 中国建筑科学研究院 . GB 50010—2010 混凝土结构设计规范(2015 版)[S]. 北京：中国建筑工业出版社，2015.

[38] 中国建筑科学研究院 . JGJ 79—2012 建筑地基处理技术规范[S]. 北京：中国建筑工业出版社，2012.

[39] 中国建筑科学研究院 . GB 50007—2011 建筑地基基础设计规范[S]. 北京：中国建筑工业出版社，2011.

[40] 中国建筑科学研究院 . JGJ 106—2014 建筑基桩检测技术规范[S]. 北京：中国建筑工业出版社，2014.

[41] 中国建筑科学研究院 . GB 50009—2012 建筑结构荷载规范[S]. 北京：中国建筑工业出版社，2012.

[42] 中国建筑科学研究院 . JGJ 94—2008 建筑桩基技术规范[S]. 北京：中国建筑工业出版社，2008.

[43] 朱进军，刘小丽，李晟文，建筑结构[M]. 南京大学出版社，2016.

[44] 朱粟郁 . 高层建筑结构设计存在的问题及优化措施分析[J]. 工程建设与设计，2020(22)：22-23.

[45] 朱向科 . 住宅建筑结构地基基础工程施工方法分析[J]. 居舍，2024(08)：55-58.

[46] 朱星，钱军，强伟 . 建筑施工技术[M]. 南京：南京大学出版社，2019.

[47] 祝博 . 建筑土方施工技术的应用探讨[J]. 建材与装饰，2018(28)：22.

[48] 庄金宏 . 浅谈建筑基础的选型分析[J]. 福建建材，2014(02)：50-52.

后　记

在当今世界，绿色发展理念越发引人注目，成为各个领域追求的目标，建筑领域也不例外。绿色建筑以可持续发展、环保和资源节约为核心，致力于创造更加健康、高效、环保的建筑环境。它在结构设计的过程中，将人与自然融为一体，将传统的建筑设计理念与创新科技相结合，以实现可持续性的发展。

与此同时，信息技术逐渐在各行业中普及，有效推动了智慧城市的发展。智慧城市以数字城市为原型，在日常发展中采用智能控制技术实现服务和管理向智能化方向发展。智能建筑是指将建筑物作为载体，将各种智能信息应用其中，集管理、程序、系统、架构等环节于一体，形成相互协调的整体，并具有全面、便利、高效等特征，给人们营造一个良好的生活环境。智能建筑中的各种技术能给人们创造舒适的生活环境，并能结合实际情况，进行合理调整，有效提高建筑物的整体效率。

基于绿色建筑发展理念，在未来建筑设计与施工时，相关技术人员需要在面临不同环境条件时进行方案调整和优化，以确保适应性；合理管理水资源，减少水的浪费、提高水的利用效率，降低建筑对自然水资源的过度依赖；大力推进建筑智能化与节能化，解决建筑行业高能耗、高污染的现实问题，降低人类活动对资源环境产生的负面影响，为人们提供便捷、舒适、健康的活动空间，实现“碳中和、碳达峰”，提升建筑工程全寿命周期的综合效益；开展教育与培训，通过建设培训和教育体系，加强对建筑从业人员的绿色意识和技能培养，从而推动绿色建筑理念的落地和实践。

从智慧城市发展趋势和智能建筑广阔的应用前景来看，未来建筑设计与施工时，需要通过合理利用新型技术充分助力智慧城市的发展建设；充分利用智能云计算技术优化建筑智能服务质量，提高建筑的智能应用效果。